吴丰昌 等 编著

# 中国环境基准体系

## 中长期路线图
（第二版）

U0262443

科学出版社
北京

# 内 容 简 介

本书系统分析了我国环境保护科技发展需求和基准研究现状,提出了适合中国国情和区域特点的环境基准中长期路线图。本书反映了近几十年来世界环境基准科技发展态势及相关学科和领域的研究动向与战略,明确了我国未来环境基准发展的关键科学问题,提出了中国环境基准领域的重要研究方向、发展路线图、时间表以及实施保障体系。本书是对国内外最新环境基准研究现状和发展态势的系统总结,反映了环境基准的未来研究趋势,为我国环境基准研究、环境标准制修订、风险管理及环境保护科学研究提供指导。

本书可为环境基准和标准研究、环境保护领域的科研人员提供研究思路并开阔视野,还可以为政府部门及管理人员制定标准和相关政策提供理论依据和参考。

**图书在版编目(CIP)数据**

中国环境基准体系中长期路线图 / 吴丰昌等编著 . — 2 版 . — 北京:科学出版社,2020.12
ISBN 978-7-03-067305-3

Ⅰ.①中… Ⅱ.①吴… Ⅲ.①环境标准—体系—研究—中国 Ⅳ.①X-65

中国版本图书馆 CIP 数据核字 (2020) 第 253563 号

责任编辑:朱 丽 郭允允 / 责任校对:何艳萍
责任印制:肖 兴 / 封面设计:蓝正设计

**科学出版社** 出版

北京东黄城根北街16号
邮政编码:100717
http://www.sciencep.com

**三河市春园印刷有限公司** 印刷
科学出版社发行 各地新华书店经销

\*

2020年12月第 一 版 开本:889×1194 1/16
2020年12月第一次印刷 印张:16 1/4
字数:283 000
**定价:128.00元**
(如有印装质量问题,我社负责调换)

# 《中国环境基准体系中长期路线图》
# 顾问委员会

# 《中国环境基准体系中长期路线图》

| 主　编 | 吴丰昌 | | | | |
|---|---|---|---|---|---|
| 副主编 | 李会仙 | 骆永明 | 黄　薇 | 赵晓丽 | 侯　红 |
| 编　委 | 王菊英 | 霍守亮 | 王铁宇 | 冯承莲 | 宋　静 |
| | 常　红 | 徐　建 | 张瑞卿 | 苏海磊 | 段小丽 |
| | 白英臣 | 廖海清 | 穆云松 | 闫振广 | 孙红文 |
| | 金小伟 | 汤　智 | 赵天慧 | 邓洋慧 | 方梦园 |
| | 王晓蕾 | 马　瑾 | 郭广慧 | 时　迪 | 王　琛 |
| | 王宏洋 | | | | |

# 前言 >>

环境基准是制修订环境标准的理论基础和科学依据，也是构建国家生态环境风险防范的基石。环境基准作为生态环境管理的重要组成部分，强调"以人（生物）为本"及人与自然和谐共处的理念，是长期科研成果的集成，反映一个国家生态环境、科学水平和综合实力。以环境暴露、毒理效应与风险评估为核心内容的环境基准体系更是环境质量评价、风险控制及整个管理体系的科学基础，也是国家环境保护和管理体系的根本。

我国的社会经济已进入了快速发展的时期，为了保护生态环境和维持社会经济的可持续发展，国家日益重视环境基准的科学研究。《国家中长期科学和技术发展规划纲要（2006—2020年）》明确要求大幅度提高国家环境保护科技创新能力，同时要求加强国家标准及相关领域科技基础条件平台建设。《国务院关于落实科学发展观加强环境保护的决定》明确提出了"科学确定环境基准"的国家目标。《国家环境保护"十三五"科技发展规划》也将环境基准列入环保应用基础的主要研究领域，环境基准研究是国家未来环境保护领域重点建设的三大科技工程之一。中国科学院《创新2050：科技革命与中国的未来》也明确将环境基准研究列入生态与环境领域未来的重要研究方向，技术标准也一直是科学技术部的三大战略之一。

近年来，我国国家环境基准研究受到政府部门和科学家的日益关注，虽然起步较晚，但在科学技术部和生态环境部的支持下，国家业已设立多个项目，并开展探索研究，旨在构建基于我国区域特征和国情的国家环境基准体系。2008年，为了应对太湖蓝藻水华暴发，科学技术部紧急启动了"湖泊污染防治基础研究"专项。作为三个专项之一，以中国环境科学研究院为依托单位，设立项目"湖泊水环境质量演变与水环境基准研究"（973计划）。该项目以湖泊为例，系统开展了比较完善的水质基准理论、方法和案例研究。同时以中国环境科学研究院为依托单位，启动了国家水体污染控制与治理科技重大专项监控预警主题"流域水环境质量基准与标准体系研究"。该项目系统建立了我国流域水环境基准方法体系的构架，开展了典型流域特征污染物基准阈值的应用研究。这些项目在环境基准等有关方面做了大量研究工作，获得了许多有价值的资料和研究成果。

2009 年下半年，环境保护部（现生态环境部，下同）科技标准司组织国内水、空气、土壤基准研究领域优势力量和专家组成了我国环境基准研究计划编写组，形成了《我国环境基准体系及其支撑技术专题研究计划》三个专项草案。为了推动专项研究，2010 年，环境保护部启动了环境基准预研究，并同时设立了"我国环境基准技术框架与典型案例预研究"国家环境保护公益性行业科研专项，其中项目任务要求开展环境基准中长期路线图（简称"路线图"）的编写。其后，由环境保护部牵头并组织成立了环境基准研究专项编写组，于同年正式启动了"路线图"的第一版编写工作。在该"路线图"的编写期间，专家组多次与科学技术部社会发展科技司和基础司进行沟通，并及时汇报最新进展。经过两年多的深入研究，环境基准研究组取得了重大进展，基本理清了中国环境基准发展的战略需求，提出了若干核心科学问题与关键技术问题，从中国的国情出发规划了相应的环境基准发展路线图。2012 年环境基准与风险评估国家重点实验室成立和正式运行，该实验室承担大量国家环境基准研究项目，取得了较多的科研成果，在团队和环境基准相关领域都得到了发展，有了一定的积累。第一版"路线图"就是在这一背景下编写而成的，并于 2014 年 6 月正式出版。此书符合学习和环境保护管理的需要，受到了广泛的欢迎。

环境基准是科学制定标准和规范性风险评估的重要依据，也是我国环境保护工作的重要抓手，其重要性日益明显。为了更好地完善地表水标准体系，提高水污染防治能力和水环境管理水平，近年来，生态环境部启动了《地表水环境质量标准》（GB 3838—2002）的第四次修订工作。目前，包括水环境质量标准在内，我国已制修订的 1700 多项环境保护标准主要是等效采用国际上的相关标准值，尚不能真正反映我国的实际情况。特别是在应对重大环境污染事件时，由于缺乏基准，难以确定应急期间污染物控制标准，明显暴露出我国环境基准研究的薄弱，这已成为制约环境管理部门科学开展工作的瓶颈。美国环境保护局（USEPA）将审查和修订环境质量标准费用的 90% 以上用于支持围绕标准的环境质量基准研究。近几十年来，日本、加拿大、澳大利亚和欧盟等发达国家和组织也相继构建了各自的环境基准体系。建立国家环境基准体系已成为国际环境保护领域的趋势和国家环境安全的发展战略。

而我国的环境基准研究尚处于起步阶段，开展这方面的持续系统研究刻不容缓。针对我国区域特点和污染特征，进一步完善环境基准理论、技术与方法及支撑平台，建立国家环境基准体系，系统构建完整与科学、重点突出、监管有效、经济可行和社会认可的环境标准体系与生态环境管理体系，为我国环境保护和污染控制提供全面科技支撑。党的十八大以来，生态文明建设纳入"五位一体"总体布局，我国社会进入了高质量发展阶段，还需要继续加快生态文明体系建设，为了使生态与经济能够平衡，保护和发展能够双赢，我国环境基准研究在2014年新修订的《中华人民共和国环境保护法》规定"国家鼓励开展环境基准研究"颁布后取得了飞快的发展和惊人的进步。2016年环境保护部专门设立了"国家环境基准管理"业务化工作项目；同年，国家基金委也设立了创新研究群体项目"水质基准理论与方法学"（41521003），在这些项目的资助下，开展了环境基准创新和业务化应用研究，进行了大量的工作，取得了一系列令人鼓舞的创新性成果。如2017年陆续发布了多个水生态基准制定技术指南；2020年结合我国实际进行创新，不断突破国际水质基准研究模式，又发布了我国首个国家生态环境基准——镉，伴随着后续一批污染物生态环境基准的发布，初步形成了顶层设计、技术规范、基准值有序衔接的生态环境基准管理链条。这标志着我国生态环境基准从无到有，取得了突破性进展，并受到了众多科研工作者和管理者的瞩目和承认。同时也推动了海洋环境基准、土壤和空气环境基准相关领域的研究。"路线图"的再版正是这些研究成果的体现，并在多个研究团队成员的辛勤努力下共同完成的。

我国环境基准工作对于完善我国环境标准、环境保护标准体系的建设，推动环境风险管理具有重要的支撑引领作用。环境基准研究的重大突破和长足发展，必将是建立在各个重要学科领域、理论技术方法创新基础之上。与美国、加拿大、澳大利亚、日本等发达国家相比，国内的环境基准研究起步还比较晚、底子薄，相关工作在前期发展过程中还将面临许多的挑战。这就要求我们集全国各方面的专家之智，站在综合性、全局性、战略性、前瞻性的角度开展环境基准的重要研究，为建设全过程、多层级生态环境风险防范体系提供强有力的技术支撑。环境基准体系建设的目的是更好地提升生态环境工作管理能力和水平，这是一项需要长期持续推进的基础性工作。目前国家一系列法律和政策中对环境基准研究工作进行了明确，但这些规定还仅停留在原则性和指导性层面，具体实施还需要对国家环境基准体系进行总体设计和规划。这就需要我们整体把握国家战略和趋势，分析所有可能的管理和技术模式，给出思路和方案，有了清晰的目标蓝图，从规划布局到实施落地才能做到有目标、有计划、有层次、有重点。因此，我们坚定地认为，开展我国环境基准体系研究应该是一个长期坚持的、奋斗不懈的事业。也正是出于这个信念，加上注意到近6年来国内外在环境基准发展战略方面丰富的经验和教训，我们对"路线图"进行了修订再版。

本版保留了第一版中的许多内容，重点依旧是为环境决策者和科研工作者提供清晰的、科学的宏观决策和参考。新版的编纂主要是为了更新内容，自第一版出版以来，我国环境基准研究工作发展迅速，尤其是我国在近几年呈现出了井喷式发展。在本版中既囊括了国际环境基准近6年来的发展，如美国、欧盟、日本、韩国、世界卫生组织等国家和组织。同时也对我国环境基准／标准研究的最新热点（如海洋环境基准）及国内进展加以重点增补。该"路线图"是对国内外环境基准相关研究进展的系统总结和整理，并与国外进展进行对比的基础上，对我国环境基准未来如何开展进行顶层设计，这对推动我国环境基准和标准的科学性具有重要意义。

再版"路线图"编写组由国内环境基准研究领域的优势力量组成，本书是在多次课题组会议和多次专家讨论会的基础上形成的，编写工作由吴丰昌统筹、策划和负责，李会仙负责统稿和校对。同时，在"路线图"的编写过程中，专家顾问委员会给予指导和建议。

"路线图"的研究工作得到了以下项目的资助，特此感谢：

2016 年国家基金委创新研究群体项目"水质基准理论与方法学"（41521003）；2016 年环境保护部业务化工作项目"国家环境基准与管理"。

环境基准体系路线图编写组

2020 年 10 月

# 摘要 >>

随着中国经济社会的快速发展，由于人口增多、城市化进程加快、资源和能源消耗增长，人民群众对优美生态环境需要的诉求增强，中国将面临更为突出的生态环境问题。环境基准是国家制定环境标准的科学依据，是国家生态环境保护、环境管理政策与法律制定的科学基础，我国环境基准研究的长期滞后性已成为制约我国环境标准科学性，以及环境管理部门制定行之有效的应对行动的一个瓶颈。面对"十四五"时期生态文明建设和生态环境保护新发展阶段的重大需求，必须明确未来环境基准科技发展的总体战略，从前瞻性、战略性和全局性角度对环境基准的发展态势认真分析，提前部署和科技规划，为我国的生态环境安全保障与生态文明建设提供科技支撑。

自国务院 2005 年明确提出"科学确定环境基准"的国家目标以来，国内相继开展了一系列环境基准的调研工作，但总体来说，我国环境基准研究尚处于起步阶段。随后国家也陆续出台多个法律法规，明确将环境基准列入生态与环境领域未来的重要研究方向，如新修订的《中华人民共和国环境保护法》第十五条提出："国家鼓励开展环境基准研究"；《水污染防治行动计划》（国发〔2015〕17 号）（十二）中规定，"开展有机物和重金属等水环境基准"；《中华人民共和国土壤污染防治法》第十二条明确提出了"国家支持对土壤环境背景值和环境基准的研究"等。这些法律法规为建立健全国家环境基准体系、推动环境基准工作发展提供了制度保障。

我国环境标准体系主要是在参照和借鉴国外发达国家的基准和标准基础上制定的，构建符合我国区域特征和污染控制需要的国家环境基准体系将使我国摆脱参照和借鉴国外环境基准与标准的现状，夯实我国环境质量标准的根基，保障国家环境安全和公众健康，为我国环境标准体系和生态环境管理提供全面有效的科技支撑。科学合理的环境基准体系是实现有效环境监管和环境保护工作的基础，在环境监测评估、应急事故处置、污染控制和风险管理等方面有着广泛的应用前景。环境基准研究对推动我国生态环境保护工作的发展，引领国际环保科研领域发展，保障我国社会经济的科学发展将产生重大而深远的影响。国家相关法律和政策中虽然有一些支持开展生态环境基准工作的规定，但还停留在原则性和指导性层面，具体实施以问题为导向，加强顶层设计，加快确立国家环境基准体系就显得尤为重要。

未来经济社会发展和科技发展驱动的科技需求包括：①环境质量标准制修订；②环境质量评价；③环境安全和人体健康保护；④环境风险管理。

未来环境基准发展呈现出以下态势：①环境基准研究是提高环境标准科学性的必由之路；②环境管理的重大科技需求是环境基准研究的内驱动力；③构建符合中国国情与区域特征的国家环境基准体系是基准研究的科技目标；④环境基准的理论与方法学研究是科学确定基准的根本途径；⑤按照受体和环境介质开展基准研究是基准体系建设的主体思路；⑥化学品和新型污染物的环境基准研究逐渐成为热点；⑦多学科、多手段的综合研究是基准研究的主要手段；⑧基础性研究和技术支撑平台建设是环境基准研究的根本。

结合国家科技需求和已有的科技发展规划，提出未来环境基准研究的重点研究方向：①环境基准的理论与方法学；②环境基准基础数据调查与整编；③基准目标污染物的筛选甄别和优先排序技术；④生态功能分区体系与技术；⑤水体营养物基准；⑥生物测试与毒性评价技术；⑦人体暴露评估理论与相关技术；⑧污染物风险评估技术及其方法学；⑨环境基准的审核和验证；⑩环境监测与分析技术；⑪海洋环境基准；⑫环境基准与标准转化技术及其对环境管理支撑技术。

至2035年中国环境基准发展路线图的战略实施的总目标是构建比较完善的、符合我国国情和社会经济发展需要的国家环境基准体系，引领国际环境基准及相关环保科研领域发展，为生态环境保护和生态文明建设的可持续发展提供全面科技支撑。工作分两个阶段完成：

第一阶段：系统梳理、消化吸收国外环境基准经验和成果，明确基准研究重点领域，初步形成环境基准的理论与方法学，提出一批国家环境管理工作中迫切需要的环境基准值，构建环境基准框架体系，初步建立环境基准研发和支撑平台。

第二阶段：形成较为完善的环境基准理论、技术和方法体系，提出能够基本满足环境管理需要的一批环境基准值，加强基准应用推广，形成较为完善的环境基准研发和支撑平台，为环境标准制修订、环境质量评价和环境风险管理提供科技支撑。

中国环境基准发展路线图战略将通过以下几个方面建立保障体系，并予以实施：①设立重大研究专项，提供稳定经费支持；②建立国家环境基准综合实验与研究平台；③构建环境基准的基础数据信息库和共享支撑技术体系；④与国外组织建立长期合作交流关系；⑤环境基准人才队伍建设。

# 目录 >>

# 第一章
## 环境基准概述及现状

环境问题是我国重大民生问题。伴随着社会经济的快速发展，我国环境基准研究的长期缺失已成为制约我国环境标准科学性，以及环境管理部门制定行之有效的应对行动方案的一个瓶颈。构建符合我国区域特点和污染控制需要的环境基准体系研究，在全面落实《国家中长期科学和技术发展规划纲要（2006—2020年）》《国务院关于落实科学发展观加强环境保护的决定》《国家环境保护"十二五"科技发展规划》，以及全国生态环境保护大会（2018年）精神的基础上，面向国家环境保护重大科技需求和国际科技发展前沿，明确中国环境基准领域未来发展的总体战略，为中国未来公众健康、生态环境安全、社会经济可持续发展提供理论和技术支撑。

环境基准是指"环境介质（水、土壤和空气）中的环境要素等对特定保护对象不产生不良或有害效应的剂量或水平"。环境要素包括物理（噪声、振动和辐射等）、化学（金属、有机污染物和氮磷营养盐等）和生物（微生物和病原体等）以及其他综合（pH、碱度、色度、硬度和感官等）要素；特定保护对象可以是人体健康、生物或生态系统及环境介质的使用功能（包括饮用水、农业用地、工业用地、渔业用水和休闲娱乐等），主要是依据科学实验和科学判断得出的。环境基准强调"以人（生物）为本"及人与自然和谐共处的理念，是科学理论上人与自然"希望维持的标准"。因此，环境基准是环境保护工作的"自然控制标准"，也是国家进行环境质量评价、制定环境保护目标与方向的科学依据。

环境基准主要是依据特定对象在环境介质中的暴露数据，以及与环境要素的剂量-效应关系数据，通过科学判断得出的，反映了环境化学、毒理学、生态学、流行病学、生物学和风险评估等前沿学科领域的最新科研成果。环境基准研究属于自然科学研究范畴，不考虑对于达到此环境限值或浓度的经济效应或技术可行性，不具有法律效力。环境基准是制定环境标准的基础和科学依据，同时也是环境质量评价、环境风险控制及整个环境管理体系的科学基础。

环境基准具有不同类别的内涵，按照环境介质的不同可分为水环境基准、土壤环境基准和空气环境基准等；按照作用对象（或保护对象）的不同可分为健康基准（对人体健康的影响）、生态基准（对生物及使用功能的影响）、物理基准（对能见度、气候等的影响）和感官基准（防止不愉快的异味）等；根据基准制定的方法学原理的不同又可分为毒理学基准（包括健康基准和生态基准）和生态学基准（包括营养物基准）（图1-1）。

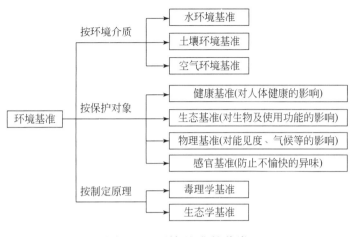

图1-1　环境基准的分类

世界发达国家环境基准体系的制定和我国现行的环境标准体系均是以环境介质为主线来进行，并在此基础上形成了发达国家环境保护法律体系的基本框架。

# 第一节　水环境基准

水环境基准是指在一定环境条件下保护生物及特定水体使用功能而推荐的定量浓度或叙述性描述，涉及的水体污染物包括重金属、非金属无机物、农药和其他有机物，以及一些水质参数（pH、色度、浊度和大肠杆菌数量等）。水环境基准可分为保护水生生物及其使用功能基准、保护人体健康基准、营养物基准、沉积物质量基准和生物学基准等。

## 一、　保护水生生物及其使用功能基准

保护水生生物及其使用功能基准（国内有部分学者称其为水生态基准），作为水环境质量基准的核心内容之一，已成为世界各国水环境基准研究的重中之重。与国际上发达国家相比，我国保护水生生物及其使用功能的水环境质量基准研究起步较晚，最初仅是对国外资料的收集和整理工作，以及对国外水质基准推导方法的零星论述。此后，我国部分学者也针对我国水域状况

及生物区系进行了保护水生生物及其使用功能的水质基准研究：夏青等（2004）在《水质基准与水质标准》中介绍了美国水质基准的部分研究内容；张彤和金洪钧（1997）利用我国物种数据推算了丙烯腈水质基准；安伟等（2006）研究了壬基酚的种群安全暴露基准；Yin等（2003a；2003b）推导了2,4-二氯苯酚和2,4,6-三氯苯酚的水质基准。近年来，王子健研究组按照美国水质基准制定方法筛选了太湖流域的优势物种以及相应的毒性数据，获得了五氯酚、2,4-二氯酚和2,4,6-三氯酚等污染物的关键毒理学数据，获得了太湖流域这几种污染物的水生态基准建议值（雷炳莉等，2009），并比较分析了毒性百分数排序法、蒙特卡罗构建物种敏感度分布法和生态毒理模型法等方法在我国水环境质量基准推导方面的适用性。国内部分学者概括了美国及其他国家保护水生生物水质基准的制定方法和数据要求（张瑞卿等，2010；汪云岗和钱谊，1998）。目前已编制出版的《水质基准的理论与方法学导论》（中国环境科学研究院，2010）、《美国水质基准制定的方法学指南》（吴丰昌和李会仙，2011）和《水质基准理论与方法学及其案例研究》（吴丰昌等，2012），系统阐释了水质基准的内涵与技术方法体系。曹宇静和吴丰昌（2010）以及闫振广等（2009），研究获得了中国镉的基准最大浓度和基准连续浓度。Yan等（2011）选择黄颡鱼、青虾等6种我国本土水生生物对硝基苯的急性和慢性生物毒性进行了研究与测试，并结合硝基苯的毒性文献数据综合分析，针对我国特有的生物区系和水质状况，对保护我国水生生物的硝基苯水质基准进行了研究。这些成果为我国进一步开展水生生物及其使用功能基准研究奠定了良好的基础。

近十几年来，国家提出环境基准战略研究，国内众多研究机构也相继开展了环境基准的研究工作。以中国环境科学研究院为依托单位的环境基准与风险评估国家重点实验室在我国较早开展了保护水生生物及使用功能基准研究，在973计划的支持下，启动了水环境基准的研究。以湖泊为例，系统地总结了当下水生生物及其使用功能的理论和方法学，初步建立了具有我国区域特点的湖泊水环境质量基准理论、技术和方法体系，提出了我国湖泊水环境质量基准的"三性"（科学性、基础性和区域性）原则，指出了环境暴露、效应识别和风险评估是基准研究的3个关键环节。同时，根据中国生物区系和水环境特征，得到典型有机污染物——硝基苯的水生生物及其使用功能基准值，以及重金属镉、铜和锌等多个污染物的水生生物及其使用功能基准值。在水体污染控制与治理科技重大专项（简称"水专项"）的支持下，水专项子课题"流域水环境质量基准与标准技术研究"以辽河和太湖流域为主要研究对象，初步提出了具有生态分区差异性的水生生物基准制定方法技术体系。在国家环境保护公益性行业科研专项的支持下，2010年启动了"我国环境基准技术框架与典型案例预研究"，开展我国环境基准体系中长期路线图及典型案例预研究。2016年环境保护部启动了业务化工作项目"国家环境基准与管理"，开展了国家环境基准管理办法的制定，我国水质基准理论和方法学体系的构建，以及优控污染物生态环境基准值的制定与发布，这些工作对我国水环境基准研究领域的发展起到了积极的推动作用。

生态环境部高度重视生态环境基准工作。2017年，颁布了《国家环境基准管理办法（试行）》，首次发布了我国《淡水水生生物水质基准制定技术指南》（HJ 831—2017），初步建立了具有中国特色的水环境基准技术方法体系框架，为发布国家生态环境基准奠定了基础。后续经过两年多的努力，2019年组建了国家生态环境基准专家委员会，并于2020年2月28日发布了我国首个国家生态环境基准——《淡水水生生物水质基准——镉》，这标志着我国生态环境基准从无到有，取得了突破性进展。紧随其后，生态环境部又相继发布了《淡水水生生物水质基准——氨氮》和《淡水水生生物水质基准——苯酚》两个征求意见稿。初步形成顶层设计、技术规范、基准值有序衔接的生态环境基准管理链条，但这些工作距离满足生态环境管理工作的实际需要还远远不够。

## 二、保护人体健康基准

保护人体健康的水质基准是用来保护人体健康免受致癌物和非致癌物的毒性作用，它考虑了人群摄入水生生物以及饮水带来的健康影响。人体健康基准作为水环境质量基准的核心内容之一，已成为世界各国相关领域研究的关键核心内容。

我国关于人体健康基准研究仍处于起步和探索阶段。周忻等（2005）基于美国环境保护局（USEPA）发表的《推导保护人体健康水环境质量基准方法学》，以1,2,4-三氯苯为例，着重从理论上探讨非致癌有机物人体健康水质基准的推导过程。中国环境科学研究院（2010）编制出版的《水质基准的理论与方法学导论》中，详细介绍了保护人体健康基准的理论与方法学，为我国开展保护人体健康基准研究提供了重要的参考。

近年来，随着国家对公众健康的日益重视，保护人体健康环境基准研究逐渐受到了科研工作者的重视。环境基准与风险评估国家重点实验室依托科技部973计划"湖泊水环境质量演变与水环境基准研究"，系统总结了美国当前人体健康基准的理论和方法学。同时，根据中国保护人体健康的水质基准有关暴露参数（包括人体体重、饮水量和鱼类摄取量等）的确定，获得了典型有机污染物——硝基苯和重金属——镉的人体健康基准值。国家科技基础性工作专项项目"我国环境毒理、风险评估与基准"系统整理了国内外生态毒理及环境健康方面的研究成果，针对几十项重点污染物，形成了我国环境毒理、风险评估与基准信息汇编。2016年环境保护部启动了"国家环境基准与管理"项目，以环境基准与风险评估国家重点实验室为牵头单位，联合国内多家环境基准研究相关优势单位，首次发布了《人体健康水质基准制定技术指南》（HJ 837—2017），积极推动了我国人体健康水质基准研究。

## 三、营养物基准

营养物基准的概念是基于营养物在水体中产生生态效应危及了水体的功能或用途而提出的，因此营养物基准是指营养物对水体产生的生态效应不危及其水体功能或用途的最大可接受浓度或限值，可以体现受到人类开发活动影响程度最小的地表水营养状态。数值化营养物基准是水质进行污染控制的基础，有利于评价人类活动对水生态系统的影响，保护水质和水生物完整性并发展相应的管理决策（Hawkins et al.，2010），为指定用途的可达性及水质目标的实现提供重要的条件（USEPA，1998；2000）。地理位置、地形地貌、气候条件、湖泊形态以及人类开发程度等情况的差异，使不同地域湖泊的富营养化成因、类型、演变过程以及物理、化学、生物特性等方面存在显著差异，同时湖泊的营养物水平和富营养化效应也具有很大的区域差异性。因此，不宜采用一个通用的营养物基准，需要根据不同区域和不同类型水体的特点，制定区域湖泊营养物基准以便更好地反映湖泊环境的差异，满足当前湖泊管理的需求，提高制定相应水质标准的科学性。

我国水体营养物基准研究始于2007年，在"十一五"及"十二五"期间，水专项开展了湖泊营养物基准制定的相关研究工作。针对我国不同地域湖泊富营养化区域差异性显著的特征，"十一五"期间水专项开展了湖泊区域差异性调查、生态分区、营养物基准和富营养化控制标准制定技术的预研究，在全国湖泊区域差异性调查的基础上，开展了湖泊营养物二级生态分区探索研究（姜甜甜等，2010；高如泰等，2011）；初步开展了适合我国不同分区湖泊富营养化特征的营养物基准制定的关键技术方法，建立了云贵湖区的营养物基准参照状态（霍守亮等，2009，2010；Huo et al.，2011）。针对我国湖泊环境管理和富营养化控制存在的主要问题，从全国湖泊总体出发，分别论述了我国湖泊营养物生态分区、营养物基准制定技术（刘鸿亮和李小平，2007）。"十二五"期间，在东部浅水湖泊生态调查和生态系统演变过程以及健康状态识别与评估的基础上，研究了东部浅水湖泊营养物基准制定的方法学和关键技术，阐述了流域氮磷营养盐背景浓度模拟法和模型推断法确定营养物参照状态的理论基础；系统研究了线性回归模型、分类回归树模型、拐点分析法及贝叶斯层次回归模型建立的压力－响应关系对东部浅水湖泊营养物基准制定的方法原理及适用性，构建了我国湖泊营养物基准制定技术方法及应用支撑平台。

经过十多年的系统研究，在参考美国湖泊营养物基准制定技术方法的基础上，环境保护部于 2017 年发布了适合我国湖区特征的《湖泊营养物基准制定技术指南》（HJ 838—2017），这为我国湖泊营养物基准研究奠定了基础。我国湖泊营养物基准拟按中东部湖区、云贵湖区、东北湖区、内蒙古湖区、新疆湖区、青藏湖区和东南湖区 7 个分区制定，《湖泊营养物基准——中东部湖区》（司务会审议稿）于 2020 年 6 月最先完成，后续几个分区基准正在制定中。

## 四、沉积物质量基准

沉积物质量基准是指特定污染物在沉积物中的实际允许数值，是底栖生物免受特定污染物危害的保护性临界水平。它可以指示沉积物污染程度和分布特征，是沉积物分析与研究的基本点（陈静生等，2001）。沉积物质量基准是环境质量评价的基本要素，其本身不具备管理职能，但在沉积物质量基准基础上建立的沉积物质量标准，具有法律辩护力，可客观地进行沉积物和水环境质量评价。

我国的沉积物质量基准研究起始于 20 世纪 90 年代，国内学者从不同角度阐述了国际上沉积物质量基准的进展情况。最初北京大学的陈静生课题组只是对沉积物质量基准方法的零星讨论，在国家自然科学基金项目的资助下，以渤海锦州湾海洋沉积物为例，讨论了应用生物效应数据库法建立沉积物重金属质量基准的研究（陈静生和王飞越，1992）；霍文毅和陈静生（1997）讨论了长江、黄河的重金属沉积物质量基准；21世纪初，王立新等（2001）利用生物效应数据库法建立渤海锦州湾重金属的沉积物质量基准，这是我国首次关注海洋沉积物基准。祝凌燕等（2009a；2009b）介绍了相平衡分配法建立沉积物质量基准的进展，同时探讨了天津某水库四种金属、两种有机污染物的相平衡分配法沉积物质量基准，首次开展了我国有机物沉积物基准的研究；随后我国学者采用各种方法对重金属沉积物基准进行研究，如张婷等（2012）应用生物效应数据库法建立淡水水体沉积物重金属质量基准。而钟文珏等（2011）、吴自豪等（2019）先后采用相平衡分配法和物种敏感性分配法建立有机物林丹和新型污染物PFOS的沉积物基准。随着国家对土壤污染的重视，特别是《土壤污染防治行动计划》颁布以后，土壤污染研究也逐渐成为近年来研究的热点，我国对沉积物基准领域的研究也引起了重视，在多个项目的资助下，中国环境科学学会以团体标准的形式，于2020年10月首次颁布了《沉积物质量基准制定技术指南》（T/CSES 11—2020）。但总体来说，我国沉积物质量基准还处于起步和探索阶段，目前还没有正式颁布沉积物基准，亟需开展一系列研究。

## 五、生物学基准

生物学基准和化学基准、物理学基准一起组成水质基准，是流域水资源管理的科学依据。生物学基准是指生物学家或其他自然资源科学家根据科学原理从生物评价数据推导的一类描述型或数值型基准，用以描述特定功能水域中水生生物群落的理想生物学条件，反映在该类水域生物栖息地最可能达到的生物完整性。生物学基准的推导制定包括对参照生物群落的组织功能、结构和多样性等生物完整性指标的综合考察。生物学基准反映的是生物学质量的目标，而不是某种污染物的最大允许浓度。国际水环境基准领域对生物学基准的研究刚刚兴起，目前我国尚未开展相关的研究。

# 第二节 土壤环境基准

土壤环境基准主要是指土壤中污染物对生态系统和人体健康不产生不良

或有害影响的最大含量限值。通常针对不同土地利用方式下被关注受体的各种暴露途径，采用生态风险评估和人体健康风险评估的方法，依据科学实验数据外推而得，是制定土壤环境标准的基础。由于土壤本身是一种多相异性的环境介质，污染物的土壤环境行为及其对生态环境的危害均受到土壤理化及生物学性质的强烈影响，这是土壤作为环境介质区别于水、空气的显著特点；鉴于此，土壤环境基准的研究与标准的制定也有别于水和空气。

欧美国家土壤环境风险管理的经验表明，不同土地利用方式下"一刀切"的国家或地方通用标准（即土壤风险筛选值）一般用于识别土壤是否可能存在人体健康或生态风险，超标并不意味着必须实施土壤治理与修复，而是应该进行详细调查和风险评估，综合考虑土壤的利用方式、理化性质、污染物的迁移转化行为、受体等多种因素，评估确定具体土壤中污染物的风险水平和风险控制值。根据土壤环境管理的需要，欧美国家发布的土壤风险筛选值，如美国的区域筛选值（RSL）、英国的土壤指导值（SGVs）、加拿大的土壤质量指导值（SQG）、荷兰的干预值（DIV）等均为指导性标准。其中，前两者基于保护人体健康制定，后两者基于保护人体健康和生态系统综合制定。

欧美国家在制定土壤风险筛选值时，基于本国典型的几种（或默认的一种）用地方式下敏感受体的暴露途径，采用人体健康风险评估或生态风险评估方法，分别制定保护人体健康的土壤基准值和保护生态系统的土壤基准值。此外，有的国家也基于地下水质量标准或人体健康风险评估制定保护地下水的土壤基准值。

与水和空气相比，我国土壤环境基准和标准的研究工作起步较晚。"六五"和"七五"期间，国家科技攻关计划"土壤背景值"和"土壤环境容量"开展了基于生态环境效应的少数污染物（如重金属、六六六、滴滴涕、苯并[a]芘和矿物油等）的土壤环境基准研究，按照受体类型，分别制定土壤－植物体系、土壤－微生物体系和土壤－水体系的污染物阈值。若按照保护目标，当时的土壤环境基准也可分为保护农产品安全、保护陆地生态（微生物）和保护水体（地下水和地表水）三类。上述项目研究成果为我国《土壤环境质量标准》（GB 15618—1995）（简称"95版标准"）的制定提供了有限的参考资料。

95版标准出台后至20世纪90年代末，国内陆续开展了重金属在土壤－植物系统中的生物富集，农药、重金属、多环芳烃等污染物对土壤酶、微生物活性及土壤动物（如蚯蚓等）生态毒性和毒理学的研究。虽然这些研究积累了一些土壤污染生态效应的数据，但这些研究比较零星分散，缺乏系统性。由于认识和资料的限制，"六五"和"七五"期间我国在污染土壤对人体健康效应和基准方面的研究鲜有报道。

近年来，国内也陆续开展了一些针对不同用地方式的土壤污染物阈值、风险评估筛选值或地方标准的研究。虽然在制定标准的过程中开展了一些基准研究和推导，但由于这些研究多是旨在服务于土壤标准的制修订，因而缺乏对我国土壤环境基准体系、制定方法学、关键支撑技术及基准向标准转化技术等的系统思考。事实上，近年来基准、标准的研究表明，我国土壤环境基准的研究仍然非常薄弱，并成为土壤环境标准制修订的瓶颈，因此，亟待开展系统的土壤环境基准研究。

土壤是重要的生态环境介质，也是农业生产、人类及陆地生物赖以生存和发展的物质基础。保护农产品安全、人居安全和生态安全是土壤环境保护的重要目标。基于我国国情，按照保护对象和目标的不同，我国土壤环境基准可以分为保护农产品安全、保护生态受体、保护人体健康及保护地下水四类土壤环境基准。下文将分别论述前两类土壤基准国内相关研究进展。

## 一、 保护农产品安全的土壤环境基准研究

我国是农业大国，粮食（如水稻、小麦、玉米等）、蔬菜、水果等农产品是我国人群膳食的重要组成部分。对于农田土壤，"土壤—农产品—人"是污染物链，尤其是一些迁移性强和富集性强的重金属和类金属（如 Cd、As 等），是对人群产生暴露的重要途径。因此，制定保护农产品安全的土壤环境基准对于保障人体健康和土地可持续利用非常重要。

对于有食品卫生标准的污染物，保护农产品安全的土壤环境基准主要是依据食品卫生标准及农产品可食部分对污染物的生物富集系数（BCF）或农产品可食部分污染物浓度与土壤污染物浓度、土壤组成及性质之间的关系来反推制定的。对于没有食品卫生标准的污染物，可以通过评估人群摄入受污染的农产品引起的污染物暴露量，利用人体健康风险评估来反推保护农产品安全的土壤环境基准。

20 世纪 90 年代，我国开展了土壤－植物系统中的重金属污染效应研究。通过室内模拟实验、盆栽、大田试验以及野外调查，研究了重金属（如 Cu、Zn、Pb、Cd、Cr、Hg、Ni、As 等）在稻田、旱地、菜地等农田土壤中的环

境行为（如吸附／解吸、氧化／还原、在土壤各组分上的分配等）、植物富集规律及其影响因素，积累了大量单一污染及复合污染条件下的农作物对重金属的富集效应数据及拟合方程。2000 年以后，开始重视土壤重金属的形态分析及污染过程、植物根系吸收转运及解毒的机制；重金属赋存化学形态分析与模型预测、重金属老化过程及机理模型、生物有效性的测试方法及模型预测、植物吸收机理模型等成为研究热点。

土壤－植物系统中重金属的富集效应研究的复杂之处在于植物（类型、品种、生态型、生育期等）、土壤理化性质（pH、黏粒、氧化物、有机质、共存离子等）、重金属本身的性质（赋存形态及浓度）等因素都会影响植物对重金属的富集系数。因此，前人的研究成果往往由于缺乏相关信息或参数不全、试验设计问题（如污染物浓度设置不合理、未经过老化处理、不能排除其他污染源贡献）等原因而无法纳入数据库，用于保护农产品安全的土壤环境基准的推导。

近十年来，浙江大学、中国科学院南京土壤研究所、农业农村部环境保护科研监测所、中国农业科学院等单位不少学者尝试通过模拟实验、野外调查或文献数据，并根据农产品的食品卫生标准来推导产地土壤重金属基准值（谢正苗等，2006；李志博等，2008；张红振等，2010；宋静等，2016）。此外，福建农林大学、中国科学院南京土壤研究所等针对不同作物分别制定了福建、贵州省农田土壤 Pb、Cd 等重金属的土壤基准。

## 二、保护生态受体的土壤环境基准研究

保护生态受体的土壤环境基准主要基于土壤中或与土壤相关的生态受体（如植物／作物、土壤无脊椎动物、土壤微生物活性和代谢过程、野生动物等）的生态毒理学研究数据，通过数据拟合和统计外推制定特定生态保护水平下土壤污染物含量的限值（王国庆等，2005）。

土壤生态风险评估稍晚于水环境的生态风险评估。20 世纪 90 年代，美国、欧洲先后制定了土壤生态风险评估技术导则和少量污染物的土壤生态基准值。经济合作与发展组织（OECD）、国际标准化组织（ISO）等机构陆续制定了多种生态受体不同水平、测试终点的生态毒性测试标准方法。经过近十多年的研究和应用，污染土壤生态风险评估的基本技术和方法体系在部分发达国家已经初步建立并在不断完善之中。

我国土壤生态风险评估起步较晚，直到 20 世纪 90 年代才开展了一些土壤典型污染物（如农药、重金属、多环芳烃等）单一污染和复合污染条件下对植物、土壤动物（如蚯蚓）和微生物的生态毒性和毒理学研究，关注的主要是在急性毒性和亚致死毒性下个体水平的生态效应（如存活率、生长率、繁殖率等）。近年来，随着分子生物学技术的发展，土壤污染物生态毒性/毒理学的研究开始关注低剂量长期暴露导致的生态和遗传毒性及毒理；酶、蛋白质和基因水平分子生物标记物的筛选和多指标评价体系的建立已成为研究热点。

总体上，我国的土壤污染生态风险评估研究正在兴起。虽然目前还是以引进国外的研究方法和体系为主，但是已有一些研究结合我国土壤污染的实际进行了毒理学诊断方法的探讨，积累了一些基础数据，为我国土壤生态风险评估系统理论的提出及其方法体系和规范的建立奠定了一些基础（章海波等，2007；骆永明等，2016）。例如，中国农业科学院马义兵团队利用典型地带性土壤和本地敏感物种（如白菜），通过实验室、温室和田间试验，建立了包含土壤基本理化性质的铜和镍对植物、微生物生态毒性的经验预测模型，并用于制定土壤铜和镍的环境基准（王小庆等，2013）。2018 年，生态环境部发布了《生态安全土壤环境基准制定技术指南（征求意见稿）》，但尚未发布基于生态风险的土壤污染物基准值。

## 三、保护人体健康的土壤环境质量基准研究

保护人体健康的土壤环境质量基准主要基于农田、居住、商服、工业等各种用地方式下的暴露途径、暴露参数、临界风险人群和场地条件，借助健康风险评估进行制定，旨在保护暴露于污染土壤的临界人群不产生显著的健康风险（王国庆等，2005）。

1983 年，美国国家科学院最早提出了健康风险评估的定义、框架以及风险评估四步法（包括危害判定、剂量-效应关系评估、暴露评估和风险表征）。这篇具有里程碑性质的文献发表之后被许多国家用来制定本国的健康风险评估程序。从 20 世纪 90 年代起，美国、西欧、澳大利亚等发达国家和地区先后制定了土壤人体健康风险评估技术导则。20 世纪 90 年代末，我国一些学者也开始尝试采用国外的方法学来开展土壤重金属和持久性有机物（persistent organic pollutants，POPs）污染的人体健康风险研究。

王国庆等（2007）参考加拿大农业用地、英国果蔬副业用地以及荷兰制定保护人体健康土壤限值的方法，考虑口腔摄入、皮肤接触、呼吸摄入和取食污染蔬菜暴露摄入途径制定农业用地苯并 [a] 芘（B[a]P）的土壤基准。

李志博等（2006）综述了国内外土壤人体健康风险评估研究的方法、进展、存在问题与发展趋势，认为由于我国污染状况、饮食结构和人群的生活行为等特征不同，在暴露途径以及剂量 - 效应方面都会与国外不同，需要制定符合我国国情的土壤人体健康风险评估方法学。

开展人体健康风险评估需要污染物理化性质及毒理学参数、场地参数、建筑物参数、人体暴露参数等大量参数。目前，我国尚没有全国统一的权威的化学品环境健康数据库。在我国，无论是卫生部门还是环保部门在暴露参数方面都还没有一套标准或手册可供参考。我国的科研工作者在进行人体暴露和健康风险研究时，主要是引用国外的一些资料，或者是从仅有的少量文献中获取。我国卫生部门也开展过几次全国性的居民营养与健康调查，积累了一些暴露参数。近年来，中国环境科学研究院也开展了一些关于人体体重、呼吸速率、饮食和皮肤面积等人体暴露参数的研究。由于我国是一个地域广阔、民族多元、人口众多的国家，人群的暴露参数因地区和民族也会有较大的差异。现有的数据还远不足以代表我国居民的暴露特征。

2011 年，北京市环境保护局出台了《场地土壤环境风险评价筛选值》（DB11/T 811—2011），编制单位采用 RBCA 软件工具包结合北京市场地和暴露参数计算了公园、居住、工业 / 商业等用地类型 89 种污染物的土壤环境基准，经调整后制定了土壤筛选值。2014 年底，环境保护部出台了《污染场地风险评估技术导则》，该技术导则规定了场地污染土壤对人体健康风险评估的原则、内容、程序、方法和技术要求，编制单位采用国外的暴露和迁移模型，结合有限的国内参数制定了基于人体健康风险的居住和工业用地 100 种污染物的土壤环境基准，该导则的附件列出了调整后的土壤筛选值。

## 四、保护地下水的土壤环境质量基准研究

我国保护地下水的土壤环境质量基准研究工作开展得很少。1999 年，国家环境保护总局颁布了《工业企业土壤环境质量风险评价基准》（HJ/T 25—1999），其中包括保护地下水的土壤基准，旨在保证化学物质不因土壤的沥滤对工业企业界区内土壤下方饮用水源造成危害。但该基准使用的模型和参

数欠妥，基准值不宜采用。

# 第三节　空气环境基准

空气环境基准是一种用于判断空气物理、化学、生物因素是否导致不利于人体健康、生态健康的指标。通常指空气中污染物（或物理因素）对特定对象（人或其他生物等）不产生不良或有害影响的最大剂量（无作用剂量）或浓度。空气环境基准按作用对象的不同可分为人体健康基准（对人群健康的影响）、生态基准（对动植物及生态系统的影响）和物理基准（对材料、能见度、气候等的影响）。同一污染物在不同的环境要素中或对不同的保护对象有不同的基准值，科学、合理的空气质量基准，应该充分反映空气介质中的污染物作用于研究对象、在不同浓度和计量下引起的危害作用种类和程度的最新科研成果。我国对空气质量基准的研究起步较晚，至今没有发布空气环境污染物基准文件。

人体健康基准的制定主要依赖于流行病学和毒理学研究数据，但是相关研究在我国尚处于起步阶段。回顾过去近 20 年，我国的环境流行病学研究初步分析了空气污染物与人群健康的关系，确证了空气污染对我国居民健康的危害，并给出了有限的定量结果。目前，我国空气污染健康研究报道的健康效应终点主要包括死亡（总死亡率、呼吸系统和心脑血管疾病死亡率）、呼吸系统疾病患病率以及医院门、急诊病人数目的变化；同时，空气污染对一些临床症状（如咳嗽、气急等）、亚临床指标（如心肺功能、免疫功能、机体氧化应激反应等）和生殖结局（新生儿低出生体重、早产、畸形）的影响也有少量调查成果。

针对常规空气污染物，近二十年来，我国环境健康研究人员采用生态学、时间序列（time-series）等研究方法，在北京、上海、重庆、太原、沈阳、武汉、西安等地陆续开展了常规空气污染物急性健康影响调查，为我国常规空气污染物的急性健康影响的综合评价积累了一定的数据基础。与国外同类研究的综合评价结果相比，可以发现我国空气污染对人群死亡率的急性影响较国外为小。因此，空气污染对我国居民健康影响的机理需要通过系统开展暴露评估、环境毒理学和环境流行病学研究来进一步探讨。另外，我国目前较为系统和深入的健康影响研究多采用时间序列调查，这种方法限于分析空气污染对人群健康的急性作用，其研究对象是基于人群而不是个体，本质上仍是一种生态学的研究方法。队列跟踪调查是国际公认的研究空气污染长期暴露对人群健康影响较为理想的方法，但由于其周期长、需要人力物力的巨大投入，迄今为止得到公认的高质量、空气污染队列研究均在欧美发达国家进行，我国目前还没有开展以评价常规空气污染物健康影响为研究目的的大规模队列长期跟踪调查。由于缺少针对空气污染暴露设计和开展的大规模人群队列研究，限制了深入探索我国空气污染的长期健康效应，无法为基准制定提供我国人群长期暴露－剂量关系。

我国关于毒害性有机物污染的健康风险评价工作目前还十分有限，目前主要集中在利用空气环境监测数据，借鉴 USEPA 或世界卫生组织（WHO）提出的基准值，对某些区域的人群健康或生态风险作初步评价。近二十年来，我国空气环境领域陆续开展了空气毒性有机物的污染状况、时空变化特征、污染源识别等方面的研究工作；但人群暴露评估工作尚缺乏系统性，人体健康风险评价方面的研究工作也十分缺乏暴露评估、流行病学、毒理学研究数据支持。

近几年，在国家环境保护公益性行业科研专项的支持下，针对空气环境基准的相关研究包括由北京大学承担的"我国环境基准技术框架与典型案例预研究"、南开大学承担的"我国大气颗粒物环境基准的预研究"、复旦大学承担的"我国主要大气污染物的健康风险评估及相应环境质量标准修订的预研究"等。阚海东（2003）、潘小川（2015）等发现我国珠江三角洲、西北地区、以及北京、上海等大城市的主要空气污染物（$PM_{10}$、$PM_{2.5}$、$SO_2$、$NO_2$、$O_3$、$CO$）的急性暴露对于我国居民的死亡率和发病率增加存在显著影响。我国亟需根据现有科技发展水平和空气污染状况，综合评价空气污染物对人体、生物、生态等的危害影响，分析污染物剂量与健康效应、生态效应间的相关性，以及基于污染物毒性分析的风险评价。最终，根据流行病学和毒理学研究成果，提出一套适合于我国的空气环境基准，为制定保障人体健康及保护自然环境为目标的环境污染标准体系，提供科学依据。

# 第二章
## 中国环境基准需求和发展趋势

迄今为止，我国可用于环境管理的环境基准仅有国家水生态环境基准——《淡水水生生物水质基准——镉》和《淡水水生生物水质基准——氨氮》，土壤和空气环境基准目前尚属空白，没有系统编制过一套基于完整科学理论和足量实测数据支持的环境基准。环境基准为环境质量标准制修订、环境监测指标的完善、环境质量评估、应急事故管理、污染控制与风险管理等环境管理工作提供科学依据，因此环境基准研究的滞后已成为制约我国环境保护和环境管理工作的瓶颈。同时，环境基准是当前国际环境保护科研的前沿领域，也是环境化学、生物学、生态毒理学与风险评估等多学科的综合集成，可为我国环境标准体系和环境管理体系提供全面有效的科技支撑，提高环境管理生产力。开展环境基准研究是我国环境管理的重大科技需求，是国家环境安全和环境保护工作的迫切需要，也是时代和社会发展的必然趋势。

# 第一节 环境基准法律地位的确立

为保障环境基准中长期路线图的顺利实施，我国政府以立法的形式，明确了环境基准的重要法律地位，从法律、法规和政策层面上给予了支持，极大地提升和突出了环境基准在国家环境保护工作中的重要性，对我国环境基准至2035年乃至更长时间的发展具有巨大的促进和推动作用。

目前，国外发达国家非常重视环境基准与环保标准制修订及相关领域的发展，大多具有较为完整的法律与政策体制保障。其中一些国家以法规的形式明确了环境基准与环保标准的法律地位。例如，美国《清洁水法》明确要求美国环境保护局要基于科学证据确定水质基准，并要求各州在制订水质标准过程中采用或根据实际情况修正水质基准。USEPA定义的水质标准包括以下几个部分：特定水体指定用途需要达到的目标，为保护此用途而设定的水质基准以及为保护水体免受污染而建立的反退化政策等。可见，美国的水质基准是作为水质标准的一部分出现的，在《清洁水法》框架下水质基准本身就具有一定的法律效力。另外，美国《清洁空气法》规定的空气环境标准也属于立法性规则，具有法律效力。再如欧盟的环境标准是以指令的形式颁布的，其拥有属于二级法律的地位，有的可以在欧盟成员国直接适用，有的则优先于本国法律而适用，具有直接的法律效力。

在我国，环境基准研究起步较晚，仍与发达国家基准存在较大差距。近年来，国家相关部门重视环境基准研究，我国相继出台了关于环境基准相关的法律、法规，在政策层面上予以了保障。新修订的《中华人民共和国环境保护法》（中华人民共和国主席令第九号，第十二届全国人民代表大会常务委员会第八次会议于 2014 年 4 月 24 日修订通过，自 2015 年 1 月 1 日起施行）第二章"监督管理"第十五条规定："国家鼓励开展环境基准研究"。这是环境基准首次在我国法律中得到明确，将有利于推动相关基础研究工作的开展，同时为建立健全国家生态环境基准体系、推动生态环境基准工作健康发展提供了制度保障。随着环境基准研究的日益深入，在国家层面上相继颁布了一系列法律法规。2015 年发布的《水污染防治行动计划》（国发〔2015〕17 号）中第四章"强化科技支撑"第十二条"开展有机物和重金属等水环境基准、水污染对人体健康影响、新型污染物风险评价、水环境损害评估、高品质再生水补充饮用水水源等研究"；2016 年发布的《土壤污染防治行动计划》（国发〔2016〕31 号）中第八章"加大科技研发力度，推动环境保护产业发展"中第二十五条"加强土壤污染防治研究。整合高等学校、研究机构、企业等科研资源，开展土壤环境基准、土壤环境容量与承载能力、污染物迁移转化规律、污染生态效应、重金属低积累作物和修复植物筛选，以及土壤污染与农产品质量、人体健康关系等方面基础研究"；2018 年颁布的《中华人民共和国土壤污染防治法》（2018 年 8 月 31 日第十三届全国人民代表大会常务委员会第五次会议通过，2019 年 1 月 1 日正式施行）第二章"规划、标准、普查和监测"中第十二条明确提出了"国家支持对土壤环境背景值和环境基准的研究"。

与此同时，我国在国家层面上也认识到了环境基准的重要性。2005 年《国务院关于落实科学发展观加强环境保护的决定》（国发〔2005〕39 号）明确规定了"完善环境技术规范和标准体系，科学确定环境基准，努力使环境标准与环保目标相衔接"的国家战略目标。《国家环境保护"十三五"科技发展规划纲要》（环科技〔2016〕160 号）更是将环境基准作为"强化环保应用基础研究，促进环保科学决策"的重点领域与主要任务之一，从水、土壤和空气不同环境介质分别明确了"环境基准理论方法学体系"的重要研究内容，提出了中国环境基准研究中的系列关键科学问题，为环境基准研究的顺利开展奠定了坚实的基础。《"十三五"生态环境保护规划》（国发〔2016〕65号）要求重点建立"以人体健康为目标的环境基准和环境标准体系"，同时要求"研究制定环境基准，修订土壤环境质量标准，完善挥发性有机物排放标准体系，严格执行污染物排放标准"，并能识别和评估重点地区、流域、行业的环境健康风险，对造成环境健康风险的企业和污染物实施清单管理，研究发布一批利于人体健康的环境基准。为贯彻《中华人民共和国环境保护法》，规范国家环境基准研究、制定、发布、应用与监督工作，2017年环境保护部制定发布了《国家环境基准管理办法（试行）》（专栏2-1）。

因此，要切实保障环境基准研究工作长期、顺利地开展下去，并且为改善我国环境标准，进而促进我国环境管理工作的有效进行发挥应有的作用，需要从法律、法规和政策层面给环境基准更为详尽和具体的地位以必要体现，并为环境基准与标准的衔接做出相应的规定。

---

**专栏 2-1　《国家环境基准管理办法（试行）》**

中华人民共和国生态环境部
Ministry of Ecology and Environment of the People's Republic of China

2017年4月19日，为了贯彻《中华人民共和国环境保护法》中关于"鼓励开展环境基准研究"，规范国家环境基准研究、制定、发布、应用与监督工作，环境保护部制定发布了《国家环境基准管理办法（试行）》。

该管理办法共分为五章，第一章介绍了该办法的适用范围、环境基准定义、环境基准管理工作的主要内容及遵循的原则、环境基准任务承担单位所具备的条件进行了限定；第二章介绍了环境基准的分类，主要从环境介质、环境因子和基准表述；第三章介绍了环境基准制定和发布的流程；第四章介绍了环境基准的应用和监督机制；第五章介绍了相关附则。

该管理办法为我国环境基准管理工作提供技术支撑，在我国的环境基准研究和管理工作中发挥着不可替代的地位和作用。

# 第二节 中国环境标准的现状及存在问题

环境保护标准是指为保护人体健康、生态环境及社会物质财富，由法定机关对环境保护领域中需要规范的事物所做的统一的技术规定。环境保护标准是环境规划、环境管理的法律依据，是衡量环境是否受到污染的尺度，体现了国家（地区）的环境保护政策和要求。环境保护标准的建立和严格实施，在一定程度上反映了一个国家的科技发展水平和法制健全状况。

环境保护标准在整个环境保护法律体系中有着非常重要的地位，它是进行环境执法和环境管理的重要依据和准绳，因此其制定过程的科学性和合理性将直接影响到环境管理和环境执法的效果。环境保护标准的完善水平在一定程度上反映一个国家的法制状况、经济技术水平、环境质量和人类文明的程度。为了控制环境污染，保护和改善环境质量，世界各国普遍采用严格的环境保护标准作为加强环境污染防治与管理的重要措施。

中国的环境标准始于 20 世纪 70 年代，1973 年发布了第一个国家环境保护标准《工业"三废"排放试行标准》。随着国家对环境保护标准的逐渐重视，80 年代颁布的国家环境标准达到了 200 多项。1992 年我国开始发布环保行业标准和着手制定地方标准，国家级环保标准达 400 多项。进入 21 世纪以后，环境标准的研究工作蓬勃发展，截至 2020 年，我国共发布环境保护标准 1703 项（图 2-1）。

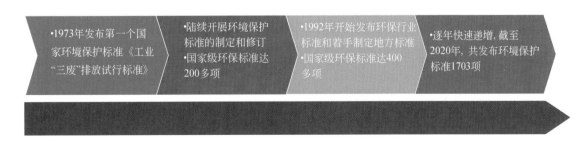

图 2-1 中国环境标准发展历程

经过 40 多年的不断发展和完善，建立了一系列较为完整的水、土壤和空气环境标准体系，并形成了包括环境影响评价、环境容量与污染物总量控制、排污许可证制度等在内的环境政策和法规体系，在我国环境保护工作中起着极其重要的作用。我国初步形成了以环境质量标准和污染物排放标准为主体，与环境监测规范、环境基础类标准以及管理规范类标准相配套，涵盖水、土壤、空气、声和固废等环境要素，分国家、行业和地方三级的环境保护标准体系，三级六类环保标准体系结构见图2-2。

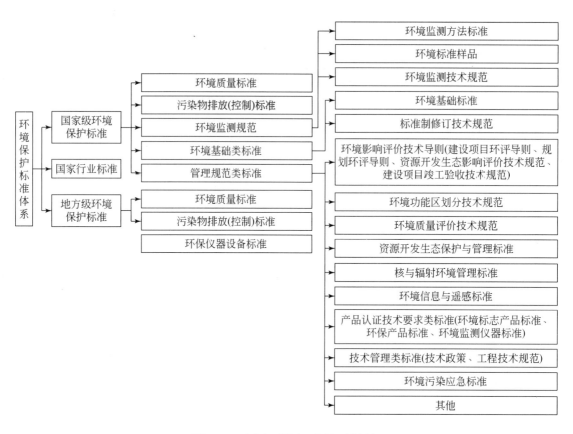

图 2-2　中国环境标准体系结构

# 一、水体环境标准体系

## （一）水环境标准体系现状分析

水环境标准体系是对水环境标准工作全面规划、统筹协调相互关系，明确其作用、功能、适用范围而逐步形成的一个管理体系。我国水环境标准体系，也可概括为"六类三级"，即水环境质量标准、水污染物排放标准、水环境基础标准、水监测分析方法标准、水环境标准样品标准和环保仪器设备标准六类，以及国家级标准、国家行业标准和地方标准三级。国家水环境质量标准和水污染物排放标准是强制性标准，其他水环境标准为推荐性标准。

我国的水环境标准始建于20世纪80年代，经过30多年的发展和修订，相继建立了一系列相关的法规和水质标准，已逐渐形成了一个比较完整的水环境标准体系（图2-3）。我国现行的水环境质量标准更具科学性和实用性。按管理控制对象可以分为两大类：一类是以水环境为控制对象的水环境质量标准。我国当前的国家水环境质量标准是以用水为目的来制定的，即根据不同水域及其使用功能分别制定的。它主要由《地表水环境质量标准》（GB 3838—2002）（专栏2-2）、《海水水质标准》（GB 3097—1997）、《渔业水质标准》（GB 11607—89）、《农田灌溉水质标准》（GB 5084—2005）、《地下水质量标准》（GB/T 14848—2017）、《生活饮用水卫生标准》（GB 5749—2006）和各种工业用水水质标准等组成。另一类是以水体污染源为控制对象的水污染物排放标准。我国现行的标准包括《污水综合排放标准》（GB 8978—1996）在内、涵盖近20多个行业的污水排放标准，共计30多个。

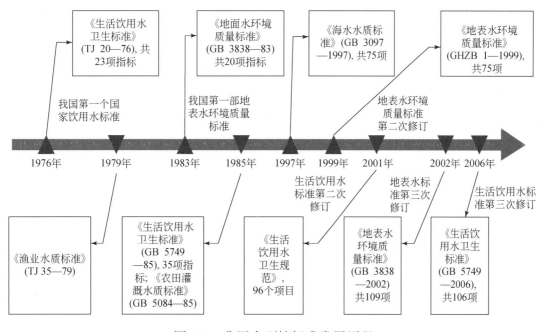

图 2-3　我国水环境标准发展历程

专栏 2-2　《地表水环境质量标准》（GB 3838—2002）

自1983年我国首次发布《地面水环境质量标准》（GB 3838—83）以来，我国地表水环境质量标准先后经历了三次修订，1988年进行了第一次修订，1999年第二次修订，2002年为第三次修订。现行的

《地表水环境质量标准》（GB 3838—2002）由国家环境保护总局与国家质量监督检验检疫总局于 2002 年联合发布并实施。该标准为强制性标准，自 2002 年 6 月 1 日开始实施至今。

我国现行的 2002 年《地表水环境质量标准》是根据不同水域及其使用功能分别制定的，根据所控制对象分为：《地表水环境质量标准》《海水水质标准》《渔业水质标准》《农田灌溉水质标准》《景观娱乐用水水质标准》《地下水质量标准》《生活饮用水卫生标准》等。我国的《地表水环境质量标准》是一个综合性标准，依据地表水域环境功能和保护目标，对自然保护区、饮用水源地、渔业、工业和农业等用水水域 5 类功能区，按照高功能区高要求、低功能区低要求的原则，分别赋予了Ⅰ～Ⅴ类的水质标准。Ⅰ类：源头水、国家自然保护区；Ⅱ类：集中式生活饮用水地表水源地一级保护区、珍稀水生生物栖息地、鱼虾类产卵场、仔稚幼鱼的索饵场等；Ⅲ类：集中式生活饮用水地表水源地二级保护区、鱼虾类越冬场、洄游通道、水产养殖区等渔业水域及游泳区；Ⅳ类：一般工业用水区及人体非直接接触的娱乐用水区；Ⅴ类：农业用水区及一般景观要求水域。

该标准项目共计 109 项，其中地表水环境质量标准基本项目 24 项[水温（℃）、pH、溶解氧、高锰酸钾指数、化学需氧量（COD）、五日生化需氧量（$BOD_5$）、氨氮、总氮（湖、库，以 N 计）、总磷（以 P 计）、铜、锌、氟化物（以 $F^-$ 计）、硒、砷、汞、镉、铬（六价）、铅、氰化物、挥发酚、石油类、阴离子表面活性剂、硫化物、粪大肠菌群（个/L）]，集中式生活饮用水地表水源地补充项目 5 项[硫酸盐（以 $SO_4^{2-}$ 计）、氯化物（以 $Cl^-$ 计）、硝酸盐（以 N 计）、铁、锰]，特定项目 80 项（具体分为有机物、无机物、杀虫剂、金属几大类）。该标准基本项目适用于全国江河、湖泊、运河、渠道、水库等具有使用功能的地表水水域。

集中式生活饮用水地表水源地补充项目和特定项目适用于集中式生活饮用水地表水源地水质的控制，其中特定项目由县级以上人民政府环境保护行政主管部门根据本地环境特点和环境管理的需要进行选择。

该标准现已成为我国水环境监督管理的核心与尺度，在我国水环境保护执法和管理工作中发挥着不可替代的地位和作用。

## （二）存在的问题

水环境标准是由国家有关管理部门颁布的具有法律效力的限值，是污染物的排放控制的科学依据。国家管理部门依据水环境标准来推算水体的允许纳污量，继而分配到污染控制区及污染。作为缺乏环境基准早期研究的发展中国家，许多污染物监测的标准限值直接借鉴其他发达国家的环境基准或标准值。这些标准虽然难以完全符合我国实际的污染控制现状，但这对于处于社会主义初级阶段的中国来说，环境保护工作刚刚起步，借鉴和参照发达国家的环境标准值无疑会起到事半功倍的效果。近年来，在应对一些重大环境污染事件时，也已显现出这些环境基准或标准在我国环境管理中的实际指导作用。随着环保事业的发展及人们的环境价值观念的变化，使得国家环境管理部门与公众对环境保护工作提出了新的要求——要求良好的自然环境和生活环境。世界各国的环境标准都是依据本国推荐和颁布的环境基准，根据实际情况制定的。其反映的是各自国家的国情和区域（如污染特征、生物区系、地质地理、环境要素和社会经济条件等）特征，具有一定的局限性。这无疑就会反过来对我国现行水环境标准的具体适应性和适用性提出质疑。

我国的水环境标准，如目前我国的水环境质量标准，是依据我国水体的主要功能来制定的，对自然保护区、饮用水源地、渔业、工业和农业用水水域5类功能区，按照高功能区高要求、低功能区低要求的原则，分别赋予了Ⅰ～Ⅴ类的水质标准，而没有根据具体的保护对象确定标准值。虽然其在我国环境保护工作中发挥了重要作用，但同时通过对比我国多个水环境质量标准可以发现，在许多方面，还存在一些不足和需要改进的地方。例如，我国水环境标准由各级环保部门制定，各个水环境标准间的衔接性不够。其主要体现在以下几个方面。

第一，我国水质标准中某些特有污染物项目限值制定科学依据不足。我国的水环境标准是由国家统一制定的。目前我国的水质标准以水化学和物理指标为主，体系尚不完整，不能对水环境质量进行全面评价。废止的和现行的《地表水环境质量标准》是根据不同水域及其使用功能分别制定的，缺乏水质基准的科学依据，其标准值主要参考美国的水质基准数据与美国各州、日本及欧洲国家的水质标准而确定，水域功能类别高的标准值严于水域功能类别低的标准值，不能保证我国水环境标准的科学性。当然，在经费受限、技术水平有限的历史时期采取这种方式比较现实，但并不适合作为一种长期或战略目标。

第二，环境标准主要是在参照和借鉴国外发达国家的基准和标准的基础上制定的，其适用性和适应性值得商榷。我国的水质基准研究相对滞后，目前尚未建立适合我国水生态系统保护的水质基准体系，对基准在标准体系中的作用也缺乏足够重视。我国地质、气候和生态环境要素、生物区系、污染类型和特征与国外相比差异明显，完全依据国外水质基准制定的我国水环境标准可能难以符合实际区域水环境特征和经济发展现状。如果参考其他国家的水质基准制定我国的水质标准，将会降低我国水质标准的科学性，导致保护不够或过分保护的可能性。随着经济快速发展，环境问题日益突出，监管和治理压力加大，国际环境争端和外交任务繁重，亟需建立适合我国区域特点的水质基准体系，为加强环境污染控制与治理提供理论与技术支撑。

第三，不同水质标准中相同保护目标的标准值衔接性不够。例如，我国地表水中Ⅱ和Ⅲ类水体中污染物项目的标准值兼顾了这两类水体中的水生生物、水体生态功能以及饮用水水源地水质保护的要求，就会使部分项目的饮用水水源地水质标准值与保护水生生物和水体生态功能的标准值之间有交叉，造成地表水和饮用水这两个标准在指标的选取及限值上存在诸多差异，如汞、硫化物、马拉硫磷、敌敌畏、环氧氯丙烷和六氯苯等，不能正确地对水源地水质进行科学的评价。由此可见，不同水质标准在制定过程中显然采用了不同的毒性数据或依据，从而导致了限值的不一致。在制定水污染物排放标准时，需要重点考虑纳污水体的稀释能力和自净能力，实现与地表水环境质量标准之间的衔接。此外，还要避免标准由各级部门制定，导致出发点和目标不一致而引起的限值差异。

《水质基准的理论与方法学导论》一书（专栏 2-3）在国内首次全面论述了水质基准理论和方法，部分内容填补了我国在水质基准方面的空白，对空气、土壤等环境基准的研究也具有一定的参考价值。该书的出版对我国环境污染控制和环境风险管理具有重要的理论意义，对推动我国环境基准体系的构建，以及环境管理制度的创新将产生重要而深远的影响。

---

**专栏2-3　《水质基准的理论与方法学导论》简介**

2008年，在国家973计划"湖泊水环境质量演变与水环境基准研究"和国家环境保护公益性行业科研专项"我国环境基准技术框架与典型案例预研究"的资助下，中国环境科学研究院较为系统地开展了水质基准理论与方法学的研究。《水质基准的理论与方法学导论》就是在此基础上编写而成的。该书共45万字，于2010年11月由科学出版社公开出版发行。

该书汇编了大量国内资料和文献，特别是在20世纪八九十年代美国水质基准指南的基础上，结合近二三十年来该领域最新的进展和成果，分别总结了保护水生生物水质基准和人体健康水质基准推导的理论和方法，健康风险评估和生物累积系数的理论和方法，以及水质基准相关参数推导的案例分析。该书共分8章：第1章和第2章介绍了水质基准的发展历史、现状和展望；第3章介绍了保护水生生物水质基准推导的理论和方法；第4章介绍了保护人体健康水质基准推导的理论和方法；第5章介绍了水质基准推导中健康风险评估的理论和方法；第6章介绍了生物累积系数推导的理论和方法；第7章介绍了中外水质基准与水质标准的对比；第8章介绍了水质基准的运用和实践。此外参考附录部分介绍了美国颁布的7次水质基准推荐值。

## 二、土壤环境标准体系

### （一）土壤环境标准体系现状分析

土壤环境标准是评价土壤环境质量和环境风险的法定准则，也是预防土壤污染和开展土壤污染管控与修复的重要依据。自 1973 年第一次全国环境保护会议后，我国的土壤环境保护标准工作与国家环境保护事业全面起步，随后我国政府投入大量的人力和物力开展了全国土壤环境背景值调查、重点区域污染调查、环境质量评价及污染防治等研究工作，并在此工作的基础上考虑自然条件和国家或地区的社会、经济、技术等因素，颁布适合我国国情的土壤环境管理制度及标准。三十多年来，经过我国环保工作者的积极研究、制定、实施环境标准，为推动我国的环境标准工作做出了不懈的努力，取得了显著的成绩。到目前为止，制定及修订与土壤有关的环境标准（国家级、行业和地方）达 50 多个，初步形成了种类较多、协调配套的土壤环境标准体系，在我国的土壤环境保护工作中发挥着重要的作用。土壤环境标准的实施为环保部门和相关行业主管单位进行土壤环境管理、土壤污染评价、保护土壤资源和土壤污染修复工作提供了重要的科学依据和法定准则，也为土壤环境标准体系的进一步发展奠定了基础。

自 1979 年颁布了《中华人民共和国环境保护法（试行）》以来，有关土壤环境标准的法规陆续颁布。1986 年 6 月 25 日第六届全国人民代表大会常务委员会第十六次会议上通过了中国第一部有关土地管理的法律——《中华人民共和国土地管理法》，而 1989 年颁布的《中华人民共和国环境保护法》首次明确提出了防治土壤污染的相关规定，自此中国的土壤污染问题开始受到关注。

20 世纪 90 年代以来，中国的土壤保护事业进入一个新时期，土壤环境保护管理得到强化，土壤污染问题受到越来越多的关注。同时，中国的环境保护政策和法律法规体系也初步形成。1995 年，通过汇总、整理、提炼前期土壤污染对作物影响的试验研究、土壤背景值调查研究以及"六五"和"七五"国家科技攻关计划"土壤背景值"和"土壤环境容量"研究的数据，国家环境保护局于 1995 年 7 月正式发布了《土壤环境质量标准》（GB 15618—1995），标志着我国土壤环境保护和污染防治工作正式确定。《土壤环境质量标准》确立后，国务院、生态环境部和农业农村部相继颁布了各项土壤环境保护法规、行政规章、技术导则，进一步规范了土壤环境管理工作。1999 年，国家环境保护总局颁布了《工业企业土壤环境质量风险评价基准》（HJ/T 25—1999），首次提出了要对工业企业生产活动造成的土壤污染危害进行风险评估。2000 年，针对核设施退役场址的开放利用发布了《拟开放场址土壤中剩余放射性可接受水平规定（暂行）》（HJ 53—2000）。政府部门在注重土壤环境污染管理的同时，加强了农产品质量安全管理。2006年，颁布实施环保行业标准《食用农产品产地环境质量评价标准》（HJ 332—2006）等，这些标准均是在《土壤环境质量标准》（GB 15618—1995）基础上制定的。

2004年以后，随着工业污染场地问题的凸显，国家加大了污染场地标准体系的研究力度。另外，针对2010年上海世界博览会展览场馆的土壤修复，国家环境保护总局和国家质量监督检验检疫总局共同发布了《展览会用地土壤环境质量评价标准（暂行）》（HJ/T 350—2007）。通过借鉴国外先进的有关污染场地标准制定的经验和方法并结合我国自身的实际情况，2014年，环境保护部发布了《污染场地风险评估技术导则》（HJ 25.3—2014），该导则规定了场地污染土壤对人体健康风险评估的原则、内容、程序、方法和技术要求。《土壤环境质量标准》自1995年实施以来，历经二十多年，已不能适应当代土壤环境风险管理的需求，其修订工作也提上日程。自2014年首次发布征求意见后，经过五次征求意见，土壤环境质量新标准已于2018年正式发布。新标准将以前的《土壤环境质量标准》拆分为《土壤环境质量 农用地土壤污染风险管控标准（试行）》（GB 15618—2018）（专栏2-4）、《土壤环境质量 建设用地土壤污染风险管控标准（试行）》（GB 36600—2018）（专栏2-5）。这些标准的出台标志着我国的土壤环境质量标准体系在法规建设、土壤污染防治、土壤风险管理和风险控制等方面取得了系统性进展，也标志着我国土壤环境管理进入了新阶段。

目前，我国土壤污染的总体形势不容乐观，部分地区土壤污染严重，由土壤污染引发的农产品质量安全问题逐年增多，成为影响群众身体健康和社会稳定的重要因素。基于以上原因，越来越多的公众开始关注与自身密切相关的土壤环境问题，更多地要求政府从源头控制污染的排放、加强污染土壤的风险评估和修复、制定更加有效的土壤环境监管措施等，从而确保生态系统和人体的健康，营造一个更加和谐、安全的生存与发展环境。而现有的以防治土壤污染为目标的环境标准已远远不能满足和适应当前中国土壤环境保护事业的需求，例如，石油、化工等企业搬迁或关闭遗留的场地、高背景土壤、矿山土壤等。随着社会、经济和土壤环境保护事业的推进，亟需将农产品生产及人居环境的安全性、土壤环境质量的改善和土壤的可持续利用等纳入土壤环境标准体系制修订考虑的范围。为了做好这项工作，我们需要借鉴国外的先进经验，立足于中国国情，深入分析目前我国土壤环境标准体系中存在的问题。图2-4为我国土壤环境标准发展历程。

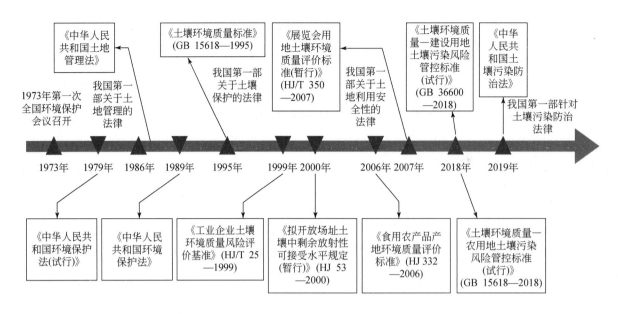

图 2-4　我国土壤环境标准发展历程图

## 专栏 2-4　《土壤环境质量 农用地土壤污染风险管控标准（试行）》（GB 15618—2018）介绍

《土壤环境质量标准》主要是以保护土壤环境质量，保障土壤生态平衡，维护人体健康为依据，限制土壤中有害物质含量，是环境法规的一部分。

2018 年 6 月 22 日，生态环境部（公告 2018 年第 13 号）发布了两项新的土壤环境质量标准。其中，《土壤环境质量 农用地土壤污染风险管控标准（试行）》将替代《土壤环境质量标准》（GB 15618—1995）。

较《土壤环境质量标准》（GB 15618—1995），《土壤环境质量 农用地土壤污染风险管控标准（试行）》呈现了以下新的变化。

取消了原有的土壤环境质量分类体系（Ⅰ类土壤执行一级标准、Ⅱ类土壤执行二级标准、Ⅲ类土壤执行三级标准），建立了以农用地使用性质（水田、其他农田）及土壤酸碱度（pH ≤ 5.5、5.5 < pH ≤ 6.5、6.5 < pH ≤ 7.5、pH > 7.5）为基本架构的标准指标体系，解决了《土壤环境质量标准》（GB 15618—1995）中 pH ≤ 6.5 的 Ⅲ 类土壤无环境质量标准可用的问题。

提出了农用地土壤污染风险筛选值和农用地土壤污染风险管制值两个新概念。其中，农用地土壤污染风险筛选值指农用地土壤中污染物含量等于或者低于该值的，对农产品质量安全、农作物生长或土壤生态环境的风险低，一般情况下可以忽略；超过该值的，对农产品质量安全、农作物生长或土壤生态环境可能存在风险，应当加强土壤环境监测和农产品协同监测，原则上应当采取安全利用措施；农用地土壤污染风险管制值指农用地土壤中污染物含量超过该值的，食用农产品不符合质量安全标准的农用地土壤污染风险高，原则上应当采取严格管控措施。

农用地土壤污染风险筛选值分为基本项目和其他项目两类。其中，基本项目包括：镉、汞、砷、铅、铬、铜、镍、锌；其他项目包括：六六六总量、滴滴涕总量、苯并[a]芘。农用地土壤污染风险管制值包括：镉、汞、砷、铅、铬。

该标准的实施更符合土壤环境的风险管理，更便于指导农用地安全利用，保障农产品质量安全。

## 专栏 2-5　《土壤环境质量　建设用地土壤污染风险管控标准（试行）》（GB 36600—2018）

建设用地根据保护对象暴露情况的不同划分为两类。第一类用地包括《城乡用地分类与规划建设用地标准》规定的城市建设用地中的居住用地（R），公共管理与公共服务用地中的中小学用地（A33）、医疗卫生用地（A5）和社会福利设施用地（A6），以及公园绿地（G1）中的社区公园或儿童公园用地等。第二类用地包括《城乡用地分类与规划建设用地标准》规定的城市建设用地中的工业用地（M）、物流仓储用地（W）、

商业服务业设施用地（B）、道路与交通设施用地（S）、公用设施用地（U）、公共管理与公共服务用地（A）（A33、A5、A6 除外），以及绿地与广场用地（G）（G1 中的社区公园或儿童公园用地除外）等。

建设用地土壤污染风险筛选值指在特定土地利用方式下，建设用地土壤中污染物含量等于或者低于该值的，对人体健康的风险可以忽略；超过该值的，对人体健康可能存在风险，应当开展进一步的详细调查和风险评估，确定具体污染范围和风险水平。建设用地土壤污染风险管制值指在特定土地利用方式下，建设用地土壤中污染物含量超过该值的，对人体健康通常存在不可接受风险，应当采取风险管控或修复措施。

建设用地土壤污染风险筛选值、管制值基本项目分为重金属和无机物类、挥发性有机物类、半挥发性有机物类 3 大类，共 45 项。建设用地土壤污染风险筛选值、管制值其他项目分为重金属和无机物类，挥发性有机物类，半挥发性有机物类，有机农药类，多氯联苯、多溴联苯和二噁英类，石油烃类 6 大类，共 40 项。

## （二）存在的问题

土壤环境质量标准体系是我国土壤环境保护和管理的理论依据，也是土壤污染防治工作的技术基础。经过三十多年的努力，我国的土壤环境标准体系取得了明显进步和发展。但伴随着我国土壤污染程度及危害的不断加剧，以及土壤环境质量标准制定的复杂性，95 版标准在实际应用中逐渐显现出一些问题，不能满足对新国情、新问题下土壤资源保护和土壤环境质量改善的需要。经过多年的征求意见和修改，土壤环境质量新标准于 2018 年正式发布，体现了我国土壤环境管理进入了风险管理新阶段。土壤环境基准的研究与发展是一项长期的工作。目前，还存在一些不足，需要不断努力补充与完善，具体表现在以下几个方面。

第一，长期以来，我国对土壤环境标准相关基础研究不够，尤其是对土壤环境基准缺乏系统性研究，对基准的技术研究支持不足是影响标准科学制定的至关重要的因素。土壤环境基准是指土壤污染物对生物与环境不产生不良或有害影响的最大剂量或含量，由污染物同特定对象之间的剂量－效应关系确定。土壤环境标准的制定是以土壤环境基准为依据，并考虑社会、经济和技术等因素。美国、加拿大、英国、澳大利亚、荷兰等国家均对土壤污染环境基准开展了大量的研究，并制定了基于不同土地利用方式、受体、污染类型的土壤污染风险筛选值计算导则并发布土壤污染风险筛选值。但迄今为止，我国可用于环境管理的土壤环境基准还相当有限；我国土壤环境背景值和环境基准严重不足，难以科学制定土壤环境标准。2018年征求意见的三个土壤环境基准导则尚需进一步论证其科学性，还需进行基准值的验证。加强土壤环境基准研究可以促进环境健康学、生态毒理基础方法学研究以及环境监测技术的发展，是应对我国土壤环境管理的行动方向。

第二，在基准与标准制定方法上，未能采用国际上通行的基于生态风险评估的方法。未直接考虑土壤污染物的生物有效性及其对人体健康和生态受体的暴露风险和毒理效应，致使一些指标定值依据缺乏科学性，如标准中重金属指标等。目前，我国还缺乏大量研究支持下的能有效保护土壤地下生物安全和生态系统健康的生态风险评估方法，也缺乏能有效保护地下水安全的环境迁移风险评估方法。近年来，美国、欧盟等国家和组织在研究重金属在土壤中的允许含量时，采用污染物的剂量－效应关系和人体健康生物有效性作为制定土壤环境基准与标准的基础。加强我国土壤中污染物的环境迁移性、生物毒作用效应和生态毒理研究，建立符合国情的土壤污染生态风险评估方法又是一个努力方向。

第三，某些土壤环境标准的制定过于照搬国外标准，缺乏本土化的基础数据支撑。目前，国际上关于土壤环境标准研究的主要趋势是基于暴露风险评估方法，通过划分不同土地利用方式，结合土壤生态毒理学效应和人体健康暴露风险，制定保护生态和人体健康的土壤污染风险筛选值。而我国《土壤环境质量 建设用地土壤污染风险管控标准（试行）》（GB 36600—2018）中的污染物限值、监测方法等的确定主要参考了国外的暴露途径、迁移模型以及有限的国内参数，未考虑我国土壤类型、地域、气候、行业等的差异以及暴露途径、基础参数和迁移模型的适用性等问题，导致该标准在各地的污染风险评估过程中产生诸多问题，难以反映当地土壤真实的土壤环境质量状况。在场地土壤和地下水健康风险评估模型计算上缺乏我国土壤中污染物的毒性和毒理参数，更是严重缺乏本土化参数，从而造成过于保守或过于宽松的风险管制值或修复目标值，难以有力、有效地支持科学的风险管控。加强我国农用地和行业场地土壤的本土化参数、暴露途径和模型适用性研究是一项重要的基础性工作。

第四，由于缺乏系统的土壤环境基准研究，导致标准中土壤类型、性质和污染物的形态单一，难以反映我国土壤和污染物的复杂性，给实际的土壤环境管理工作带来很大的不便。我国现有农用地土壤环境标准基本上与全国土壤类型和土壤利用方式脱钩，不能支持国家及区域土壤环境标准化和差异化管理。荷兰、英国、加拿大等国家在颁布新的土壤基准（或标准）时，均考虑了重金属的有效性、土壤理化性质等因素，并将土壤有机质、黏土含量等通过一定的方式换算（校正）来建立特定土壤类型的基准值（或标准值）。因此，在研究发展具有自主知识产权的方法和技术时，有必要积极吸收先进的国外科研成果，促进我国土壤环境基准与标准制定方法体系的进一步完善。尤其需要加强基于土壤类型及利用方式下土壤－生命系统，关注污染物的过程－有效性－效应－风险－安全评估方法与环境基准/标准制定等科学问题的系统研究。

第五，目前土壤中污染物谱越来越大，而试行的标准体系中土壤污染物控制项目过少，尤其是有机污染物种类较少，特别在《土壤环境质量 农用地土壤污染风险管控标准（试行）》（GB 15618—2018）中。随着工业技术和社会经济的发展，土壤中污染物的范围和类型不断扩大，需要分析和检测的有害物质的数量也日益增多。如何集中有限的资源，对健康危害效应大的污染物进行优先研究和控制逐渐成为一种有效的环境管理策略。美国、英国、加拿大、澳大利亚、荷兰等国家已分别根据污染物的毒性、持久性和生物积累性等性质公布了优控污染物名单，并根据优控污染物名单的排序分批制定各污染物的基准值（或标准值）。因此，我国应借鉴发达国家在土壤环境基准（或标准）研究方面的先进经验，结合国内优控污染物的实际情况，积极有序地开展此类研究。

土壤环境基准是土壤环境标准制定的基础，可以科学地反映土壤污染物的环境行为对相关受体的效应及风险。我国土壤环境标准制定工作正在不断发展。试行的土壤环境标准体系中仍然存在一些不足，需要在实践中制修订与完善。标准的制定以保护农业生产、生态系统和人居环境安全为主要目的，在制定与执行过程中需要准确代表导致我国生态系统退化和健康危害的主要污染因子，需要建立在我国土壤及其利用方式下的基本参数、暴露途径和推导模型，可以支持土壤环境基准与标准科学合理制定，需要与国家土壤生态环境保护的科学与管理目标相协调；现有土壤环境标准体系中存在的诸多涵盖性、衔接性和科学性的不足或空白点，给管理带来不便。其中的根本原因在于：过去我国的土壤环境标准制定工作依赖发达国家的环境标准体系，多为直接借用或仅作略微调整，从而缺少了作为标准制定科学基础的土壤环境基准研究工作，特别是一套科学、系统、完整、实用且符合我国国情与需求的土壤环境基准及支撑技术方法体系。

## 三、空气环境标准体系

### （一）空气环境标准体系现状分析

我国空气环境标准体系始建于 20 世纪 80 年代，经过三十多年的发展，已经逐步形成了一个较为完善的体系框架。我国现行的空气环境标准体系由二级五类标准组成，分别为国家级标准和地方级标准，标准类别包括环境空气质量标准、空气污染物排放标准、空气环境监测规范（空气环境监测方法标准、空气环境标准样品、空气环境监测技术规范）、空气环境管理规范类标准和空气环境基础类标准（空气环境基础标准和标准制修订技术规范）。

截至 2011 年 10 月 27 日，生态环境部共发布了 262 项国家空气环境标准，包括空气环境质量标准 4 项、大气污染物排放标准 46 项、环境监测规范 / 方法标准 127 项以及其他相关标准 19 项，此外还包括已经被替代的标准 66 项（图 2-5）。

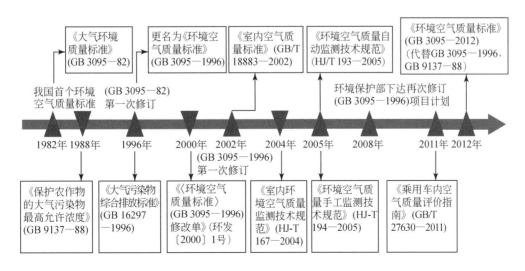

图 2-5　我国空气环境标准发展历程

空气环境质量标准是空气环境标准体系的核心，是空气环境质量目标的定量化指标，是对环境中空气污染物质允许浓度的法定限制，是制定空气污染物排放标准及其他支持系统标准的出发点。我国空气环境质量标准目前由《保护农作物的大气污染物最高允许浓度》（GB 9137—88，1988 年 10 月 1 日实施）、《环境空气质量标准》（GB 3095—1996，1996 年 10 月 1 日实施）、《室内空气质量标准》（GB/T 18883—2002，2003 年 3 月 1 日实施）与《乘用车内空气质量评价指南》（GB/T 27630—2011，2012 年 3 月 1 日实施）4 项标准组成。

早在 1982 年，我国就制定并颁布了首个环境空气质量标准《大气环境质量标准》（GB 3095—82）；1996 年进行了第一次修订，并更名为《环境空气质量标准》（GB 3095—1996）。该标准规定了 10 项空气污染物指标，分别为二氧化硫（$SO_2$）、总悬浮颗粒物（TSP）、可吸入颗粒物（$PM_{10}$）、氮氧化物（$NO_x$）、二氧化氮（$NO_2$）、一氧化碳（CO）、臭氧（$O_3$）、铅（存在于总悬浮颗粒物中的铅及其化合物）、苯并 [a] 芘（存在于可吸入颗粒物中的苯并 [a] 芘）和氟化物。该标准还规定了环境质量功能区划分、标准分级、污染物项目、取值时间及浓度限值、采样与分析方法及数据统计的有效性规定。2000 年发布了《〈环境空气质量标准〉（GB 3095—1996）修改单》（环发〔2000〕1 号），取消了氮氧化物指标，并修改了二氧化氮的二级标准和臭氧的一级标准及二级标准。过去近四十年，我国各阶段的环境空气质量标准都适应当时社会经济发展水平及环境管理的需求，在改善环境空气质量、一定程度上保护人体健康和生态环境等方面发挥了重要作用。为适应新时期环境空气质量管理需求，环境保护部于 2008 年下达了修订《环境空气质量标准》（GB 3095—1996）项目计划，于 2012 年 2 月 19 日发布了新修订的《环境空气质量标准》（GB 3095—2012）（专栏 2-6），首次增加了空气细颗粒物（$PM_{2.5}$）的限值，包括年均限值为 35 μg/m³，日平均浓度限值为 75 μg/m³；此外，新标准还增加了臭氧（$O_3$）8 小时浓度限值，并收紧了 $PM_{10}$ 和 $NO_2$ 的浓度限值，例如，$PM_{10}$ 的年平均值从 100 μg/m³ 收紧到 70 μg/m³。目前我国空气颗粒物的标准值采用世界卫生组织提出的阶段性标准值中较为宽松的 I 阶段目标值。

《环境空气质量标准》经过五年的实施，2018 年颁布了《〈环境空气质量标准〉（GB 3095—2012）修改单》（环发〔2018〕第 29 号），修改单内容有两条：一是将关于监测状态统一采用标准状态，修改为气态污染物监测采用参考状态（25℃、1 个标准大气压），颗粒物及其组分监测采用实况状态

（监测期间实际环境温度和压力状态）；二是增加了开展环境空气污染物浓度监测同时要监测记录气温、气压等气象参数的规定。

**专栏 2-6　《环境空气质量标准》（GB 3095—2012）介绍**

《环境空气质量标准》（GB 3095—2012）是我国为数不多的几项重要环境质量标准之一，是国家和各级政府环境空气质量管理的核心目标，对于保护人体健康和生态环境具有极为重要的作用，对社会经济发展也将产生深刻影响。

《环境空气质量标准》（GB 3095—2012）顺利通过国务院常务会议审议，并于 2012 年 2 月 29 日批准发布。本次修订在我国标准工作历史上具有里程碑意义，该标准是首个由国务院审议批准发布的标准，标志着我国环境保护工作的重点开始从污染物排放总量控制管理阶段向环境质量管理阶段、从控制局地污染向区域联防联控、从控制一次污染物向控制二次污染物、从单独控制个别污染物向多污染物协同控制转变。

此次修订针对新形势下我国的环境管理需求，取得了系列创新成果，包括创新了环境空气功能区分类和标准分级管理方案，将三类区（特定工业区）并入二类区（城镇规划中确定的居住区、商业交通居民混合区、文化区、一般工业区和农村地区）；首次设置 $PM_{2.5}$ 平均浓度限值和臭氧 8 小时平均浓度限值，并收紧 $PM_{10}$、二氧化氮、铅和苯并 [a] 芘等污染物的浓度限值；首次在环境空气质量标准中制定推荐污染物浓度限值，服务于地方环境管理及空气质量标准制修订；针对我国环境空气质量监测数据管理的实际情况，创新并制定了符合中国环境空气质量管理实际需求的监测数据统计有效性规定，将有效数据要求由 50%～75% 提高至 75%～90%。国际上通常为 75%；按照分期、分区的要求创新了环境空气质量标准的实施方式。时任国务院副总理李克强同志在第七次全国环境保护大会上指出，把 $PM_{2.5}$ 纳入空气质量常规监测指标，不仅是环境保护的一大进步，也是经济结构、消费模式的一大转折。

新版《环境空气质量标准》对我国环境管理思想和理念带来了深刻的影响。一方面，新标准是环境保护以人为本、保护人体健康的重要体现，对于环境空气质量标准逐步与国际接轨、提高环境空气质量评价工作的科学水平、正确指引公众健康出行、消除或缓解公众感观与监测评价结果不完全一致的现象、提升我国政府的公信力和国际形象具有重要意义；另一方面，解决 $PM_{2.5}$、臭氧等问题必须实现从控制局地污染向区域联防联控、从控制一次污染物向控制二次污染物、从单独控制个别污染物向多污染物协同控制、从主要控制工业行业向城市规划、公共交通、建筑、生态保护等众多领域控制转变，这些转变都将对我国环保工作提出更高的要求。

与以往环保标准制修订工作相比，此次标准修订工作主要取得了九个方面的历史性突破，在我国环保标准工作历史上达到了前所未有的高度，所取得的成果和产生的影响远超出预期。这九个方面的历史性突破主要是：国务院常务会议第一次对环保标准的修订工作听取汇报，并同意发布新标准；国务院领导第一次对具体的环保标准修订工作做出明确指示；生态环境部党组第一次对环保标准的修订工作专门召开会议听取工作汇报并同意新标准草案；生态环境部第一次对一项环保标准在编制过程中专门召开常务会议听取工作汇报；生态环境部"两委"第一次对一项环保标准的修订草案专门召开会议进行审查。针对此次标准的修订，还第一次高规格大规模召开系列专家研讨会，第一次采用多种形式多次征求意见，第一次持续开展全方位立体舆情监测，第一次开展全方位立体舆论宣传，最终制定出了具有中国特色的环境空气质量标准。

## （二）存在的问题

空气环境质量基准是制定环境空气质量标准，以及评价、预测和控制与治理空气污染的重要依据。我国现行空气环境质量标准主要是在参照了美国和欧盟的相关基准/标准指标，并结合我国的具体生产力水平的基础上确定的。我国空气污染已经从煤烟型污染演变为煤烟型和氧化型复合污染，对某一空气污染物而言，在复合污染过程中，在高氧化性空气环境下，其与单一空气污染物物种对人体健康的影响不完全相同，其健康效应与国外发达国家会有所不同。因此，基于其他国家的空气环境基准制定我国的空气环境质量标准存在对人体健康保护不够或过分保护的可能性。未来，我国有必要根据现有科技发展水平、空气污染状况和环境管理的迫切需求，尽快开展综合大气污染物对人体、生物及生态环境等的危害影响评价研究，污染物暴露剂量与健康效应、生态效应间的相关性研究，以及基于污染物毒性分析的风险评价分析，构建一套基于健康和生态风险评价、适合我国国情的空气环境基准体系，为进一步修订和完善我国空气环境标准体系提供科学的依据。

# 第三节　中国环境保护科技需求分析

近年来随着我国社会经济的持续快速发展，环境污染问题日益突出，生态环境压力增大，环境风险增高，已成为制约我国社会经济可持续发展的重大瓶颈。在短短的几十年里，我国生态环境污染也由新型有毒有害污染物转变为持久性有毒有害污染物，由单一的污染物转变为复杂的复合污染，人口健康也由传染性疾病向慢性病转变为流行病学模式等。目前，我国已进入环境高风险期、污染事件多发期。例如，我国局部区域污染严重，水体富营养化问题突出，已由地表水污染发展到地下水污染，生态环境质量退化，环境污染突发事故频发，人体健康和生态安全受到严重威胁，污染治理和生态环境保护任务十分繁重。随着我国环境保护事业的发展，环境管理理念发生了由污染控制向风险管理的重要转折，由浓度控制和目标总量控制向容量总量控制方向转变，从化学指标控制向生态健康管理方向转变。在应对重大环境污染事件时，也已明显显露出我国对环境基准基础理论研究的薄弱。目前，我国环境科学基础研究仍然滞后于环境保护和污染治理，大量科学基础研究又与环境保护和管理相脱节，迫切需要依据环境基准基础科学研究对污染态势、生态环境影响、人体健康保护和应急事故处置做出科学准确的判断并制定相应的控制对策。因此，亟需从国家层面上加强我国环境管理和环境保护工作的基础理论和综合集成研究，重点开展环境基准的基础研究，为我国环境标准制修订、环境质量评价、环境安全和人体健康，以及环境风险管理的决策提供长期、良好的知识储备和科学依据。它既是我国环境保护科技发展的一项重要任务，又对实现国家环境管理战略目标和科技创新有十分重要的意义，对实现国家环境安全和人体健康目标具有战略性、全局性和长远性的意义。

未来经济社会发展和科技发展对于环境基准研究的科技需求主要包括以下几个方面。

## 一、环境质量标准制修订

中国环境管理体系经过三十多年的发展，建立了一系列较为完整的水、土壤和空气环境标准体系，并形成了包括环境影响评价、环境容量与污染物总量控制、排污许可证制度等在内的环境政策和法规体系，在我国环境保护工作中起着极其重要的作用。环境基准是环境质量标准、相关环境管理与政策法规的理论依据。受以往经济和社会条件的制约，目前我国环境标准的科学研究基础——环境基准研究几近空白，因而在环境标准制定过程中大多参考和借鉴国外环境基准或环境标准，而其适用性未经严格的验证。环境基准的研究远远落后于环境标准的制修订工作。

环境基准是自然科学的研究范畴，是完全基于科学实验的客观记录和科学推论而获得的，不具有法律效力，环境基准是环境与经济的博弈和平衡，是平衡企业、政府和公众、环保组织等的制衡点，可以对环境标准以及环境效应进行科学评价。环境基准为环境标准的修订提供更为符合环境实际的基础数据，是环境标准体系的基础和制定环境质量标准不可或缺的重要环节，可以说环境基准是制定环境标准的科学依据，可提高环境标准的科学性，是构建环境标准体系大厦的基石。建立反映我国区域环境特点、适合我国国情和管理需要的环境基准体系将能够使国家摆脱照搬照抄国外的环境基准或标准的现状，夯实我国环境标准的根基，从而更好地适应中国的国情、社会经济条件和污染控制需要。因而，国家基准体系是国家环境标准体系的科学基础。要针对环保标准发展的需要，加强对环境基准相关问题的科学研究工作，提高相关研究工作的针对性、适用性和有效性，使环境基准研究成果能够真正服务于环境标准工作，满足环境标准工作的需要，以进一步夯实环境标准工作发展的基础。

## 二、环境质量评价

环境质量评价是对环境质量的好坏做出定量或半定量分析、描绘或鉴定，是对环境质量优与劣的评定过程。环境质量评价的目的在于，揭示特定地区或区域环境质量的水平和差异，阐明影响环境质量的原因和有可能采取的种种措施。

环境基准的最终目的是维持"人与自然的和谐发展"。环境基准通过对生态系统（动物、植物、人体）及其使用功能的调查，研究污染物、环境与生态系统及环境与人群的因果关系，掌握环境污染对生态系统及其使用功能和人体健康的影响。在综合评价不同的化学物质对生物及其使用功能或人体急性、亚急性、慢性毒性数据的基础上对污染物进行分类，进而根据环境介质的不同用途提出该污染物效应阈值。环境基准可为环境质量评价提供直接可供利用的指标或参数，是环境质量评价的准绳。

我国三十多年的工业化和城市化高速进程，在加剧环境污染的同时，也加剧了与环境污染暴露相关的生态环境保护和人群重大疾病负担。面对环境污染日益严重的态势，国家环境保护部门则依据环境质量评价的结果确定不同环境介质的污染程度，对环境质量进行等级评估，进而制定区域污染物生产、使用和排放标准。可以说环境质量评价是环境保护和环境治理的前提，也是国家环境规划的前提和依据。

总之，依据环境基准获得污染物的一系列阈值浓度为环境质量评价提供直接可供利用的指标和参数，进而对环境中的污染物进行环境质量评价，为建立"以人为本"和"环境友好"的环境质量评价体系和管理制度、保持我国社会可持续经济发展提供了技术支持。

## 三、保护环境安全和人体健康

我国的快速工业化和城市化进程已经持续了几十年，环境污染持续加重，环境污染已对我国居民健康和生态环境构成严重威胁并造成一定经济损失。在可预见的十几年内，我国都将处在环境危害的高发期，污染加剧和污染事故多发的趋势难以得到根本性扭转，环境污染对健康、生态环境的危害已经有所显现。

环境基准是依据环境污染特征、暴露数据、污染物与特定对象之间的剂量－效应关系，通过风险评估理论与方法获得的环境限值。环境基准推导的过程实际就是一个风险评价过程，风险评价是环境基准的重要内容。健康基准根据致癌增量和选定的致癌风险水平（如 $10^{-6}$），在总结剂量－效应评价、危险度定量评价有毒有害物质危害人体健康的影响程度概率估计的基础上进行综合风险评价，进而获得健康基准。同样保护生态系统安全及使用功能的基准也是管理者为了保护生态系统中的生物多样性及自然环境介质的使用功能而设定环境污染物的阈值浓度。其阈值浓度的确定也是通过开展毒性效应分析，进而对生态安全进行一系列危害评估的基础上获得的。

在应对重大环境污染事件 [ 如 2005 年松花江污染事件、2007 年太湖蓝藻水华事件、2009 年陕西等省儿童血铅污染事件（专栏 2-7）、2011 年雾霾（$PM_{2.5}$）天气事件 ] 时，已明显暴露出我国在环境标准及环境管理基础理论研究方面的薄弱。与发达国家相比，我国水生态系统结构和特征、大气污染特征、人群生活方式和易感性均有很大不同。例如，我国城市空气污染物的浓度远高于欧美国家。许多城市呈现煤烟、机动车尾气以及开放源复合型污染并存的态势，而发达国家以机动车尾气污染为主。同时，欧美国家老年人口较多，其空气污染易感人群比例也较我国为高。这些因素导致我国空气污染健康危害的暴露反应关系可能与欧美国家存在较大差异。因此，迫切需要加强环境基准领域的基础综合研究，依据环境基准研究对污染态势、生态环境影响、人体健康保护和应急事故处置做出科学准确的判断并制定相应的控制对策。这些研究可为深入剖析中国与国外发达国家在人体健康和生态环境方面的差异，以便积极采取应对对策，为环境安全保护与人体健康提供有效的科技支撑。

## 四、环境风险管理

随着环境保护由污染后治理转变为污染物进入环境之前的风险管理，环境风险管理则应运而生。环境风险管理是根据环境风险评价结果，按照恰当的法规条例，选用有效的控制技术，进行削减风险的费用和效益分析，综合考虑社会、经济和政治等因素，确定适当的管理措施并付诸实施，以降低或消除事故风险度，保护人体健康与生态系统的安全。环境风险管理是基于科学决策的管理模式，体现了"防患于未然"的管理理念。从根本上讲，环境风险的管理过程是决策者权衡经济、社会发展与环境保护之间相互关系，根据现有经济、社会、技术发展水平和环境状况做出的综合决策过程。

近年来，随着保护生物多样性和环境管理的强化，我国环境风险管理理念正在发生重要战略转折，容量总量控制将逐渐取代目标总量控制和浓度控制，从化学指标控制逐渐向生态健康管理方向转变。基于污染物毒性分析和生态健康评价的环境基准研究将成为污染控制的发展趋势。基于污染物毒性分析和人体健康评价的环境基准研究，将实现从"控制排放、降低环境污染物浓度"为主要目标的环境管理方式转向在一定风险度范围内以"降低环境和公众健康风险"为目标的科学管理模式的过渡，并最终建立以"减少重大环境安全隐患、降低公众与环境污染相关慢性疾病的发病率"为目标的环境风险管理体系，只有在环境基准研究的基准上，才能有效地评价不同污染物和有害化学物质对环境和人体健康的环境危害，并最终为污染物的环境风险管理提供依据。

---

**专栏2-7　血铅事件频发叩问当前我国环境铅标准的合理性**

我国是世界上最大的铅生产和使用国，铅产量已连续10年位居世界第一，截至2019年9月，我国铅产量为438万吨，2018年我国国内表观消费量为521.48万吨。在大量生产和消费铅的同时，我国的铅污染形势也日趋严重，环境铅污染健康危害事件时有报道，儿童血铅中毒和成人血铅超标已成为国家公共卫生与环境安全领域的突出问题，而频繁发生的血铅中毒事件也在不断地拷问国家标准："环境达标，却为何频频出现血铅中毒事件？"

针对铅污染环境及其危害人体健康问题，国家环境保护和卫生部门先后制定了《铅锌行业准入条件》《清洁生产标准　粗铅冶炼业》《清洁生产标准　铅电解业》《血铅临床检验技术规范》《儿童高铅血症和铅中毒预防指南》《儿童高铅血症和铅中毒分级和处理原则（试行）》等一系列涉铅政策法规或技术文件，并在《环境空气质量标准》《地表水环境质量标准》《地下水环境质量标准》《土壤环境质量标准》《生活饮用水卫生标准》《大气污染物综合排放标准》《生活垃圾焚烧污染控制标准》中对铅的环境质量标准或排放标准做出了规定。

然而，我国人群无论是平均血铅水平还是铅中毒的流行率仍远远高于工业发达国家，对铅毒性作用敏感的人群（0～6岁儿童和孕妇）约有1.5亿。根据近10年来对中国不同城市和区域儿童血铅水平的动态研究推测，城市儿童约40%血铅水平超标，部分工业污染区甚至出现100%儿童血铅水平超标。血铅事件在我国屡屡发生，禁而不止的原因之一，或许与我国环境铅标准限值过于宽松，环境标准与健康标准严重脱节有关。我国《环境空气质量标准》中铅年均标准浓度限值为1.00μg/m³，季均标准浓度限值为1.50μg/m³，而欧盟和韩国年均标准浓度限值为0.5μg/m³，是我国年均标准的二分之一，美国季均标准浓度限值为0.15μg/m³，远低于我国季均标准，仅为我国季均标准的十分之一。对于土壤含铅量标准，我国《土壤环境质量标准》中铅的二级标准为250～300mg/kg，而世界卫生组织的标准则是最高不超过90mg/kg。关于饮用水水质标准，欧盟的铅指标值为10μg/L，我国最新的生活饮用水水质铅标准也为10μg/L，而美国国家一级饮用水规程中铅的一级标准则为0μg/L。总之，我国对于有毒污染物铅浓度的限制，过于宽松。

铅是人体非必需元素，人体理想的铅负荷应为零。历史上，联合国粮食及农业组织／世界卫生组织（FAO/WHO）1986年颁布的铅的暂定每周耐受摄入量[PTWI=0.025mg/（kg·bw·week），相当于每日耐受摄入量TDI=0.00357mg/（kg·bw·d）]曾被多个国家作为健康风险评估的参考剂量，因为当时所采用的剂量－反应关系模型推算出食物中含有该剂量水平的铅对婴儿和儿童的神经行为发育没有影响，但后来的研究发现此摄入剂量在群体水平上仍可引起儿童智力（IQ值）下降至少3分，或导致成人血压（收缩压）升高3mmHg（0.4kPa）。FAO/WHO食品添加剂联合专家委员会认为该摄入剂量水平[PTWI=0.025mg/（kg·bw·week）]虽然在个体水平上没有引起显著的影响，但其在群体水平上已可导致IQ值分布或血压发生明显的变化，因此利用原剂量－反应关系模型已不能准确推导出铅对人体健康的安全阈值，故于2010年6月宣布撤销了这一参考剂量。

与其他污染物相比，目前关于环境中铅对人体健康的危害研究比较深入，尤其对于血铅浓度与健康效应之间的剂量－反应关系认识颇丰，发现从5～10μg/dL开始，随着血铅浓度的升高，其所引起的慢性毒性效应包括抑制酶活性，抑制血红蛋白和维生素合成，影响神经行为，造成发育延迟、智力低下、机体乏力、内脏功能失调、高血压、失眠、过敏、疼痛综合征等，当血铅浓度达到 80μg/dL 以上时，甚至可引起肌肉震颤、腹绞痛、肾损伤、脑病变等急性毒性效应，证明血铅浓度能够准确指示铅暴露引起的不良反应，是环境铅暴露的敏感指标。通过构建血铅水平与儿童神经发育损害之间的剂量－反应关系，证明当儿童（尤其是 7 岁以下的儿童）血液中血铅的浓度达到 10μg/dL 以上时，虽尚不足以产生特异性的临床表现，但已能对儿童的神经传导功能、智能发育、体格生长、学习能力和听力产生不利影响，而成人（以怀孕妇女为代表）血铅达 10μg/dL 时则会影响胎儿的神经发育。因此，10μg/dL 血铅浓度常被用作判定是否会引起健康效应的阈值指标，并已被部分国家（如美国和英国）用于环境基准推导和健康风险评估。

# 第四节　中国环境基准研究发展趋势分析

　　面对国家经济快速发展和人体健康保护的迫切需求，系统开展环境基准相关的研究工作已提上日程。多年来，为了构建适合各自区域特点和环境管理需要的国家环境基准体系，世界各国纷纷开展了基于各自国家区域特点和国情的环境基准的基础和应用基础研究。我国生态系统特征差异显著、生态和健康效应差异性显著、生态和健康效应复杂，可直接用于支撑我国环境管理体系并适合我国区域特点和社会经济条件的环境基准体系研究非常欠缺。在中国社会经济的快速发展中，环境问题的严重性和复杂性并存，保护环境关系到我国现代化建设的全局和长远发展。同时，保护环境是一项基本国策，可持续发展是我国的一项重大战略（时任国务院总理温家宝同志在第六次全国环境保护大会上的讲话：充分认识我国环境形势的严峻性和复杂性）。经济的增长和发展潜力以及可持续能力都是基于国家 / 区域环境本地容量的认识和了解；随着我国环境科学研究的不断深入，大量基础性理论研究也亟需与实际问题结合和出口，这是我国环境基准研究的挑战，同时也是机遇。

　　未来中国的环境基准研究发展趋势将是围绕环境管理和环境保护的科技需

求, 以关键科学问题为导向, 明确环境基准研究的科技目标、必由之路、根本途径、主体思路、热点和基石, 有计划、分阶段在典型地区系统开展基准示范性研究, 逐步与我国的环境管理和环境保护工作接轨, 为更好地保护人体健康和环境资源、维护生态安全, 加强环境保护和降低环境风险提供科学和技术支持。

## 一、环境基准研究提高环境标准科学性

尽管我国在环境标准体系方面已开展了大量工作, 在我国环境保护的许多领域, 如环境规划、环境评价、环境监测、污染治理以及为保护人群健康和社会福利所进行的各项环境管理和卫生监督中被广泛采用, 但我国目前标准的制定基本上是参照国外发达国家的基准或者标准制定的, 仍缺乏一定的科学性。环境基准是基于科学实验和严谨的数学推导获取的客观结果, 环境基准值的获得要在大量科学数据和研究成果的基础上, 经过一套严格的方法和程序最终获得。我国的基准研究远远落后于环境标准研究, 系统开展环境基准研究不但可以提高标准的科学性, 而且也是对现行标准评判和评估的主要依据。同时, 科学的质量基准也为排放标准制定, 总量容量控制、环境承载力评估等环境管理相关工作提供科学依据。基于人体健康风险的基准制定过程中, 对人体健康效应和毒理学剂量效应进行了全面详细的研究, 确定了我国人群在水、土壤、空气等环境介质中的暴露途径和特点, 污染物环境介质中的迁移转化特性及其物理化学性质, 区分受体和结合我国区域特征的环境基准体系等; 提高了环境管理的科学性和对污染控制的准确性。因此, 进行我国环境基准的系统深入研究, 不仅为环境标准的制修订提供了基本的科学数据, 而且也是提高环境标准科学性的必由之路。

## 二、环境基准是环境风险管理的重大需求

以环境暴露、环境毒理与风险评估为核心内容的环境基准体系是环境质量评价、环境风险控制及整个环境管理体系的科学基础。在制定科学标准的基础上, 可以建立以科学的排放标准、环境容量与污染物总量控制、环境影响评价与排污许可制度等为内容的环境管理体系。

我国目前进入了突发性环境污染事件的高发期, 环境应急管理是我国环境管理中的重要组成部分。环境基准与风险评估研究可为环境应急事故管理

提供科学依据和管理对策。美国和欧盟等发达国家和组织采用的基准限值通常为双值基准，即由基准最大浓度和基准连续浓度共同表示，分别表征了短期暴露和长期暴露的最高允许浓度。基准连续浓度可作为环境质量标准确定和日常管理的依据，突发性污染事故的应急管理可以采用短期暴露对应的基准最大浓度作为指导，避免单一标准值由于制定过于严格而造成的"过保护"或者由于制定不够严格而造成的"欠保护"，因此，环境基准研究对环境应急管理有重要的实际价值。

近年来，随着保护生物多样性和环境管理的强化，我国环境风险管理理念正在发生重要战略转折，容量总量控制逐渐取代目标总量控制，其最大特点就是将污染源控制管理与环境质量标准相联系，即按照环境质量标准的要求计算环境容量，并通过环境容量直接计算允许纳污总量，并将其分配到各控制区及污染源。因此，在容量总量控制方法中，环境质量标准是污染排放管理和制定污染物排放标准的主要依据，而环境基准是环境质量标准的科学依据，只有在环境基准研究的基准上，才能有效地评价不同污染物和有害化学物质对环境和人类健康的环境危害，对化学物质的生产、使用和排放进行科学管理，并最终为污染物的环境风险管理和排放控制提供依据。

综上所述，我国正处于环境风险管理的重要转折时期，科学合理的环境基准体系是环境管理重大科技需求，也是国家社会经济发展的内生驱动。环境基准研究涉及多个前沿学科领域，是对大量科研成果的综合集成，反映了一个国家的科学技术水平，是环境保护科技创新支撑能力的重要标志，对推动我国环境保护事业的发展，保障我国社会经济的科学发展将产生重大而深远的影响（图 2-6）。

## 三、构建符合中国国情和区域特征的国家环境基准体系

构建符合中国国情和区域特征的国家环境基准体系是环境基准研究的科技目标，通过这一体系的构建，为我国的环境保护和环境管理工

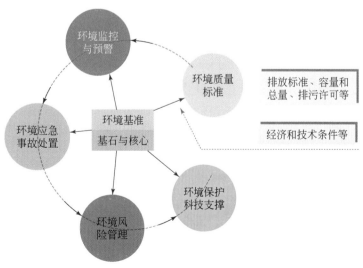

图 2-6　环境基准为我国环境管理工作提供全面科技支撑

作提供全面有效的科技支撑是最终目标。

环境基准是国家环境保护的"家底"，近几十年来，为了制定适应不同国情和区域特点、符合自身发展规律的环境管理科学体系，应对经济发展与环境保护的矛盾、生态环境安全威胁及国际环境争端，日本、加拿大和澳大利亚等发达国家也相继着手构建各自国家的环境基准体系。国外水环境质量基准体系是根据它自身的水生态系统区系和自然条件建立起来的。我国地域广阔，自然地理条件复杂，污染特征和人文自然环境也有别于其他国家。首先是基准的保护对象不同，如中国的生物区系特征与北美存在显著性差异，不同生态系统对特定污染物的耐受性和毒理学分布规律有明显不同。其次是优先控制污染物不同。由于我国处于社会主义初级阶段，一些相对高能耗、高污染和初加工行业，污染相对严重，由此产生的污染物的来源、类型、排放量和环境风险不完全相同，所以对生态系统和居民健康有重要危害的优先控制污染物特征也不完全相同，部分国外没有关注的污染物而我国可能需要特别加强研究。再次是我国面临的环境保护和监管压力。我国是一个人口大国，经济快速发展，生态环境事态相对严峻，环境管理和环境保护任务重、压力大。例如，我国主要大气污染物细和超细颗粒物的浓度远远高于西方发达国家，颗粒物化学组分和来源存在显著地区性差异。我国特有的电子废物处置场地中典型的溴代阻燃剂多溴联苯醚（PBDEs）污染是其他国家在制定环境基准时较少考虑的。

完全照搬国外的基准体系进行本国基准的研究，很难对我国的生态系统和人体健康提供全面的保护；而完全依靠本国自己的力量重新探索基准研究的方法也非明智之举。因此，中国环境基准的发展之路必须充分借鉴国外的成熟经验，结合我国的区域特征和实际国情，开展环境基准的系统研究，构建"中国制造"的国家环境基准体系。

## 四、环境基准理论与方法学研究是科学确定基准的核心内容

环境基准是依据环境污染特征、暴露数据、污染物与特定对象之间的剂量－效应关系，通过环境风险评估理论与方法确定的环境限值，核心是环境暴露、毒理与生态效应，手段是风险评估理论。环境基准综合考虑了污染物在环境中的含量分布水平、对生态环境和人体健康的危险性评价。获得环境基准的过程实际上就是一个风险评价的全过程。例如，健康基准根据致癌增

量和选定的致癌风险水平（如 $10^{-6}$），在总结剂量－效应评价、危险度定量评价有毒有害物质危害人体健康的影响程度概率估计的基础上进行综合风险评价，进而获得健康基准。同样保护生态系统安全及使用功能的基准是管理者为了保护生态系统中的生物多样性及自然环境介质的使用功能而设定环境污染物的一个阈值浓度，其阈值浓度的确定也是通过开展毒性效应分析，进而对生态安全进行一系列危害评估获得的，如欧盟保护水生生物基准设定保护水体 95% 以上水平的物种数量免受污染物的毒害效应。

环境基准具有明显的区域性，世界各国环境基准体系是根据本国国情和区域（污染特征、生物区系、地质地理、环境要素和社会经济条件等）特征建立起来的，其结果不一定适合其他国家。不同国家和区域的生物区系、结构和功能特征、关注特征污染物以及经济条件和生活习惯（风险水平和暴露途径）具有一定的差异性；同一污染物在不同区域差异环境条件下环境行为和毒理学效应也不完全相同。

我国幅员辽阔，自然背景、地质、地理、气候和生态环境特征差异显著，区域自然环境中的生物区系组成、结构和功能特征，尤其是本地物种和敏感物种，以及我国经济条件、社会生活和人体特征不同，生物区系和污染特征特色鲜明。同时，我国居民主要空气污染物的暴露剂量，以及主要健康危害物大气细和超细颗粒物的化学组分和来源与西方的环境基准研究发现存在较大差异。国外在土壤环境基准制定过程中考虑的居住和用地方式并不完全适用于中国国情，土壤摄入和接触暴露途径与中国人群暴露特点也存在较大差异，污染物的暴露途径和水平特征有异于其他国家。环境基准推导的核心理论包含模型的选择。使用的模型不同，最终所推导的基准则存在数量级的差异，所以不同区域基准的推导可能有特定的模型推导方法，这当然还需充分利用最新的相关理论和方法，进一步完善环境基准推导的方法学体系，获得适合推导我国区域环境基准的数据最佳拟合模型。纵观国际环境基准的发展史可以发现，保护生态环境安全与人体健康是环境基准的两个核心内容，而保护水生生物基准在国际环境基准中大量缺失，如美国在 2018 年国家推荐保护水生生物水质基准中，在 60 种污染项目中，保护水生生物水质基准中未给出完整基准的有 32 种物质，可见，开展这些污染物相应原创性的生态毒理学及基准推导理论和方法的基础科研工作势在必行。

随着新型污染物的出现，如纳米材料、内分泌干扰物、药物和激素、藻毒素等，由于它们在环境中的归宿、生态与健康效应、毒性终点很难确定等各方面的因素，新型污染物的效应识别、剂量－效应关系和基准推导等方面的理论和方法研究也要纳入环境基准的理论和方法学体系中，新型污染物的环境基准研究正逐渐成为世界各国的研究热点。所以，应结合我国地域特点和污染控制的需要，除借鉴国外发达国家环境基准限值外，更重要的是借鉴它们环境基准制定的理论和方法，再提出适合我国区域特点的新理论和方法体系。

环境基准的研究需要系统完善的方法学作为保障。然而，发达国家目前流行的基准推导方法已发布多年，甚至数年，除本身的不足外，同时与基准相关的生物学、毒理与生态效应、环境化学和风险评价等各学科都已有了很大的发展。围绕基准的关键科学问题对基准的方法学进行深入探讨，最终将其应用于我国环境基准的推导，这是科学确定基准的根本途径。因此，迫切需要开展基准推导的方法学研究，构建具有中国区域特点和污染控制需要的环境基准理论和方法体系，更好地为环境管理提供理论依据，这也是未来环境基准研究领域的发展趋势。

## 五、按照受体和环境介质开展基准研究是基准体系建设的主体思路

构建国家环境基准是一个复杂的系统工程，按照受体和环境介质开展环境基准研究是环境基准体系建设的主体思路。其主要原因有以下三个方面。

第一，不同受体和环境介质基准的理论与方法学具有明显的差异性。受体的选择也是基准研究中需要重点考虑的内容，同一污染物在不同的环境介质中、对不同的保护对象等具有不同的环境基准值。对动植物及生态系统影响的基准制定主要依赖于环境行为和生态毒理学研究数据；对人群健康影响的基准制定则依赖于流行病学研究数据。如在水质基准研究中，选择水生生物和人体作为受体进行研究时，方法学上是存在明显差异的；在土壤基准的研究中，制定原则一般包括三个方面，即保护生态受体、保护人体健康，同时保护生态环境和人体健康。随着生态毒理学的不断进展，生物毒性测试手段的不断提高，根据污染物对生态受体的不同效应，采用酶学指标、分子标记物等毒性终点将会广泛用于基准研究。

第二，国际基准研究的框架体系也是按照受体和环境介质构架的。纵观美国、欧盟等西方发达国家和组织的环境基准与标准体系制定，其中一个显著特征是以环境介质为主线来进行的，如水、空气、噪声、物种、自然资源和海洋

保护等环境标准法规，这些成了发达国家环境保护法律体系的主干。以美国为例，美国环境保护局是环境标准的主要执行者，对应《清洁水法》《清洁空气法》《固体废物处置法》等都设置专门的责任机构，如水办公室、空气与辐射办公室、固体废物与应急办公室等。不同环境介质的环境基准与标准体系，其制订方案、技术路线与关注领域也具有一定差异性。按照环境介质的不同，环境基准可分为水环境基准、土壤环境基准和空气环境基准等；按照保护对象的不同，环境基准可分为健康基准（对人体健康影响）、生态基准（对动植物及生态系统的影响）、基于保护地下水的土壤环境基准（对地下水的影响）、场地土壤环境基准（对人体健康的影响）、生物学基准（对水生生物、野生生物等影响）和物理基准（对材料、能见度、气候等的影响）等（表2-1）。

表 2-1　制定环境基准时考虑的潜在暴露受体

| 环境介质 | 环境基准 | 潜在暴露受体 |
| --- | --- | --- |
| 水环境 | 水生生物水质基准 | 水生生物（鱼类、水生无脊椎动物、敏感的淡水和咸水物种等） |
| | 人体健康水质基准 | 人群（儿童、孕妇、老年人、普通成人等） |
| 土壤环境 | 场地土壤环境基准 | 人群（儿童、成人、建筑工人等） |
| | 土壤生态环境基准 | 陆生动植物（陆地植物、土壤无脊椎动物、鸟类、野生动物、微生物） |
| | 地下水环境基准 | 地下水 |
| 空气环境 | 人体健康空气环境基准 | 人群（儿童、心肺疾病患者、老年人等） |
| | 大气生态环境基准 | 生态环境 |
| | 大气物理基准 | 气候、能见度、材料 |

第三，按照环境介质开展环境基准研究能够与我国现行的环境管理体系相衔接，将环境基准相关研究成果转化成为环境管理和环境保护的生产力。

## 六、化学品和新型污染物的环境基准研究逐渐成为热点

随着我国工业化进程的加快，环境污染物的种类（项目）日趋增多，尤其是一些化学品和新型污染物所导致的环境污染与健康危害已经引起社会的广泛关注，对这类物质的风险管理、控制和危害评价等环境问题急需环境基准及相关研究支撑。目前已确定基准的污染物仅仅是人类使用的化合物中很小一部分，即使是水环境质量基准最为完善的美国也只是开展了少量关注度比较高的污染物的基准研究，在美国五大湖能检测到的污染物有1000多种，而美国目前登记使用的化学物质达65000种，且登记使用的化学物质还在不断增加，大量基础

性研究急需开展。为了减少化学品对人类健康和生态系统等的影响，目前许多国家已经采用制定空气和水质标准或基准的手段进行化学物质的管理。但由于目前化学品的数目非常庞大，化学物质的使用范围和使用方式也在不断地发生变化，相关的环境基准研究仍是未来环境基准研究的重点。

随着新型污染物的出现，例如，①用于化工、纺织、涂料、皮革、合成洗涤剂、炊具制造、纸制食品包装材料等全氟有机化合物；②抗生素类、镇痛消炎类、神经系统类、降血脂类、β-受体阻断类、激素类等人用和兽用药物制剂；③饮用水氯化消毒副产物；④用于美容剂、化妆液、唇膏、喷发剂、染发剂和洗发液等的遮光剂/滤紫外线剂；⑤汽油添加剂；⑥溴化阻燃剂；⑦用于机动车防冻液中的苯并三唑类化合物；⑧内分泌干扰物。由于它们在环境中的归宿、生态与健康效应、毒性终点很难确定等各方面的因素，新型污染物的基准研究工作也受到了限制，新型污染物的效应识别、剂量－效应关系和基准推导等方面的理论和方法研究也要纳入基准的方法学体系中来，新型污染物的环境基准研究正逐渐成为环境基准研究的热点。从毒性作用终点来讲，在常规污染物的水质基准研究中，重点考虑的污染物毒性终点是致死、生长抑制、运动抑制等效应；而对于一些新型污染物，如溴化阻燃剂类、内分泌干扰物（如雌激素类）、药物和个人护理品类等污染物可能会导致遗传毒性、神经毒性、繁殖毒性等多方面的毒性效应，需要进行全面关注。我国目前对新兴污染物的环境监管和控制技术储备不足，基础研究工作相当薄弱。因此，不断运用新技术和新方法深入开展这些新型污染物的环境行为、生态毒理效应和风险评估的原创性研究，发展环境基准的新理论和新方法，是国内外该领域的重要研究内容和发展趋势。

## 七、多学科、多手段的综合研究是环境基准研究的主要手段

环境基准强调以人（或生物）为本，是在研究环境污染物在环境中的行为和生态毒理效应等基础上确定的，涉及了环境化学、毒理学、生态学和生物学等前沿学科领域。环境基准的研究方法也不是一成不变的，它会随着分析化学、毒理学和风险评估等学科的进步而不断更新。

世界上其他国家制定环境基准的技术方法、手段及考虑指标也在不断发展，可从多水平（分子、细胞、组织、个体、种群、群落和生态系统等水平）、多指标（死亡率、生长发育、生殖等终点选择）和多效应（不同的靶标器官

和毒理效应）综合考虑的基础上制定科学合理的环境基准。

传统的毒理学研究对象主要针对生物个体，缺乏从种群、群落以及生态系统等宏观尺度水平上研究污染物的生物效应机制，而环境基准的保护目标是整个生态系统，并不是生态系统中某一个别生物，因此，从研究污染物对单物种的毒理效应，上升到污染物对种群、群落乃至整个生态系统的毒理效应，是符合环境基准发展要求的。此外，传统的环境污染物毒性评价一般使用脊椎动物、哺乳动物或藻类等动植物进行急性和慢性毒性实验来研究污染物的毒性效应，这些方法一般耗时较长，而且得出的实验结果往往不够精确，不能说明污染物的作用机制和原理。随着对毒性机制认识的不断深入，一些现代技术方法如细胞彗星实验、微核实验、基因探针、分子生物标记物等将逐渐被采用，通过快速检测污染物与生物靶分子 DNA、RNA 以及细胞和器官的变异特征指标来研究污染物的毒性效应将是研究毒理效应的必然手段。另外，考虑动物保护组织对物种的保护要求，为了尽量避免受试物种受到迫害，用模型进行毒性数值预测的手段也逐渐被人们接受，模型预测的方式也将是基准研究的重要手段之一。

目前无论是国际上还是我国，环境质量基准都是针对单一污染物而言的，而实际上往往是不同的有毒污染物同时存在于环境中。随着不同种类污染物越来越多地进入环境系统，其对生态系统和人类健康的危害性也与日俱增。现有生态与健康风险评价的对象一般仅限定于单一污染物，而对区域复合型环境污染很少涉及，尚不能直接用于解析区域复合型环境污染的风险，从而限制了其研究结果的实际应用价值。

环境基准研究必须针对主要生态系统开展不同生物受体特别是关键物种的敏感性筛选，以确定具有生态关联性的物种为主要研究对象；针对典型物种，在分子和细胞水平上研究环境污染致毒机理，建立死亡率、生长发育、生殖等多终点指标体系；同时在个体水平上的环境污染效应和健康效应的研究，系统开展混合污染的独立效应和联合作用机制研究；针对污染物环境中的生物代谢、生物富集与放大以及生态毒理效应，系统开展有毒污染物对生物体间相互作用的模式及其机理研究。运用多种手段，在多学科最新研究成果的基础上系统开展环境基准研究是制定科学合理的环境基准的主要手段。

## 八、基础性研究和技术支撑平台的建设是环境基准研究的基石

环境基准是依据环境污染特征、暴露数据、污染物与特定对象之间的剂量－效应关系，通过环境风险评估理论与方法确定的环境限值，是多学科综合研究的集成，反映了最新的科学进展。环境基准的研究是基于一系列基础数据和毒性数据展开的，如环境暴露（包括污染物的存在形态、在环境中的含量水平）、毒性效应（包括生物有效性、毒作用机制、动力学特征等）和风险评估（包括危害判定、剂量－效应关系评估、暴露评估和风险表征）等。因此，环境化学、毒理学和风险评估等相关领域的技术和基础性研究是环境基准研究的基石。

建立适合区域特点的环境基准的前提是必须建立适合本国的环境风险、环境暴露和生物富集评价的模型和毒性数据库。目前我国开展的基准研究在很大程度上还依赖于国外发达国家和组织的毒性数据库，如美国和欧盟等。适合我国区域特点和污染物特征的相关基础数据和技术仍旧缺乏，尤其是对于那些确定为我国的基准目标污染物，尚未有相应的基础数据和检测技术可供参考，因此基于我国人群活动特点和生活方式的污染物暴露参数的调查与获取，仍是当前和未来一定时期内我国环境基准研究工作的重点。

环境基准研究的核心是环境暴露、毒理与生态效应，手段是风险评估理论。随着环境科学、毒理学和地球化学等学科研究的不断深入，环境基准基础理论也须不断提高和完善，建立适合我国国情和社会发展需要的国家环境基准体系任重而道远。我国十分缺乏推导环境基准所需的，如生物急慢性毒性实验数据、生态风险评价和环境行为等方面的基础性研究。风险污染物的筛选甄别技术、生态环境功能分区技术、受试生物筛选技术、生物毒性测试与效应筛选技术相关支撑技术平台是环境基准的基石和根本，也是未来基准研究的发展趋势。

其中参数的选择对于环境基准的构建十分关键，是构建适合我国国情的土壤环境基准必要环节。目前，已有部分国家和地区颁布了适合当地使用的暴露参数手册，如欧洲化学品生态毒理学和毒理学中心将欧洲工业污染场地协会（NICOLE）起草的《欧洲污染土地暴露参数资料集》，美国工业卫生委员会（AIHC）和美国环境保护局以英国数据为主于 2001 年出版了《欧洲人群暴露参数资料集》，意大利的网络版《欧洲暴露参数资料集》，加拿大卫生部 2008 年颁布的第 2 版《加拿大联邦污染场地风险评价导则第 8 册：加拿

大人体暴露参数纲要》等。除部分污染物毒理学参数外，大部分参数在各个国家都有一定差异，不可照搬套用（表 2-2）。

毒理学数据目前有世界卫生组织化学品安全数据库，国际癌症研究机构数据库，欧洲化学品管理局国际统一化学品信息数据库，美国环境保护局综合风险信息数据系统、生态毒理数据库，美国能源部橡树岭国家实验室风险评价信息系统，美国毒物与疾病登记署数据库，美国石油协会石油烃标准化工作组数据库，以及英国环境部、荷兰国立公共卫生与环境研究所、法国国家工业环境与风险研究院等机构都有比较成熟的毒理学数据库。对于化学物质基本毒理学参数，我国完全可以借鉴国外已有的数据库资料。

表 2-2　各个国家部分人体暴露参数对比 *

| 参数 | 缩写 | 单位 | 美国 | 英国 ** | 加拿大 ** | 新西兰 | 荷兰 |
|---|---|---|---|---|---|---|---|
| 体重 | BW | kg | 15 | 20.3 | 16.5 | 15（70） | 15（70） |
| 暴露频率 | EF | d/a | 350 | 365 | 365 | 350 | 125（100） |
| 暴露时间（致癌） | AT | a | 70 | 70 | 70 | 70 | 70 |
| 暴露时间（非致癌） | AT | a | 6 | 6 | — | — | — |
| 土壤摄入率 | $IR_{soil}$ | mg/d | 200（100） | 100（60） | 80 | 100（25） | 100（50） |
| 暴露事件频率 | EV | events/d | 1 | 1 | 1 | 1 | 1 |
| 皮肤土壤黏附系数 | AF | mg/cm$^2$ | 0.2 | 1 | — | 0.5 | 0.15 |
| 呼吸速率 | IR | m$^3$/d | — | 5.35（14.8） | 9.3 | — | 7.6（20.0） |
| 暴露周期 | ED | a | 6 | 6 | — | 6（30） | — |
| 皮肤暴露表面积 | SA | cm$^2$ | 2800 | 637 | 5140（3390） | 2625（4700） | 2800（1700） |

\* 土地利用方式为住宅用地，暴露受体为儿童（成人）。
\*\* 英国选取 5～6 岁女性儿童，加拿大选取 7 个月～4 岁儿童。
注：括号内数字含义为若暴露受体为成人的参数。

环境基准研究是一项多学科联合攻关的复杂项目，离不开生物学、土壤学、地球化学、生态学、毒理学、大气科学等基础性研究，需要联合水生态、水环境、水生生物、土壤、环保、农业、水文、地质、毒理、建筑、工程、大气等各界科学工作，共同推动环境基准研究工作的深入发展。

# 第三章

## 国际环境基准领域发展态势及其规划研究概述

# 第一节　国际水环境基准领域现状和发展趋势

很多国家的工业发展都经历了一个经济发展和环境保护博弈的过程，人类的发展不应该以破坏环境为代价。环境基准是科学理论上人与自然"希望维持的标准"，是环境质量与经济发展的平衡点。

国际上系统开展水环境基准的基础和应用研究工作始于 20 世纪初期。国际上两类具有代表性的水环境管理体制分别在美国和欧盟，其水环境质量基准的制定和构架也发展成为各具特色的两大体系。这两大体系的水环境质量基准推导方法都是基于生态风险评估技术展开的。美国是最早开始水环境基准系统研究的国家。20 世纪 70 年代，应《清洁水法》要求，为寻求环境质量与工业增长之间的平衡，保护生态系统和人群健康，美国投入巨资，开展了长期而系统的研究，首次确立了基准在环境标准和环境保护工作的法律地位，同时也奠定了其在环保科研领域的国际地位，引领国际水环境基准领域的发展（专栏 3-1）。

## 专栏 3-1　美国《清洁水法》简介

20 世纪 70 年代，是美国联邦政府开始大规模介入环境问题的 10 年。这主要是由于战后美国经济的高速发展和空前繁荣给环境和资源带来重负；城市水污染的日益严重使得各地方政府出现财政危机而无力解决，需要联邦政府的介入；1970 年以前国会通过的治理水污染法案，为联邦政府 20 世纪 70 年代大规模介入水污染的治理奠定了基础；人们的环境价值观念发生变化，要求良好的自然环境和生活环境，因此六七十年代美国出现声势浩大的环境保护运动，成为联邦政府参与水污染治理的直接原因。1970 年尼克松政府成立环境保护局，1972 年通过的《联邦水污染控制法》修正案，即通常所称的美国《清洁水法》。《清洁水法》标志着联邦政府承担了主要的水污染治理职责，特别是对城市生活污水和工业污水的治理。

这项法令的主要目的是"整治和维护国家水体的化学、物理和生态质量（restore and maintain the chemical，physical，and biological integrity of the Nation's waters）"。为了实现该目标，《清洁水法》使得任何人，除非根据该法获得污水排放的许可证，不得从点污染源向可航行的水道中排放污水。因此，该法令公布了7个目标和各种政策，主要包括基金、水质研究、污染防治、废水操作人员的培训、许可证费用的征收、修订水质标准、扩大水质监测、预处理标准、有毒污染物控制、毒物减少行动计划、非点源污染控制措施、排放废水指南、环境审查和公民诉讼等内容。美国在1972年的《清洁水法》中，第一次将面源污染纳入国家法律，并提出了著名的"最大日负荷量计划"。

《清洁水法》是美国最典型的环境法之一，它制定了控制美国污水排放的基本法规，成为美国环境保护局治理水污染的重要法律依据，对美国的水污染控制和水环境管理做出了重要贡献。

美国《清洁水法》对中国环境基准研究的启示与借鉴。

（1）评价和控制污染物，法律法规要先行。逐步完善的法律法规是美国控制有毒污染物，尤其是工业污染排放的重要依据。在中国环境污染日益严重的情况下，应尽快完善中国的环境法律体系，为控制和评价有毒有害污染提供法律保障。据此，应借鉴美国环境保护局在此方面的有益经验，制定环境基准研究的配套法律法规。

（2）提出了"优先控制污染物"名单。随着经济的日益繁荣及人们消费需求的急剧增加，各种大量的化学品造成了环境介质的严重污染，特别是其中的有毒污染物。而同时，环境保护局在短期内也无法明确全部污染物对人体健康的毒害作用及确立对这些污染物的处理标准。因此，提出了一个包含65种化学品的名单，即"优先控制污染物"名单。同样，我国在制定各种介质中有毒有害污染物的环境基准时，应列出一个轻重缓急，有防治重点的优先控制污染物清单。

水环境基准自 20 世纪初被提出以来，一直在不断被完善和发展。随着相关学科如环境地球化学、毒理学、生物学以及生态学的不断发展，水环境基准的理论和方法学也在不断发展。水环境基准的发展历程是伴随着一系列关于水质基准论文、报告以及专著的形式展现的（图 3-1）。

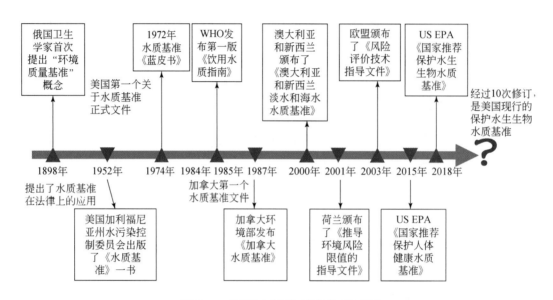

图 3-1　国际水环境基准发展历程

## 一、美国水环境基准体系

美国在政府层面的水环境质量基准的研究工作始于 20 世纪 60 年代，并相继发表了一系列水环境质量基准文件：《绿皮书》、《蓝皮书》、《红皮书》和《金皮书》等。1980 年，USEPA 颁布了获取水环境质量基准的技术指南文件，并形成 1985 年版的标准版本。1998 年，美国又开始制定区域性营养物基准，于 2000 年发布了河流、湖库的营养物基准制定导则，至今已逐步颁布了 14 个生态区的河流、湖泊的营养物基准。美国自从 1998 年确定了区域性营养物基准的国家战略之后，用了八年的时间先后完成了湖泊水库（2000 年 4 月）、河流（2006 年 7 月）、河口海岸（2001 年 10 月）和湿地（2006 年 12 月草案）的营养物基准技术指南。经过长期且系统的研究，目前保护水生生物水质基准最新的是 2018 年更新的国家推荐基准，保护水生生物水质基准共涉及 60 个污染物项目，其中优控污染物 25 项、非优控污染物 35 项，包括合成有机物 28 项、金属 14 项和无机物 6 项、基本物理化学要素 11 项、细菌 1 项（专栏 3-2）；保护人体健康基准共涉及 122 种污染物项目，其中优控污染物 103 种、非优控污染物 19 种，包括合成有机物 80 项、农药 21 项、金属 14 项和无机物 4 项、基本物理化学要素 2 项、细菌 1 项（专栏 3-3）；它们按基准类别分为保护水生生物基准（包括水生态基准和沉积物质量基准）、保护人体健康基准和营养物基准等（图 3-2）。

---

**专栏 3-2　《国家推荐保护水生生物水质基准》（2018年美国环境保护局）**

水质基准自 20 世纪初提出后，一直在不断地完善。其中美国是世界上较早开展水质基准研究的国家之一。美国环境保护局自 1968 年发布《绿皮书》后，相继对基准进行多次修订和补充完善，分别发布了《蓝皮书》《红皮书》《金皮书》，以及 1999 年、2002 年、2004 年、2006 年、2009 年和 2012 年等一系列水质基准。而现行的最新的为《国家推荐保护水生生物水质基准》，由美国国家环境保护局于 2018 年发布并实施。

2015 年，美国环境保护局将保护水生生物和保护人体健康水质基准分开发布。2018 年针对保护水生生物的最新水质基准文件共涉及了 60 个项目，包括合成有机物 28 项（丙烯醛、甲基叔丁醚、壬基酚、多氯联苯等），其中农药 23 项（艾氏剂、α-硫丹、阿特拉津、β-硫丹、甲萘威、氯丹、毒死蜱、内吸磷、二嗪农、狄氏剂、异狄氏剂、林丹、谷硫磷、马拉硫磷、灭蚁灵、对硫磷、五氯酚、毒杀芬、三丁基锡、4,4-DDT、七氯、环氧七氯、甲氧氯）；金属和类金属 14 项（铝、砷、硼、镉、三价铬、六价铬、铜、铁、铅、汞、镍、硒、银、锌）和无机物 6 项（氨、氯化物、氯、氰化物、磷、硫化物－硫化氢）；基本物理化学要素 11 项（感官质量、碱度、色度、总可溶性气体、硬度、营养物、淡水和海水溶解氧、pH、悬浮性固体和浊度、沾染性物质、温度）；细菌 1 项（细菌）。保护水生生物的水质基准分为淡水和海水两类。

美国没有全国统一的水质标准，只是由国家颁布水质基准，各州依据当地的条件制定不同区域的水质标准。

（资料来源：https://www.epa.gov/wqc/national-recommended-water-quality-criteria-aquatic-life-criteria-table）

# 专栏 3-3　《国家推荐保护人体健康水质基准》（2015 年美国环境保护局）

现行的保护人体健康水质基准是 USEPA 在 2015 年发布并实施，是在 2012 年基准的基础上更新了人体暴露参数（每日饮水量、成年男女平均体重和每日食用水生生物量）。

2015 年由美国环境保护局更新发布的《国家推荐保护人体健康水质基准》是针对保护人体健康的最新水质基准文件。该文件涉及了 122 个项目，包含 103 种优控污染物和 19 种非优控污染物。其中包括合成有机物 80 项 [ 苊、丙烯醛、丙烯腈、蒽、苯、联苯胺、苯并 [a] 蒽、苯并 [a] 芘、苯并 [b] 荧蒽、苯并 [k] 荧蒽、二氯异丙醚、双（2-氯乙基）醚、邻苯二甲酸二（2-乙基己）酯、二氯甲醚、三溴甲烷、邻苯二甲酸丁苄酯、氯苯、氯二溴甲烷、三氯甲烷、䓛、二苯并 [a,h] 蒽、二氯一溴甲烷、邻苯二甲酸二乙酯、邻苯二甲酸二甲酯、邻苯二甲酸正丁酯、二硝基酚、乙苯、荧蒽、芴、六氯苯、六氯丁二烯、六氯环己烷、六氯环戊二烯、六氯乙烷、茚并（1,2,3-cd）芘、异氟尔酮、溴化甲烷、二氯甲烷、甲氧氯、硝基苯、亚硝胺、亚硝基二丁胺、亚硝基二乙胺、亚硝基吡咯烷、N-亚硝基二甲胺、N-亚硝基二丙胺、N-亚硝基二苯胺、苯酚、多氯联苯、芘、四氯乙烯、甲苯、三氯乙烯、氯乙烯、1,1,1-三氯乙烷、1,1,2,2-四氯乙烷、1,1,2-三氯乙烷、1,1-二氯乙烯、1,2,4,5-四氯苯、1,2,4-三氯苯、1,2-二氯苯、1,2-二氯乙烷、1,2-二氯丙烷、1,2-二苯肼、反正-1,2-二氯乙烯、1,3-二氯苯、1,3-二氯丙烯、1,4-二氯苯、2,3,7,8-四氯二苯并对二噁英、2,4,5-三氯苯酚、2,4,6-三氯苯酚、2,4-二氯苯酚、2,4-二甲基苯酚、2,4-二硝基酚、2,4-二硝基甲苯、2-氯萘、2-氯芬、2-甲基-4,6-二硝基苯酚、3,3'-二氯联苯胺、3-甲基-4-氯芬 ]，农药 21 项 [ 艾氏剂、α-六六六、α-硫丹、β-六六六、β-硫丹、氯丹、2,4-滴、2,4,5-涕丙酸、狄氏剂、硫丹硫酸盐、异狄氏剂、异狄氏剂醛、γ-六六六（林丹）、七氯、环氧七氯、五氯苯、五氯苯酚、毒杀芬、4,4-DDD、4,4-DDT、4,4-DDE]，金属和类金属 14 项（锑、砷、钡、铍、镉、三价铬、六价铬、铜、锰、甲基汞、镍、硒、铊、锌）和无机物 4 项（石棉、四氯化碳、氰化物、硝酸盐），基本物理化学特性 2 项（pH、可溶性固体和盐度）和细菌 1 项

（病原体和病原体指标）。保护人体健康水质基准又根据污染物的摄入途径，细分为只消费生物与消费水和生物两类。感官质量基准是根据污染物的感官效应特征确定的，是为了控制由这些污染物产生的令人不快的味道或气味，某些污染物的感官质量基准可能比基于毒理学的基准更加严格。保护人体健康水质基准优控污染物中未给出完整基准的有 7 种物质，非优控污染物中未给出完整基准的有 5 种物质。

美国没有全国统一的水质标准，只是由国家颁布水质基准，各州依据当地的条件制定不同区域的水质标准。

（资料来源：http://water.epa.gov/scitech/swguidance/standards /criteria/health/）

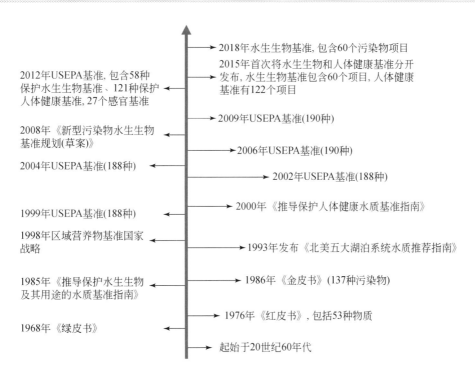

图 3-2　美国水环境基准发展历程

水生生物水质基准和人体健康水质基准是基于保护对象不同而对水质基准进行的分类，是水质基准的两大重要组成部分，在理论和方法学上也是有差异性的。水生生物水质基准目的是保护水生生物不受污染物或有害因素的毒害作用，是基于大量毒性实验数据而得出的结论。在研究方法上主要有两大类：评估因子法和统计外推法，其中评价因子法是一种单点估计的水质基准推导方法，不确定性因素较高；统计外推法是以物种敏感度分布法为主，是国际上通用的一种基准研究方法，被许多国家采用。人体健康水质基准针对污染物类别的不同，根据污染物的毒理学效应，如急性毒性、慢性毒性以及生物累积性等，分别产生了致癌和非致癌效应基准，是基于毒性外推和人体流行病学的研究而得出的结论。

**保护水生生物及使用功能：**包括急性基准（短期基准）与慢性基准（长期基准）。急性基准采用基准最大浓度（criteria maximum concentration，CMC），表示短期暴露不会对水生生物产生显著影响的最大浓度；水质监测浓度使用 1 小时暴露平均浓度。慢性基准采用基准连续浓度（criteria continous concentration，CCC），表示长期暴露不会对水生生物的生存、生长和繁殖产生慢性毒性效应的最大浓度。水质监测浓度使用 4 天连续暴露平均浓度。水生态基准限制 3 年内平均超标次数不超过 1 次。为充分考虑生物多样性和数据代表性，用于推导基准最大浓度的急性毒性数据至少涉及三个门、八个科（分类单元）的生物，要为大多数生物物种（95% 以上）提供适当的保护。由于保护生物的显著差异，水生态基准的淡水和咸水基准一般分开制定。

美国制定水生态基准主要采用评价因子法和毒性百分数排序法。评价因子法即通过最敏感生物的毒性值与评价因子的比值推导水质基准值，评价因子取值范围通常根据实验条件和污染物的特性而限定在 10 ～ 1000。评价因子法属于经验法，其结果存在着很大的不确定性，已逐渐被基于风险的统计外推法所替代，但在可获得的毒性数据较少时可以谨慎使用。毒性百分数排序法属于统计外推法，是 USEPA 在 1985 年的水生态基准方法指南中推荐的方法。根据八个科的生物毒性数据计算 4 个基准参数，从而推导基准最大浓度和基准连续浓度。毒性百分数排序法的优点是不需要对所获取数据进行统计检验；其缺点是最终结果的推导仍具有不确定性，与可获取的毒性数据量和最敏感物种的毒性值存在很大相关性。除美国外，加拿大和南非也使用与此近似的基准制定方法。美国环境保护局于 1985 年颁布了水质基准技术指南，是美国水质基准研究的指导性文件。该指南确定水质基准的方法是基于物种对污染物的敏感度不同展开的。它是把所获得的物种的属平均毒性值按从小到大的顺序进行排列，序列的百分数按公式 $P=R/(N+1)$ 进行计算，式中 $P$ 为累积概率，$R$ 是毒性数据在序列中的位置，$N$ 是所获得的毒性数据个数。使用该方法得出的基准值包括基准最大浓度（CMC）和基准连续浓度（CCC），其中 CMC 考虑的是污染物对水生动物的急性毒性效应，等于最终急性值的一半；

CCC 考虑的是污染物对水生动物的慢性毒性效应，等于最终慢性值、最终植物值和最终残留值中的最小者。该指南指出用于推导 CMC 的急性毒性数据至少涉及三个门、八个科的生物，要为大多数生物物种（95% 以上）提供适当的保护。

**人体健康基准：**美国环境保护局在 2000 年颁布了人体健康水质基准指南，并形成了人体健康基准的基本理论与方法。人体健康基准包括饮用水健康基准和饮用水 + 生物综合健康基准。美国早在 1980 年就发布了水环境中 64 种污染物的健康基准以及健康基准技术指南。随着后续的多次技术修订和方法的不断发展优化，于 2000 年又正式发布了新版的保护人体健康基准技术指南。在人体健康基准技术指南中，USEPA 将污染物对人体健康影响的效应终点分为致癌和非致癌两类，其基准制定采用健康风险评估方法，目前对人体健康无害的可接受致癌风险水平限定为 $10^{-6}$。暴露评估研究则综合考虑了饮用水、生物等多种暴露途径和水平，涉及的生物累积评价考虑了污染物在各营养级中的生物放大和生物有效性等多种因素。

人体健康基准值的推导主要综合了毒理学、暴露评估以及生物累积 3 方面的内容。开展毒性效应分析要开展污染物的急性、亚急性和慢性毒性，发育，生殖，神经毒性方面的毒性实验，以及污染物的致癌、致畸、致突变实验，主要是基于污染物的剂量－效应关系展开的，通过剂量－效应关系的无观察有害作用水平（no observed adverse effect level，NOAEL）以及最低观察有害作

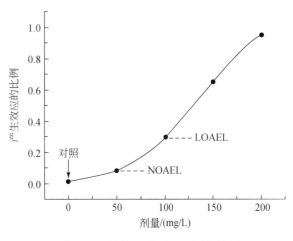

图 3-3　剂量－效应关系示意图

用水平（lowest observed adverse effect level，LOAEL）等相关参数可以推导基准剂量，并最终通过多参数模型计算人体健康基准值。图 3-3 列出了人体健康基准推导过程示意图。针对不同污染物，分别设定了致癌和非致癌两类毒性效应终点。对于可疑的或已经证实的致癌物，人体健康水质基准是指人体暴露于特定污染物时可能增加 $10^{-6}$ 个体终生致癌风险的水体浓度，而不考虑其他特定来源暴露引起的额外终生致癌风险；对于非致癌物，则估算不对人体健康产生有害影响的水体浓度。

大多数人体健康基准基于以下假设：暴露仅来自饮用水或者水体中鱼类

和贝类的摄入。对于其他多种暴露途径如经空气、皮肤等的暴露，在基准推导时没有考虑。确定人体健康水质基准还需要确定以下参数：受体（即人体）的默认体重值，淡水河近海鱼、贝类的平均日消费量，平均每天饮水量等。分析这些设定值推导的基准能够保护大多数成年人免受污染物的危害。如美国环境保护局在 2015 年更新的推导本地人体健康水质基准时假定人体体重为 80 kg，鱼体摄入量为 22 g/d，每天饮水 2.4 L。推导出的基准值能够保护当地大多数平均暴露条件下的成年人。

**沉积物质量基准：** 沉积物基准指特定污染物在沉积物中的实际允许数值，是底栖生物免受特定污染物危害的保护性临界水平，可以归入水生态基准体系。沉积物质量基准的研究起步较晚，还没有形成完善的技术体系，目前各国环境管理部门也多采用临时基准。美国对沉积物质量基准方法的研究始于 1983 年，并在 1984 年意大利召开的"沉积物中化学物质在水体环境中的归宿和影响"学术会议上，提出了 4 种制定方法。随后，英国、荷兰、挪威、澳大利亚和新西兰等国家采用这些方法，或对这些方法加以改进，建立了各自的水体沉积物质量基准，其中一些作为临时基准已被当地的环境管理部门采用。美国采用的沉积物基准建立方法包括相平衡分配法、水质基准法和背景值法等。其中相平衡分配法是研究较多、采用也较广的沉积物环境质量基准建立方法之一，先后在北美的许多地区以及荷兰、英国、澳大利亚和新西兰等地得到应用。该方法以热力学动态平衡分配理论为基础，通过孔隙水浓度基准和相平衡分配系数（$K_p$）估算沉积物质量基准。相平衡分配法的核心是污染物在沉积物固相和孔隙水相间的分配系数 $K_p$ 的确定，目前主要有两种方法，即用表面络合模式拟合和用实测数据直接计算。

**营养物基准：** 美国是最早开展营养物基准研究的国家，在 1998 年提出了关于制定区域营养物基准国家战略（USEPA，1998），先后完成了湖泊水库、河流、河口海岸和湿地的营养物基准技术指南。

美国环境保护局（USEPA）建议采用统计分析、模型预测与推断、古湖沼学法以及专家判断等方法建立各州及部落的营养物基准参照状态（USEPA，2000）。综合考虑历史记录调查、参照状态建立、模型应用、专家评价和对下游影响 5 个方面制定科学合理的营养物基准（USEPA，2000）。2010 年 USEPA 编制的《利用压力－响应关系推断数字化营养物基准》指南，将营养物基准制定方法分为参照状态法、机理模型法和压力－响应关系 3 类，重点发展了代表氮磷营养物浓度与初级生产力关系的压力－响应关系，详细阐述了采用简单线性回归、多元线性回归及非参数拐点分析等建立压力－响应关系确定湖泊营养物基准的方法体系（USEPA，2010）。USEPA 根据影响营养物负荷的各种因素（如地貌、土壤、植被和土地利用等）将美国大陆划分为14 个具有相似地理特征的生态集中区，并绘制了不同分辨率水平和集合体的美国生态区域图。在生态分区的基础上，采用基于频数分布的统计学方法建议并制订了生态区域化的总氮（TN）、总磷（TP）、透明度（SD）和叶绿素a（Chl a）营养物基准值（USEPA，2000；Omernik，1987）。

分析国外制定营养物基准的技术方法和经验教训，对我国营养物基准的制定具有重要借鉴意义，但不能完全照搬国外的方法。我国湖泊众多、类型多样、营养物生态效应区域差异性显著，且广泛面临着不同程度的富营养化。现阶段用于湖泊保护和富营养化控制的管理依据是《地表水环境质量标准》（GB 3838—2002），其标准值的确定缺乏相应的数据支撑，没有考虑营养物基准，更没有考虑区域差异性。因此，建立适当的湖泊营养物基准已经成为管理机构的重要任务，针对不同分区湖泊系统特点、生态特征和营养物生态效应制定区域化营养物基准，有利于更好地为科学研究和政策管理服务。

此外，USEPA 发布的水环境质量基准还包括细菌基准、生物学基准、野生生物基准、物理基准等，这些研究成果奠定了美国在环境管理与科学研究领域的国际地位。

## 二、欧盟水环境基准体系

近年来随着欧盟水环境政策的发展，以 1996 年颁布的《综合污染防治指令》（IPPC 指令，96/61/EC）和 2000 年颁布的《水框架指令》（*Water Framework Directive*，简称"WFD"，2000/60/EC）为代表的环境政策指令，对各成员国水环境质量标准的制定起到了发展和促进作用。

《综合污染防治指令》主要是针对污染源排放的环境基准与标准体系。根据该指令，欧盟将建立协调一致的、一体化的工业污染防治系统，范围涉及与污染物处理相关的特定工业行为，其目的是防止或减少企业向水体、空气和土壤中排污，达到整体高水平的环境保护。该指令限定 12 类水优控污染物和 13 类空气优控污染物排放限值，保证技术和经济上的可行性。

《水框架指令》建立了欧洲水资源管理的框架，并对已有的水质指令进行补充，是针对水环境质量的基准与标准体系。欧盟在《水框架指令》中提出不再注重单一污染物的控制，而是所有水环境风险胁迫因子的综合影响，以水体的"良好生态状态"为保护目标，并规定所有签约国都需在2015年达到这一目标。另外，由于水环境管理现状的客观需求，现阶段《水框架指令》依然对环境优先控制污染物设置了单独的水质目标。欧盟使用环境风险评估技术推导的污染物预测无效应浓度作为水质目标进行环境管理。

欧盟对污染物预测无效应浓度值的制定一般使用物种敏感度分布（species sensitivity distribution，SSD）法。物种敏感度分布法早在20世纪70年代末就被欧洲国家建议用来推导环境质量基准，其在水环境基准的制定过程中发挥了非常重要的作用。物种敏感度分布法具有以下主要特点和假设条件：保护生态系统95%的物种水平；生态系统中不同物种可接受的效应水平满足概率分布；不考虑生态系统各物种间的相互作用；毒性数据来自生态系统随机抽取物种的独立实验结果；不考虑污染物的联合毒性作用。物种敏感度分布法的优点是当随机抽取物种是某个区域的物种时，在一定程度上它能表征该区域的生态系统水平，并通过模型模拟以充分利用所获取的毒性数据；它的缺点是不能反映物种间的相互作用及其产生的间接效应。除欧盟成员国外，澳大利亚和新西兰等国家也使用该方法。同时，欧盟还针对海水和饮用水等专门用途分别发布了《欧盟海洋战略框架指令》和《欧盟饮用水水质指令》等。

欧盟在2003年颁布了关于风险评价技术的导则文件，通过推导预测无效应浓度（PNEC）方法，作为推导水质基准的方法。文件指出要用8种不同的生物，至少10个慢性毒性值来获得最终的PNEC值。对于基准的计算，则推荐使用物种敏感度分布和评价因子两种方法。通过SSD最终获得保护95%以上物种的慢性基准值，即$HC_5$（图3-4）。如果数据不足，则采用有效的急性毒性值除以评价因子获得最终的基准值。物种敏感度分布法最初是由Kooijman提出，后来很多学者对其进行了改进。它是利用已知污染物的所有毒性数据来拟合物种的敏感度分布曲线，进而外推获得基准值。最终的基准值即曲线上指定百分点处所对应的浓度值，通常用$HC_5$表示，即5%物种受到危险的浓度（或保护95%物种）的浓度。

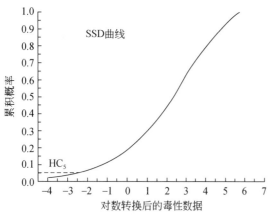

图3-4 应用物种敏感度分布法推导$HC_5$的示意图

## 三、世界卫生组织和其他国家水环境基准体系

除欧美等国对水质基准研究较早且较为系统外，世界卫生组织、加拿大、澳大利亚和新西兰等国家和组织对水质基准也开展了大量研究。世界卫生组织于 1984 年和 1985 年相继发布了第一版《饮用水水质指南》（共三卷）。1993～1994 年又发布了修订版《饮用水水质指南》。2008 年发布了《饮用水水质准则：卷一》（第三版）。目前最新的水质基准是 2014 年发布的《饮用水水质准则》（第四版），该指南涉及水源性疾病病原体 19 项，其中 7 种病毒、11 种致病原虫；还有 8 类微生物；具有健康意义的化学指标 187 项（尚未建立指导值的指标 97 项，确立了指导值的指标 90 项）；另有 28 项为饮用水中能引起用户不满的感官指导值。

荷兰、加拿大、澳大利亚和新西兰等国家也分别制定了各自的水质基准的纲领性文件。如荷兰颁布的《关于推导环境风险极限值的纲领》，目的是保护水生态系统中所有的生物免受不利影响；加拿大 1999 年颁布的《保护淡水水生生物纲领》是为了保护所有水生生物的整个生命周期；澳大利亚和新西兰在 2000 年颁布的《关于鱼类和海洋水质的指导文件》是为了维护淡水和海水系统的完整性，并且认为水体悬浮颗粒物、溶解有机质、总有机碳等均会影响有机污染物的基准。在水质基准值的描述上，有数值型和描述性两种方式。不同国家和组织对数值型基准有不同的分级，例如，澳大利亚和新西兰使用触发值（trigger values，TVs）；加拿大使用指导值（guidelines）；美国、丹麦、南非等国使用基准值（criteria）；荷兰使用环境风险限值（environmental risk limits，ERLs）；欧洲化学品管理局使用预测无效应浓度（PNEC）；经济合作与发展组织使用最大可接受浓度（maximum toxicity concentration，MTCs）等。具有代表性的水质基准数值型描述见表 3-1。

## 四、国际水环境基准发展趋势

### （一）区域水环境差异特征研究

区域生态系统具有显著的结构与功能特征。世界各国水质基准是在各自国家或区域环境特征和自然背景基础上建立的，基准具有明显的区域性。区

**表 3-1　具有代表性的水质基准体系**

| 发布国家或组织（部门） | 时间/年 | 水质基准类型 | 基准分级 | 基准描述 |
|---|---|---|---|---|
| 美国（USEPA） | 2018 | 水生生物基准（ALC） | 基准最大浓度（CMC） | 短期（或急性）基准，表示短期暴露不会对水生生物产生显著影响的最大浓度；具体表述为：化学品 1 h 平均浓度超过 CMC 的频率不得大于每 3 年 1 次 |
| | | | 基准连续浓度（CCC） | 长期（或慢性）基准，表示长期暴露不会对水生生物的生存、生长和繁殖产生慢性毒性效应的最大浓度；具体表述为：化学品 30 d 平均浓度超过 CCC 的频率不超过每 3 年 1 次 |
| | 1993 | 沉积物质量基准（SQC） | — | 单一基准限值，使用急性毒性数据，通过间隙水浓度基准和沉积物有机碳分配系数估算（相平衡分配法） |
| 欧盟（ECB） | 2003 | 预测无效应浓度（PNECs） | — | 单一基准建议值，主要用于风险评估 |
| 加拿大（CCME） | 1999 | 水质基准指导值（WQG） | — | 单一基准限值 |
| 澳大利亚和新西兰（ANZECC & ARMCANZ） | 2000 | 触发值（TVs） | 高度可靠触发浓度（HRTV） | 使用 5 种以上单物种慢性毒性数据或 1 种以上多物种毒性数据推导 |
| | | | 中等可靠临界浓度（MRTV） | 使用 5 种以上急性毒性数据推导 |
| | | | 低可靠性触发浓度（LRTV） | 使用 5 种以下急慢性毒性数据推导，仅为参考，不能用作基准 |
| 荷兰（RIVM） | 2001 | 环境风险限值（ERLs） | 无效应浓度（NC） | 表示污染物对生态系统无显著影响的浓度，一般以 MPC 除以安全系数计算 |
| | | | 最大允许浓度（MPC） | 表示污染物对生态系统所有物种不产生有害影响的最大浓度，超过该浓度则需要控制污染水体排放 |
| | | | 严重生态风险浓度（$SRC_{ECO}$） | 表示污染物对生态系统功能产生严重影响的浓度（指 50% 物种和 / 或 50% 微生物 / 酶分解受到胁迫），超过该浓度则需要强化污水处理 |

注："—"表示没有获得基准分级的相关资料。

域环境差异包括水体的理化性质（温度、溶解氧、pH、硬度和有机质等）、水生生物群落结构、特征污染物、水体污染程度以及污染物的环境地球化学特性等。水质基准在保护特定水体功能或生物体时，都限定在一定的环境条件内。环境条件不同，水体理化性质、生物多样性和气候因素等就会不同，这些都会影响水质基准对水质的保护效果。所以，依据各自国家区域水环境污染特征筛选优先控制污染物是水质基准研究的基础工作。在借鉴其他国家水质基准研究方法时，应注意不同国家在生态环境特征、污染特征和生物区系上的差异，例如，美国代表性鱼类为鲑科，而我国的淡水鱼类有一半属于鲤科。另外，一些暴露数据的选择也是有区域差异的，如人均每日摄入鱼总量、成年男性平均体重以及日饮水量等参数。为更加准确地反映不同国家区域差异性以及有效保护各自的水体功能，结合不同国家区域特征和污染控制的需要，须进一步拓展生态环境区域差异方面的基础研究工作。

### （二）水环境基准理论、技术与方法体系研究

国际环境基准体系也亟需丰富与完善。就水环境质量基准而言，目前已确定基准的污染物仅仅是人类使用的化合物中很小一部分，即使是水环境质量基准最为完善的美国也只是开展了少量关注度比较高的污染物的基准研究，大量基础性研究亟需开展。另外，目前即使是发达国家主要开展的也仅是水质基准的分项研究，包括物理基准、化学基准、生物学基准等，在保障完整有机的水生态系统健康上存在一定的缺陷和偏差，如何有效整合不同类别的水质基准，构建能综合反映和保障整个水生态系统健康和安全的生态学基准，是本领域的发展趋势之一。

水质基准方法学是确定水质基准值的关键。方法学的变化也是水质基准修订的最主要触发原因，例如，美国环境保护局2000年确定推导人体健康基准的新方法学后，先后多次对100余项保护人体健康的水质基准进行了修订。环境暴露、生物富集和风险评价是水质基准理论的重要组成部分，环境基准是多学科综合研究的集成，反映了最新的科学进展，随着环境科学、毒理学和地球化学等学科研究的不断深入，环境基准基础理论也须不断提高和完善，建立适合区域特点的环境基准的前提是必须建立适合本国的环境风险、环境暴露和生物富集评价的模型和毒性数据库。

### （三）新型污染物环境行为、生态效应与毒理学研究

近年来，随着经济的高速发展以及环境检测技术的不断提高，新型污染物的数量越来越多，如个人生活护理品、内分泌干扰物、纳米材料、激素及其他药物等；它们在环境中的归宿、生态与健康效应尚不清楚或不完全清楚。同时这些新型污染物与常规的污染物在受试生物的选择、毒性测试方法以及毒性效应终点等方面都有所差异。因此，亟需开展这些新型污染物的生物有效性、环境暴露、剂量－效应关系、风险表征以及与基准推导相关的理论和技术方法研究。例如，美国环境保护局早在2008年就发布了有关《新型污染物水生生物基准制定的白皮书》草案。因此，不断运用新技术和新方法深入

开展这些新型污染物的环境行为、生态毒理效应和风险评估的原创性研究，发展这些新型污染物的水质基准的新理论和新方法，是国际上该领域的重要研究内容和发展趋势。

# 第二节  国际土壤环境基准领域现状和发展趋势

## 一、国际土壤环境质量基准现状

### （一）美国的土壤环境质量基准与筛选值

美国的土壤环境质量基准研究最早可追溯到 1991 年，根据人体健康风险评估外推得到的土壤环境基准值作为土壤筛选值（环境标准）直接发布。为加快对"超级基金"的"国家优先清单"中污染场地的清理（专栏 3-4），美国环境保护局于 1991 年开始研究制定污染土壤的筛选标准 / 导则。经过 4 年的努力，1995 年发布了最终征求意见稿。依据《国家油类和有毒害物质污染应急计划（NCP）》中拟定的有关政策规定，美国环境保护局于 1996 年正式发布了《土壤筛选导则：用户指引》和《土壤筛选导则：技术背景文件》。前者主要规定了基于人体健康风险评估方法，计算特定污染土壤筛选值的步骤、方法以及必要的采样技术要求，后者阐述了相关的技术基础，并提供了美国国家优先清单污染场地土壤中常见污染物的筛选值。

另外，为保护陆地生态资源，规范和统一污染土壤生态风险评估方法与程序，美国环境保护局于 2003 年发布了《生态土壤筛选值制定导则》，规定了基于风险评估制定生态土壤筛选值的技术过程，确定了 24 种典型污染物的生态土壤筛选值（17 种金属和 7 种农药有机污染物），并规定了生态土壤筛选值的应用方法。对于每种污染物，综合分析了不同陆地生态物种（植物、无脊椎动物、鸟类和哺乳动物）的生态毒理研究数据，分别确定了污染物的生态土壤质量基准值，作为保护不同物种的生态土壤筛选值（环境标准）。

美国环境保护局制定的土壤筛选值旨在识别可能的土壤污染风险，筛选是指鉴别和确定特定场地污染区域、污染物的过程，低于土壤筛选值可认为在管理上无须关注，超过土壤筛选值并不必然触发响应行动，或并不必然地将土壤污染水平定为不可接受。

轰动全美的"拉弗运河事件"令人震惊地发现，美国竟然有成千上万个类似拉弗运河的危险废物填埋场，并随时可能发生泄漏，这仿佛一颗颗定时炸弹，严重威胁着人体健康和环境安全。在社会舆论的强大压力之下，美国国会于"拉弗运河事件"两年后，即 1980 年通过了《综合环境响应、赔偿与责任法》（即通常所称的《超级基金法》），建立了严格的法律机制以明确清理危险废物场地的民事责任，同时也设立了专门的信托基金（trust fund）来清理被遗弃的危险废物污染场地。与此同时，许多工业发达国家也相继曝出了惊人的污染场地问题，如荷兰的 Lekkerkerk 居民区场地污染事件、德国汉堡（Hamburg-Georswerder）的废物处理场关闭事件，从而迫使人们围绕人体健康和环境安全、城市"棕色土地"再开发、土地可持续发展等问题对污染土地（场地）开展了广泛深入的研究，也促使许多国家和地区对土壤污染进行了专门的立法管理，如丹麦的《土壤污染法》（1983 年）、荷兰的《土壤保护法》（1987 年）、意大利的《土壤保护法》（1989 年）、英国的《环境保护法第 IIA 部分：污染土地》（1990 年）、捷克斯洛伐克的《土壤保护法》（1992 年）、韩国的《土壤环境保护法》（1995 年）、德国的《联邦土壤保护法》（1998 年）、日本的《土壤污染对策法》（2002 年），以及澳大利亚新南威尔士州的《污染土地管理法》（1997 年）、西澳大利亚州的《污染场地法 2003》（2006 年）、中国台湾的《土壤及地下水污染整治法》（2000 年）等，这些措施推动污染土地（场地）环境管理不断走向规范化、系统化和标准化，形成了当前国际上相对比较完善的污染场地法规、政策、技术和标准体系。

### （二）加拿大的土壤环境质量基准与土壤质量指导值

　　加拿大环境部长委员会（Canadian Council of Ministers of the Environment，CCME）根据人体健康风险评估方法确定了保护人体健康的土壤质量基准值，根据生态风险评估方法确定了保护环境的土壤质量基准值，取两者中的较小值作为最终的土壤质量指导值（环境标准）发布。加拿大的土壤环境质量基准研究始于 1989 年，为响应公众对污染场地危害的日渐关注，保护生态环境和人体健康，加拿大环境部长委员会启动了历时 5 年的国家污染场地修复项目。为了统一联邦各省污染场地评估与修复相关技术方法，CCME 划分了典型的土地利用方式，综合考虑了联邦各地政府正在实行的土壤和水环境标准，于 1991 年发布了《加拿大污染场地环境质量暂行基准》（简称"《暂行基准》"）。

《暂行基准》中的多数土壤基准值参考地方基准值，根据专家经验定值，科学性欠佳。鉴于此，CCME 于 1996 年发布了《保护环境和人体健康的土壤质量指导值制定规程》（简称"1996 年《制定规程》"），通过考虑特定土地利用方式下污染土壤对人和生态环境受体的暴露风险，考虑的典型土地利用方式包括农业用地、住宅 / 公园用地、商业用地和工业用地。其宗旨是要保护人体健康，维护与特定土地利用相关的生态环境功能。对于农业用地，CCME 同时采用了人体健康的暴露风险评估方法和生态环境风险评估方法制定土壤质量指导值，选择较低土壤临界浓度作为农业用地土壤质量指导值。CCME 根据该方法对各类污染物进行了系统的研究，于 1999 年提出了部分污染物土壤质量指导值的修订值。基于对 1996 年《制定规程》的实际应用经验，以及 CCME 于 2000 年发布的《加拿大石油烃的土壤标准制订方法》的相关成果，CCME 于 2006 年修订发布了《保护环境和人体健康的土壤质量指导值制定规程》。修订后的土壤质量指导值制定规程从内容上包含 4 部分，第一部分（PART A）主要阐述背景情况、土壤质量指导值制定规程的含义、指导原则以及指导值制定流程；第二部分（PART B）主要阐述保护生态环境的土壤质量指导值的制定方法和关键技术；第三部分（PART C）主要阐述保护人体健康的土壤质量指导值制定方法和关键技术；第四部分（PART D）主要总结了综合性土壤质量指导值的确定方法。

加拿大的土壤质量指导值是土壤修复时污染物浓度下降允许达到的限值，而非土壤污染允许达到的最大限值。加拿大土壤质量指导值用于评估土壤污染状况，不适用于未受污染的清洁土壤的管理，亦不适用于土壤施用品（堆肥、合成肥料、厩肥等）的质量评价和填埋废物（如炉渣、矿渣等）的管理，

### （三）英国的土壤环境质量基准值与土壤指导值

英国环境部（EA）根据"污染土地暴露评估（CLEA）模型"外推得到不同用地方式的土壤环境质量基准值，并作为土壤指导值（环境标准）直接发布。早在 1976 年，英国就成立了污染土地再开发部门间委员会（the United

Kingdom Interdepartmental Committee for the Redevelopment of Contaminated Land，ICRCL），为界定土壤污染对敏感目标造成显著危害风险的浓度水平，ICRCL 制定了暂行触发浓度（tentative trigger concentrations，TTCs），关注的土壤污染物包括无机物、与煤焦化生产活动相关物质以及土壤 pH。暂行触发浓度将污染土壤划分为 3 个浓度范围，即①土壤浓度低于临界值（threshold），可认为场地未受污染；②土壤浓度超过行动值（action），认为场地土壤中污染物浓度水平超过期望或不可接受，不可避免地需要对场地污染采取某些修复行动；③土壤浓度介于临界值和行动值之间，需要进一步考虑场地土壤污染，并在场地环境需要时采取修复行动（基于场地情况判断进行修复行动决策）。

1990 年，英国下议院专职委员会环境审计委员会提出英国应该建立一套法定的土壤质量目标和标准，制定科学的技术导则，普遍提升专业标准的制定水平。鉴于此，英国环境部组织对污染土壤风险评估方法进行了针对性研究，旨在建立综合性的技术方法。2002 年 3 月，英国环境、食品和农村事务部（DEFRA）会同英国环境部发布了污染土地暴露评估（CLEA）技术导则，同年 12 月 20 日，英国环境部撤销了 ICRCL 于 1983 年 7 月修订发布的《污染场地评估和再开发导则 59/83（第二版）》，根据人体健康风险评估技术导则制定的土壤指导值取代了 ICRCL 发布的临时触发值（ICRCL 59/83）。2002 年发布的 CLEA 技术导则建立了直接评估污染土壤对人体健康风险的技术方法，该方法的技术基础为：①建立污染物的毒理学基准，即人体摄入土壤污染物的最大允许剂量；②基于一般性土地利用方式，在考虑人群活动模式、土壤污染物迁移行为的情况下，估计儿童和成人对污染土壤的暴露量。根据 2002 年 CLEA 技术导则确定的土壤指导值（SGVs）为一般性评估标准，一般性评估标准可理解为启动进一步详细调查或修复行动的指示浓度。2002 年 CLEA 技术导则发布后，DEFRA 和 EA 继续组织对污染土壤风险评估技术方法进行研究，不断修订完善 CLEA 模型方法。

2009 年，英国环境部发布了《CLEA 模型技术背景更新技术文件》，该文件综合了 2002 年 CLEA 技术导则实施后的大部分修订内容，替代了 2002 年的技术导则文件。2009 年的技术文件介绍了用于制定 SGVs 的 CLEA 模型的技术原理，CLEA 模型对污染物的去向和环境行为采用了一般性的假设，建立了一般性的场地和人群行为的概念模型，据此来估计长期生活、工作的成人和玩耍的儿童暴露于污染土壤的剂量。土壤指导值是当暴露途径下源于土壤的平均每日暴露量（ADE）等于该暴露途径下的健康基准值（HCVs）时的土壤污染浓度，HCVs代表了人群长期暴露在能导致可承受或最小风险时的剂量。英国环境部在其发布的技术文件中详细阐述健康基准值的确定方法。

英国的SGVs是具有较好科学基础的一般性评估标准，可简单用于评估人群长期暴露于土壤污染物中的健康风险。SGVs是用于对土地污染进行一般性定量风险评估的筛选工具。对于风险评估人员而言，SGVs代表着触发值，当土壤浓度高于SGVs时土壤污染可能对人体健康存在显著危害，一般需要进一步调查和评估。SGVs本身并不代表可能存在显著健康危害的临界值，也不代表《环境保护法第Ⅱ A部分》（1990年）规定的不可接受摄入量，但SGVs十分有助于启动土壤污染评估。

### （四）荷兰的土壤环境质量基准值与目标值、干预值

荷兰是关注土壤环境保护工作较早的发达国家之一。荷兰土壤环境质量基准研究包括基于人体健康风险的土壤环境基准值（human serious risk concentration，$SRC_{human}$）和基于陆地生态风险的土壤环境基准值（ecological serious risk concentration，$SRC_{eco}$）。$SRC_{human}$和$SRC_{eco}$（较小值）是确定荷兰土壤干预值的依据，$SRC_{eco}$是确定荷兰土壤目标值的依据。

荷兰的土壤污染问题最早可追溯到1979年发生在Lekkerkerk新建住宅开发区的化学品废物污染事件。1983年，荷兰政府组织制定了《临时土壤修复法案》及土壤标准（A、B、C值）。1987年，荷兰制定出台了《土壤保护法》，初步明确了土壤污染防治义务和资金机制。1994年，通过进一步的应用实践和修改，荷兰政府对《土壤保护法》进行重大修订，引入了基于风险的土壤目标值和干预值，用于辅助土壤修复紧迫性的决策。2000年2月，荷兰住房、空间规划和环境部（VROM）发布了《关于土壤修复相关目标值和干预值的通令》，规定了土壤干预值、指示浓度和目标值的含义及适用条件，其附件中给出了部分污染物的标准值。2006年1月，荷兰修订颁布了《土壤保护法》，VROM于2009年发布了《土壤修复通令2009》，替代了先前发布的相关规定文件。《土壤修复通令2009》对严重土壤污染和非严重土壤污染、紧急土壤修复和非紧急土壤修复分别进行了界定，同时对修复时限、修复目标、与土壤修复相关的风险评估和修复流程等进行了详细规定。

荷兰的土壤环境标准包括目标值和干预值。目标值用于指示土壤环境质量处于可持续利用状态，土壤能够提供人类、陆地植物和动物相关的相应功能。此外，目标值还意味着土壤质量处于背景状态，土壤污染的生态风险可以忽

略不计。干预值是基于陆地生态风险和人体健康风险评估制定的土壤环境标准。根据 2009 年 VROM 发布的《土壤修复通令 2009》，干预值主要用于严重污染土壤的界定，即如果至少 25 m³ 土壤中存在至少一种污染物的平均浓度超过干预值，则可界定土壤受到严重污染。根据土壤干预值确定土壤受到严重污染后，表明土壤污染可能存在一定的风险，需要采取一定的修复或管理措施。

## 二、国际土壤环境基准体系

1978 年美国的拉弗运河事件以及 1980 年荷兰的 Lekkerkerk 事件促使美国和荷兰政府开始重视土壤环境保护，两国于 20 世纪 80 年代初率先开展了土壤环境基准研究和标准制定，其方法学甚至标准值本身都长期被其他很多国家借鉴和引用。20 世纪 90 年代，人体健康和生态风险评估技术日趋成熟，被欧美发达国家广泛接受并用于土壤环境质量基准的制定。从 20 世纪 90 年代末至 21 世纪初，欧美发达国家基本建立了各具特色的土壤环境质量基准和标准体系。

虽然欧美各国土壤筛选值的名称各异[①]，但根据其保护对象，欧美国家的土壤环境质量基准可基本分为保护人体健康、保护生态和保护水体三类。

表 3-2 列出了部分国家制定的土壤环境质量基准类型及标准（筛选值）名称。可以看出，各国均制定了保护人体健康的土壤基准，不少国家还制定了保护生态受体的土壤基准。此外，还有一些国家制定了保护地下水和 / 或地表水的土壤基准。

**表 3-2　部分国家土壤环境质量基准类型**

| 国家（地区） | 土壤环境质量基准类型 | | | 土壤标准 / 筛选值 |
| --- | --- | --- | --- | --- |
| | 保护生态系统 | 保护水体 | 保护人体健康 | |
| 美国 | √ | √ | √ | 区域筛选值（RSL）、土壤生态筛选值（Eco-SSL）等 |
| 加拿大 | √ | √ | √ | 土壤质量指导值（SQG） |
| 比利时（瓦隆地区） | √ | √ | √ | 参考值（RV）、触发值（TV）、干预值（IV） |
| 德国 | √ | √ | √ | 警戒值（PV）、触发值（TV）、行动值（AV） |

---

① 土壤筛选值，常用的英文名称有 soil screening levels（SSLs）, soil screening value（SSV）等。

| 国家（地区） | 土壤环境质量基准类型 | | | 土壤标准／筛选值 |
| --- | --- | --- | --- | --- |
| | 保护生态系统 | 保护水体 | 保护人体健康 | |
| 奥地利 | √ | √ | √ | 触发值（TV）、干预值（IV） |
| 西班牙 | √ | √ | √ | 通用参考水平（RGL） |
| 丹麦 | √ | √ | √ | 临界值（CV） |
| 瑞典 | √ | √ | √ | 筛选值（SSV） |
| 挪威 | √ | √ | √ | 土壤质量指导值（SQG） |
| 英国 | √ | | √ | 土壤指导值（SGVs）、土壤生态筛选值（Eco-SSV） |
| 荷兰 | √ | | √ | 目标值（TV）、干预值（IV） |
| 比利时（弗兰德地区） | √ | | √ | 背景值（BV）、清理标准（CS） |
| 瑞士 | √ | | √ | 指导值（GV）、触发值（TV）、清理值（CV） |
| 芬兰 | √ | | √ | 目标值(TV)、高指导值(HGV)、低指导值(LGV) |
| 捷克 | √ | | √ | A、B、C 值 |
| 澳大利亚 | √ | | √ | 生态调查值（EIL）、健康调查值（HIL） |
| 新西兰 | √ | | √ | 环境指导值（EGV） |
| 波兰 | | √ | √ | 最大允许浓度（MPC） |
| 意大利 | | √ | √ | 浓度限值（CL） |
| 日本 | | √ | √ | 土壤环境质量标准（EQS） |
| 法国 | | | √ | 土壤资源定义值（VDSS）、效应说明值（VCI） |

# 三、国际土壤环境基准制定方法学

## （一）人体健康基准制定方法学

虽然欧美国家均采用人体健康风险评估的方法学制定保护人体健康的土壤基准，但由于各国每种用地方式下的默认暴露场景、考虑的暴露途径、暴露和污染物迁移模型、各类参数（污染物理化性质参数、毒性参数、人体暴露参数、场地土壤、地下水、气象参数、建筑物参数等）不同，导致各国土壤基准值出现几个数量级上的差异。

以各国暴露途径的差异为例，美国、荷兰和英国在制定保护人体健康的土壤基准时考虑的暴露途径如表 3-3 所示（宋静，2011），可以看出，各国考虑的暴露途径差异很大。

**表 3-3　美国、荷兰和英国制定保护人体健康土壤基准时考虑的暴露途径**

| 暴露途径 | | 美国 | | 荷兰 | 英国 | | |
| --- | --- | --- | --- | --- | --- | --- | --- |
| | | 居住 | 工业 | | 居住 | 果蔬用地 | 工商业 |
| 室外暴露途径 | 口腔摄入土壤 | √ | √ | √ | √ | √ | √ |
| | 口腔摄入源自土壤的灰尘 | | | √ | | | |
| | 皮肤接触土壤 | √ | √ | √ | √ | √ | √ |
| | 吸入源自土壤的灰尘 | √ | √ | √ | √ | √ | √ |
| | 吸入土壤蒸气 | √ | √ | √ | √ | √ | √ |
| 室内暴露途径 | 口腔摄入源自土壤的灰尘 | | | | √ | √ | √ |
| | 皮肤接触源自土壤的灰尘 | | | | √ | √ | √ |
| | 吸入源自土壤的灰尘 | | | | √ | √ | √ |
| | 吸入源自土壤的蒸气 | | | √ | √ | | √ |
| | 吸入源自地下水的蒸汽 | | | √ | | | |
| 源自土壤的饮食暴露 | 食用自产的蔬菜 | | | √ | | √ | |
| | 摄入黏附在自产蔬菜上的土壤 | | | √ | | √ | |
| 地下水直接接触暴露途径 | 饮用地下水 | | | √ | | | |
| | 吸入地下水蒸气 | | | √ | | | |
| | 洗澡（皮肤接触和吸入） | | | √ | | | |

Provoost 等（2008）比较了美国（EPA 9 区）、比利时弗兰德地区、荷兰、瑞典、挪威 5 个国家和地区计算 7 种挥发性污染物（BTEX、四氯乙烯、三氯乙烯、三氯乙烷等）室内挥发途径时选用的污染物理化参数、毒性参数和建筑基本参数等的差异，发现科学型参数（如模型计算方法及其参数取值）是引起基准值变异的最主要原因，其次是政策型参数（如污染物毒性参考值、可接受风险水平等），而地理型参数（如建筑物参数和土壤性质等）对各国土壤基准之间的变异影响相对较小。当把科学型参数和政策型参数统一后，各国挥发性有机物（VOCs）挥发暴露途径的基准值的变异从 2 ～ 4 个数量级变为 1 个数量级。

（二）生态基准制定方法学

由于生态系统本身的复杂性以及各国对生态保护的认知程度及赋予的重

要性不同，与人体健康风险评估技术相比，各国生态风险评估技术发展相对滞后且参差不齐。美国于 1998 年发布了基于生态风险评估制定土壤生态基准的技术导则（EPA/630/R-95/002F）。目前，欧盟成员国只有德国、芬兰和荷兰制定了本国的生态风险评估技术导则（Carlon，2007）。

各国制定土壤生态基准的步骤基本类似，主要包括文献数据的收集和评价、数据的选择、土壤生态基准的计算及基准值的验证等。各国制定土壤生态基准方法学上的差异体现在考虑的生态受体类型（表 3-4）、文献数据的筛选原则、测试的终点（NOEC 或 LOEC）、生态毒性数据库、保护的水平、数据外推使用的具体方法 [SSD 曲线、评价系数、平衡分配法、定量构效关系（QSAR）法、证据权重法等 ] 不同。

表 3-4　不同国家或地区制定土壤生态基准时考虑的生态受体类型

| 国家或地区 | 微生物过程 | 土壤动物 | 植物 | 陆生动物 | 水生生物 |
| --- | --- | --- | --- | --- | --- |
| 奥地利 | | | √ | | |
| 比利时（瓦隆地区） | √ | √ | √ | √ | √ |
| 比利时（弗兰德地区） | √ | √ | √ | | |
| 捷克 | √ | | √ | | |
| 德国 | √ | √ | √ | √ | |
| 西班牙 | √ | √ | √ | √ | √ |
| 芬兰 | √ | √ | √ | | |
| 荷兰 | √ | √ | √ | | |
| 瑞典 | √ | √ | √ | √ | √ |
| 英国 | √ | √ | √ | √ | |

### （三）保护水体基准的制定方法学

一些国家已制定了关于保护地下水的土壤基准（表 3-5），大多是以评价污染场地的地下水暴露途径为基础考虑，再推广到土壤基准。保护地下水的土壤基准值是通过具体地区的地下水质标准值反推计算得到的，首先建立概念模型来描述地下水污染物的迁移。污染物从土壤迁移到地下水通常考虑四个步骤：① 污染物进入土壤 - 水的分配；②渗出液污染物在无污染的包气带的迁移；③渗出液在地下水中混合稀释；④污染地下水的横向迁移。

表 3-5 考虑保护地下水土壤基准的主要国家及涉及暴露途径

| | 暴露途径 | 比利时（瓦隆地区） | 比利时（弗兰德地区） | 德国 | 芬兰 | 意大利 | 荷兰 | 美国 | 新西兰 | 加拿大 | 瑞典 |
|---|---|---|---|---|---|---|---|---|---|---|---|
| 土壤-地下水途径 | 地下水 | √ | | √ | | √ | √ | | | √ | √ |
| | 管道泄漏引起的饮用水污染 | √ | √ | √ | | | | | | | |
| | 呼吸吸入生活用水中污染物蒸气 | | | | √ | | √ | | √ | | |
| | 淋浴（皮肤接触＋呼吸吸入） | √ | √ | | √ | | √ | | | | |
| | 饮用水 | | | | | | | √ | √ | √ | √ | √ |
| 土壤-地表水途径 | 游泳：（皮肤接触＋摄入污染水＋水中悬浮物的摄入） | | | | | | | | | | |
| | 摄入鱼类或者贝壳类 | | | | | | | | | | √ |

　　新西兰、加拿大及美国都已发布了为保护地下水的土壤基准值。这些国家都使用荷兰研究机构为地下水提供的一个介入值，其大小用单位（μg/L）来表示，该值可以用来衡量土壤基准值的大小，这些值的大小用来反映土壤污染的严重性。虽然各国都使用该介入值，但是它们对于保护地下水而建立的土壤环境基准值的方法是各有异同的。

　　加拿大以地下水的检测标准保证推导出的土壤质量基准可以保护人类健康，并且不造成作为饮用水的地下水污染。如果该值低于人体健康指导值，那么该值就作为最终的人体健康指导值。2006 年加拿大环境部长委员会（CCME）修订的法定协议上已经列入该方法，并且将保护地下水作为推导基准值的常用指标。除了饮用水外，附近的水体、畜禽养殖用水、灌溉用水都在受保护的淡水水体范围内。1996 年，CCME 运用加拿大地下水系统的主要代表性参数推导土壤基准值。2006 年，CCME 同时考虑沙土和黏土的含水层，假设地下水直接位于污染区的下方来推导土壤基准值。

　　新西兰和美国已经建立了保护地下水的土壤基准值，它们期望的地下水质标准是饮用水标准。美国环境保护局的方法是使用代表美国地下水体系的参数而且假定地下水位于污染层下面。相反的，新西兰通过六种不同类型土壤推断土壤指导值，包括污染层和地下水（表 3-6）。

　　1. 方法学的假设条件的比较

　　由于美国是最早开始研究制定考虑地下水污染的土壤基准，并制定一系列相关的方法学，因此，其他国家也在一定程度上参考美国的方法。整体来说，美国在制定保护地下水的土壤基准过程中，考虑相对保守，只考虑污染物在地下水饱和带中的迁移和一系列理化过程。而加拿大和新西兰在美国的基础上加入了其他限制条件。鉴于我国初步研究关于保护地下水的土壤基准，同时我国地域广阔，水文地质类型较为复杂多样。

表 3-6　美国、加拿大和新西兰概念模型假设比较

| | 美国（USEPA） | 加拿大（CCME） | 新西兰 |
| --- | --- | --- | --- |
| 共性 | 可逆的线性平衡吸附；污染源为无限源，地下水流为稳态；含水层是均质的，且含水层特性均一不考虑 NAPLs；土壤在物理和化学性质上是均匀的；不饱和带的渗透系数是恒定的 | | |
| 差异 | 土壤污染物从表层延伸至地下水位；受体监测井位于污染源的边缘 | | 土壤污染物位于包气带之上；没有明确规定受体的位置 |
| | 不考虑不饱和带和含水层的衰减、吸附和降解；只包括地下水含水层中污染物的稀释 | 不饱和带的水流假定为一维的，只考虑在垂直方向上的弥散、吸附和生物降解；饱和带的污染物衰减假定为一维吸附、弥散和生物降解 | 包含未污染的包气带区域；考虑包气带和饱和带中的吸附和降解 |

### 2. 方法学的选定

在制定基准的方法学上，USEPA 和 CCME 都假设地下水直接位于污染源的下方，不包括未污染的不饱和带，并且受体位于污染区域的边缘。USEPA 考虑的稀释衰减只包括地下水中污染物的稀释，而不考虑污染物在深层土壤中的衰减（吸附和降解）。CCME 既考虑包气带中的吸附和降解，也考虑饱和带中的吸附和降解。而新西兰考虑污染源和地下水之间的未污染的包气带部分，以及包气带中的吸附和降解等过程。

### 3. 基准推导模型的比较

基于风险的土壤环境基准（或标准）都是通过暴露模型推导出来的。不同国家用于制定土壤环境基准的暴露模型往往不同，但其所考虑的暴露情景和关键暴露途径基本上是类似的，但在考虑地下水暴露途径时却有较大差异。不同国家选用的计算模型不同，例如，美国 GSI 公司推出的 RBCA 模型、新西兰的包气带模型（VZCOMML）和加拿大环境部长委员会制定国家土壤质量指导值（SQG）的相关模型方法与运算法则。

### 4. 制定基准所需主要参数

### 1）污染物理化参数

土壤污染物基本理化性质及参数，如土壤－有机碳分配系数（$K_{oc}$）、土壤－

水分配系数（$K_d$）、溶解度（$S$）、亨利常数（$H$）等，是模拟和计算污染物迁移等的重要参数，这些参数在各国制定土壤基准（或标准）的技术支撑文件（如 USEPA：*Technical Background Document for Soil Screening Guidance*）中一般都有列举。同时，在一些知名的化学品管理数据库或毒理学数据库（如IRIS）中，也可检索到常规化合物的理化参数。同时针对具体区域，也需要具体场地的参数，如污染源特征等（表3-7）。

2）土壤参数和水文地质参数

由于土壤类型多样，因此土壤性质差异是各国制定土壤环境基准（或标准）时共同面临的难题。为了有效解决这一问题，需要通盘考虑全国的土壤类型和土壤性质的分布范围，国外解决办法有美国制定了各个州的相应基准；加拿大把土壤分为细砂和粗砂两类分别制定；荷兰是设定（或假定）某种类型的土壤为标准土壤，如制定土壤修复干预值时假设标准土壤为有机质含量为10%、黏土含量为25%的土壤。对于地下水而言，全国不同区域的地质水文性质也各有差别。例如，荷兰针对地下水埋深不同，分别制定了保护浅层地下水（＜10m）和深层地下水（＞10m）的土壤基准。根据模型运用和计算法则，所需的土壤参数和地质水文参数各国也都有一定的差异。

表3-7 所需污染物理化性质参数

| 污染物理化参数 | 符号 | 单位 | 备注 |
| --- | --- | --- | --- |
| 半衰期 | $T_{1/2}$ | a | 化学物性质 |
| 土壤－有机碳分配系数 | $K_{oc}$ | L/kg | 化学物性质 |
| 无量纲亨利常数 | $H'$ | | $H \times 41$，41是转换因子 |
| 亨利常数 | $H$ | atm·m³/mol | 化学性质 |
| 最大污染物浓度 | MCL | ug/L | 地下水标准值 |
| 土壤－水分配系数 | $K_d$ | L/kg | 室内实验 |

注：1atm=1.01325×10⁵Pa。

## 四、国际土壤环境质量基准发展趋势

（1）保护人体健康的基准方面：在人体健康风险评估方法学上，进一步完善不确定性和变异性分析；开始关注新型污染物（如纳米材料、内分泌干扰物等）的土壤基准制定；更加关注暴露参数的本土化，开展本国人群行为调查和背景暴露调查，制定本国的暴露手册；制定基准时开始考虑污染物的生物有效性。

（2）保护生态的土壤基准方面：在生态风险评估方法学上，针对新型污染物（如纳米材料）制定有针对性的生态风险评估技术导则；完善生态风险评估中的不确定性分析；在生态测试物种上，筛选对本国生态系统具有重要意义的指示物种，并建立相关的生态效应测试方法；不但关注具体物种的生态效应，也开始关注土壤重要的生态功能（如养分循环、有机质降解等）的变化；测试终点从过去关注高水平暴露条件下个体水平指标（如死亡率、生长率、繁殖率等）发展为关注低水平长期暴露条件下基因生物标记物的变化；另外，更加关注食物网以及种群、群落、生态系统水平的生态风险；在制定生态基准时考虑污染物的生物有效性或土壤性质的影响以及 QSAR 外推方法的进一步完善与应用等。

（3）保护地下水的土壤基准方面：西方发达国家在研究非饱和水分运动理论基础上，开始研究污染物在包气带中的迁移规律。随着研究的深入，逐步开始考虑介质的液相和固相浓度的分配系数以及非平衡吸附和解吸问题，并借助温吸附模式（Linear、Freundlich、Langmuir 等）来表示液相和固相吸附和解吸的关系；在包气带介质结构方面，由结构不变的刚性体发展为研究可变的介质体；由均质介质研究到分层介质。在水分运动方面，由包气带的平均孔隙速度发展到研究可动水体和不可动水体，并综合考虑水、空气、污染物及介质四者之间相互作用关系；并逐步考虑包含迁移到地表水途径和完善更多种类污染物土壤基准值的制定。

## 第三节　国际空气环境基准领域现状和发展趋势

19 世纪工业革命以来，随着工业化进程的不断加快，欧美发达国家最先出现了空气污染问题。20 世纪 30 年代以来，工业发达国家相继出现了公害事件，例如，1952 年美国加利福尼亚州的光化学污染和英国的"伦敦雾"事件（图 3-5）。这些公害事件引起人们的广泛关注，许多国家开始从法律层面上制定措施、保障空气污染治理工作的开展。

(a)        (b)

图 3-5 美国加利福尼亚州的光化学污染事件（a）和英国"伦敦雾"事件（b）

空气环境质量基准是用于判断一种大气物理、化学、生物因素是否导致不利于人体健康、生态健康的指标。通常指大气中污染物（或物理因素）对特定对象（人或其他生物等）不产生不良或有害影响的最大剂量（无作用剂量）或浓度。按照作用对象的不同，分为人体健康基准（对人群健康的影响）、生态基准（对动植物及生态系统的影响）和物理基准（对材料、能见度、气候等的影响）。同一污染物在不同的环境要素中或对不同的保护对象有不同的基准值，对人群健康影响的基准制定主要依赖于流行病学和毒理学研究数据。科学、合理的空气质量基准，应该充分反映空气介质中的污染物作用于研究对象、在不同浓度和计量下引起的危害作用种类和程度的最新科研成果。基于空气污染对于人体健康可能存在危害，世界卫生组织（WHO）率先在 20世纪 50 年代提出并开始着手制定空气质量基准的前期准备工作。

空气环境基准制定的保护目标是公众健康，消除或将空气污染毒害作用降低到最小值的基础。需要注意的是，环境基准制定的目标是保护人类健康，而非污染的"绿灯"。尽管人体健康效应是制定空气环境基准的重要考虑因素，但一个整体健康的生态环境才能最终保证人类健康和福利；因此，污染物对陆地植被生态系统的影响也应纳入空气环境基准建立的考虑中。

## 一、国际空气环境基准研究现状

世界卫生组织于 1972 年公布了 $SO_2$、悬浮颗粒物 SPM、CO 和光化学氧化物的空气质量基准；于 1987 年公布了《欧洲空气质量准则》（*Air Quality Guidelines for Europe*），这项基准文件所包括的污染物比 1972 年的基准文件有所增加。由于欧洲的空气污染物毒性、流行病调查和终生癌症风险研究起步较早、数据较为系统全面，世界卫生组织于 1987 年颁布的基准文件主要是根据欧洲和北美地区发表的流行病学调查和生态毒理文献制定的。该文件在 1993 年进行了第一次修订和更新，并提出了优控污染物的筛选原则：①污染物来源比较广泛，具有大范围污染问题；②污染物个体暴露的潜力比较大；③出现有关污染物存在环境影响或健康危害的新数据；④从监测的角度看，比较容易可行；⑤污染物在环境中的浓度水平呈上升趋势。基于上述考虑，35 种污染物被列入到基准中，其中包括了持久性有机污染物（POPs）类物质多氯联苯（PCBs）和二噁英。与此同时，世界卫生组织启动了化学品安全国际程序（the International Programme on Chemical Safety）环境健康基准系列，并在 1987 ~ 1998 年，对 120 多种化学物质的健康风险进行评价。由于发展中国家的气象条件、地理位置、背景浓度和公民营养状况等与发达国家不同。基于全球范围内有关典型环境空气污染物暴露的人体健康影响研究的最新科学证据，2005 年 WHO 发布了五种典型污染物 $PM_{10}$、$PM_{2.5}$、$O_3$、$NO_2$ 和 $SO_2$ 的全球空气质量准指导值(《空气质量准则》，*Air Quality Guidelines*)（图 3-6 ）。为促进指导值成为全球空气质量标准目标，《空气质量准则》也为每项基准空气污染物的浓度控制提出了过渡性实施目标，以促进全球范围内的基准参考值能逐渐从高浓度向低浓度过渡。

近年的研究表明，可吸入颗粒物，尤其是细颗粒物（$PM_{2.5}$）已被公认为危害最大、代表性最强的空气污染物，因此美国环境保护局和欧盟在评价空气污染的健康危害时均选择颗粒物作为代表性空气污染物，美国和欧盟的空气质量基准均以颗粒物为主。美国环境保护局于 1971 年首次颁布了颗粒物的环境空气质量标准，即总悬浮颗粒物（TSP）标准，又分别于 1987 年和 1997 年颁布了 $PM_{10}$ 和 $PM_{2.5}$ 标准，其中 $PM_{10}$ 国家环境空气质量标准包括 24h 限值 $150\mu g/m^3$ 和年均限值 $50\mu g/m^3$；对于粒径小于 2.5μm 的细颗粒物 $PM_{2.5}$ 的国家环境空气质量新标准包括 24h 限值 $65\mu g/m^3$ 和年均限值 $15\mu g/m^3$。为了全面检验影响颗粒物环境质量标准制定的因素，并为标准的制定与颁布提供充分的科学依据，美国环境保护局组织了相关研究机构的专家，于 2004 年发布了 *Air Quality Criteria for Particulate Matter*，即《颗粒物环境空气质量基准》（图 3-7 ）。 2006 年，USEPA 取消了 $PM_{10}$ 标准，并将 $PM_{2.5}$ 的 24h 限值收紧

图 3-6　世界卫生组织《空气质量准则》
（*Air Quality Guidelines*）

基于全球环境状况和相关环境健康研究成果，世界卫生组织于 2005 年发布了《全球空气质量指南》。指南综合评价了全球空气污染研究成果、参考欧美空气质量基准，对 5 种主要空气污染物的浓度限值提出了指导值，包括可吸入颗粒物（$PM_{10}$）和细颗粒物（$PM_{2.5}$）、臭氧（$O_3$）、二氧化氮（$NO_2$）和二氧化硫（$SO_2$）

图 3-7　美国《颗粒物环境空气质量基准》
（*Air Quality Criteria for Particulate Matter*）

美国环境空气质量基准包括了截至 2003 年的相关研究成果，系统地描述了颗粒物的属性、污染来源、环境质量浓度和监测方法。该文件综述了颗粒物暴露评估及流行病学成果，也评估了大气颗粒物对植被、生态系统、能见度和人造材料的影响以及大气颗粒物对气候变化过程的影响

为 $35\mu g/m^3$；2013 年，美国 $PM_{2.5}$ 年均限值从 $15\mu g/m^3$ 收紧为 $12\mu g/m^3$。

　　为了加强基准对标准的支撑作用，美国政府制定基准的立法要求为：一级标准定义为以基准文件为基础的某一空气质量水平，需要通过美国环境保护局行政管理机构的评价，达到并维持这个空气质量水平将有足够的安全余量，而且可以充分保护公众健康；只有一级标准体系中有颗粒物质量标准值。二级标准定义为某一空气质量水平，经过行政管理机构的评价，达到并维持这个空气质量水平，公共福利将可免遭空气污染物引起的一切已知或者可预见的负面影响。其中，福利影响包括对土壤、水、农作物、蔬菜、人造材料、家畜、野生动植物、天气、能见度以及气候的影响；资产破坏和恶化；交通事故的影响；对经济价值、人类舒适和安宁生活的影响。美国政府要求围绕新涌现的科学研究进展，定期对已有的基准和标准进行审查并做适当的修订，因此美国的空气环境质量基准一直保持很强的先进性，并对世界各国的环境质量基准和标准制定工作有着深刻的影响。

对于空气中大量的毒害性有机物，经过长期的研究，USEPA和WHO都已经建立了比较完整的空气毒害物基准体系，并提出了污染物健康和风险评价技术规范和操作手册。目前对国际空气毒害物的质量基准都是在设定基本人体暴露假设值的基础上，通过采用健康风险评估程序进行估算的，包括动物毒性外推或人体流行病学研究，以及致癌和非致癌效应。对于空气毒害物来说，基本是采用动物毒性数据推导的。致癌和非致癌性终点不同，当使用致癌效应作为临界终点时（假设终点无极限），空气基准是用一组与特定增量生命期风险水平相关的浓度表示的。当以有极限的非致癌效应作为临界终点时，基准反映的是"非效应"水平评价。对于致癌物质，基准是指人体暴露特定污染物时可能增加$10^{-6}$个体终生致癌风险的空气浓度，而不考虑其他特定来源暴露引起的额外终生致癌风险，基准值一般用单位风险因子（unit risk factors，URF）或单位风险估计值（unit risk estimate，URE）表示。对于非致癌物，估算不对人体健康产生有害影响的空气浓度，基准值一般用参考浓度表示。到目前为止，USEPA仅对少数化学物质列出空气质量基准值（reference concentration，RfC），其他毒害物质基本上是采用参考剂量（reference dose，RfD）值。与RfC不同的是，RfD考虑了所有的暴露途径，而RfC仅考虑呼吸暴露。

由于大多数毒害性污染物的健康危害无法通过流行病学调查加以定量评估，1983年美国国家科学院首次确定了健康风险评估四阶段法，包括危害判定、剂量－效应关系评估、暴露评估和风险表征四个阶段。目前许多国家和国际机构都采用这一方法，根据剂量－效应关系推导，在考虑多个参数后得出基准值。在人体健康空气质量基准的推导过程中，通常缺乏充足的人体流行病学资料，这在很大程度上需要依赖毒理学研究成果特别是动物实验结果，因此这种方法导致基准的推导中存在一定的不确定性。随着风险评价和健康风险评价研究的发展，基准的推导方法也有所改变。在致癌风险评价中，定量化致癌风险的低剂量外推法已经取代了线性多级模型。在非致癌风险评价中，倾向使用更多的统计模型来推导基准值，而不是传统的基于无观察有害作用水平（NOAEL）的方法。

## 二、国际空气环境基准发展趋势

近年的现代流行病学研究、暴露评估研究，以及风险评价研究成果显示，即使暴露在相对浓度较低的常规空气污染物中，人体健康依然会受到影响。因此空气基准问题十分复杂，一些污染物是某个国家或地区范围内特有的，另一些是所有国家都存在暴露浓度和暴露路径差异的基础问题。让一个区域内的公众生活在更安全的自然条件中，是每个国家和地区基准研究工作推动和发展的动力。

各个国际组织、国家和地区对于空气环境基准的不断发展和修订工作，主要体现在对于已有基准污染物负面健康/生态效应证据补充和新的目标基准物质增加（图 3-8）。基于新的流行病和毒理学研究成果，国际上每一次的基准修订工作，主要依据以下几个原则讨论修订内容：①是否引起污染源的普遍问题；②污染物的存在和富集导致暴露可能性是否增强；③是否有新的健康效应方面的信息可以参考，进一步综合评价基准值是否需要修订；④环境浓度监测和人群暴露评估的可行性、准确性。

值得借鉴的是，发达国家环境基准的制定和修订工作，得到了政府和相关保护法律、法规的支持和保障。美国于 1955 年首先制定了《空气污染控制法》（*Air Pollution Control Act*），并在随后的几十年里不断加以修订和补充。1996 年通过的《清洁空气法修订案》（*Clean Air Act Amendments*，简称"《修订案》"）明确了 5 个制定目标：①减少六种主要污染物（包括 CO、$NO_2$、$SO_2$、$O_3$、PM 和 Pb）对人群身体健康及生态环境的破坏；②限制空气毒害性物质（HAPs）的排放；③保护可见度；④减少导致形成酸雨的物质的排放，特别是二氧化硫和氮氧化物；⑤抑制破坏臭氧层的化学物质使用。《修订案》还包括了 177 种毒害性污染物（hazardous air pollutants）的空气污染物控制清单，其中包括了六六六、多氯联苯、二噁英等持久性污染物。针对《修订案》，美国国家环境质量标准（National Ambient Air Quality Standards，NAAQS）明确提出了六种优先控制污染物 [ 包括 CO、$NO_2$、$SO_2$、$O_3$、$PM_{10}$（$PM_{2.5}$，专栏 3-5）和 Pb] 的两类标准，旨在保护公众健康和公共福利。

## 专栏 3-5　$PM_{2.5}$

$PM_{2.5}$ 指大气中直径小于或等于 2.5μm 的颗粒物，也称为可入肺颗粒物。虽然 $PM_{2.5}$ 的直径还不到人的头发丝粗细的 1/20，也只是地球大气成分中含量很少的组分，但它对空气质量和能见度等有重要的影响。与

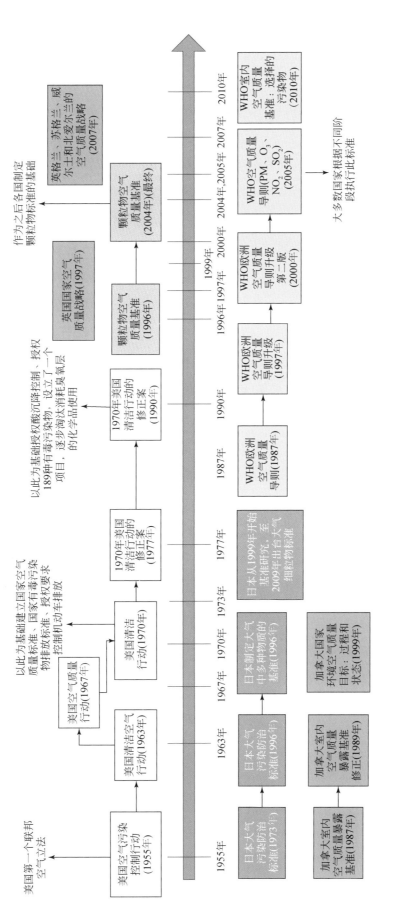

图 3-8 各个国际组织、国家和地区空气环境基准领域发展态势及其规划研究概述

较粗的颗粒物（PM$_{10}$）相比，PM$_{2.5}$粒径小，富含大量的有毒、有害物质且在大气中停留时间长、输送距离远，因此对人体健康和大气环境质量的影响更大。西方流行病学长期跟踪队列调查研究成果表明，PM$_{2.5}$长期和短期暴露与人群发病率和死亡率的增加显著相关。大量临床和毒理学研究成果也为建立PM$_{2.5}$的健康影响机制和路径提供了重要依据。我国2012年第三次修订了《环境空气质量标准》，首次增加了PM$_{2.5}$限值，包括年均限值为35μg/m$^3$、日平均浓度限值为75μg/m$^3$；此外，PM$_{10}$的年平均值从100μg/m$^3$收缩到了70μg/m$^3$。目前我国大气颗粒物的标准值与世界卫生组织提出的阶段性标准值中较为宽松的I阶段目标值相同。

围绕《清洁空气法》的修订以及空气环境基准制定工作的开展，美国的研究机构、环境保护部门和立法机构合作建立空气污染科学治理架构的经验和工作流程，对于发展中国家基准的制定工作有很重要的参考意义（图3-9）。美国环境保护局（USEPA）负责定期对空气污染物基准文件和国家环境空气质量标准进行审议。同时，由非政府机构专家组成的独立机构——清洁空气科学顾问委员会（简称"委员会"）负责就颗粒物及其他污染物基准和国家

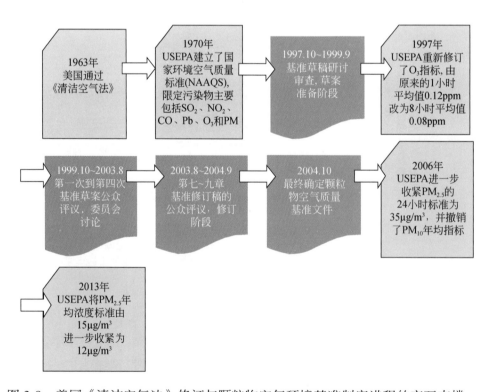

图3-9　美国《清洁空气法》修订与颗粒物空气环境基准制定进程的交互支撑

环境空气质量标准的科学性、公正性和适用性，向 USEPA 提出意见和建议。USEPA 以空气质量基准文件和不断涌现的科学研究成果为依据，提出颗粒物污染管理需求报告。政府机构定期组织报告的修订工作，修订草案经过公众若干次评价和委员会审议后，正式发布国家环境空气质量标准的阶段性修订建议，并通过《联邦公报》向公众告知修订意见。

# 第四章

## 环境基准体系及发展路线图

# 第一节　总体描述

通过前文分析可以发现，环境基准研究的长期滞后已成为制约我国环境标准科学性，环境有效管理及民生保障行动的瓶颈。如何在充分吸收和借鉴国外的先进经验和最新成果的基础上，构建符合我国区域特点和国情的国家环境基准体系，支撑我国环境标准的制修订工作，保障我国的环境安全与公众健康，提高科技支撑能力，为国家环境保护工作提供全面科技支撑，就必须以国家战略需求为导向，从国家战略高度，综合集成环境科学基础研究成果，并开展相关领域的创新性研究，努力构建符合我国国情和社会经济发展需要的国家环境基准体系。通过顶层设计，明确我国环境基准领域的科技目标、战略安排、重要方向、关键科学问题，制定国家环境基准体系，构建科技发展的近期和中长期发展路线图，在空间和时间尺度上进行有机衔接，按照轻重缓急、有步骤、有重点地全面推进，为保障我国环境安全、公众健康和国家可持续发展提供科技支撑。

## 一、总体目标

围绕我国现阶段及今后环境资源保护、污染控制管理及环境安全的国家需求，构建符合我国国情和社会发展需要的国家环境基准体系，形成完善的环境基准理论、技术与方法学和支撑平台，制定能够支撑我国环境标准制修订和环境管理的环境基准值，培养和造就一支国家环境基准科研队伍，全面提高我国环境保护科技创新支撑能力，为保障国家环境安全和公众健康提供全面科技支撑，推动我国环境科学、毒理学、风险评估等相关学科发展，显著增强我国环境保护科技研究领域的国际影响力和自主创新能力，引领国际环境基准及相关领域发展。

## 二、战略安排

环境基准的研究是一项具有重要战略意义的任务，国家需要从环境保护、污染控制和生态安全的战略高度重视基准研究，在吸收和借鉴国外先进经验和国内外最新成果的基础上，按照"吸收借鉴、重点突破、创新跨越、支撑引领"的思路，统筹规划和系统推进环境基准研究工作。这项工作主要按以下两个阶段分步完成。

第一阶段：系统梳理、消化吸收国外环境基准经验和成果，明确基准研究重点领域，初步形成环境基准的理论与方法学，提出一批国家环境管理工作中迫切需要的环境基准值，构建环境基准框架体系，初步建立环境基准研发和支撑平台。

第二阶段：形成较为完善的环境基准的理论、技术和方法体系，提出能够基本满足环境管理需要的一批环境基准值，加强基准应用推广，形成较为完善的环境基准研发和支撑平台，为环境标准制修订、环境质量评价和环境风险管理提供科技支撑。

紧密结合国家环境保护重要和紧迫性任务，按照国家环境保护中长期发展规划，明确不同阶段的重要研究内容，同时根据环境保护形势和经济社会发展的需要及时对研究重点进行适当调整。在时间安排上，循序渐进、分期实施；在空间布局上，突出重点、统筹兼顾。

## 三、重点方向

结合《国家中长期科学和技术发展规划纲要（2006—2020 年）》，依据上述对中国社会发展和科技发展驱动的科技需求分析，以及国际环境基准的科学前沿，提出以下环境基准重点研究方向。

### （一）环境基准的理论与方法学

#### 1. 国内外发展趋势

系统完善的理论方法学是科学确定基准的根本途径，也是基准研究的最终保障。不同类型的环境基准在理论方法学方面存在差异，深入研究不同类型环境基准的理论和方法学，最终获得适用于我国环境基准的推导，是未来基准研究的一个重要方向。从目前的环境基准研究现状来看，其研究方法主要是借鉴和参照国外的相关基准或使用功能制定的，整个环境标准与管理体系的基础理论相对薄弱。例如，国外水环境质量基准体系是根据其自身的水生态系统区系和自然条件建立起来的，基准值有一定的局限性。因此，结合我国的实际环境条件，在基准的理论和方法学上进行改进和创新，建立适合我国区域特征的环境基准理论方法学体系，是未来几十年我国基准研究的重要领域。

根据环境介质的不同，基准的理论方法学也存在差异。水环境基准根据保护对象不同主要可分为水生生物及其使用功能基准和人体健康基准，国际上主流的水生生物基准方法均是基于生态风险评估技术，如美国采用生态风险方法评估污染物的潜在危害；欧盟、加拿大、荷兰、丹麦、南非、澳大利亚和新西兰等国家和组织则把风险评估技术直接融入水质基准方法学中。推导基准主流的计算方法可以分为两大类型：评估因子法和统计外推法。统计外推法有多种不同外推手段，主要包括：毒性百分数排序法和物种敏感度分布法，其中统计外推法以物种敏感度分布法为目前国际主流方法。人体健康基准针对污染物类别的不同，根据污染物的毒理学效应，如急性毒性、慢性毒性以及生物累积性等，可具体分为致癌和非致癌效应基准，是基于毒性外推和人体流行病学的研究而得出的结论。人体健康基准值的推导主要综合了毒理学、暴露评估以及生物累积三方面的内容。开展毒性效应分析要开展污染物的急性、亚急性和慢性毒性，发育，生殖和神经毒性方面的毒性实验，污染物的致癌、致畸、致突变资料主要是基于污染物的剂量-效应关系展开的，通过剂量-效应关系的无观察有害作用水平以及最低观察有害作用水平等相关参数可以推导基准剂量，并最终通过多参数模型计算人体健康基准值。大多数人体健康基准基于以下假设：暴露仅来自饮用水或者水体中鱼类和贝类的摄入。对于其他多种暴露途径如经空气、皮肤等的暴露，在基准推导时没有考虑。确定人体健康水质基准还需要确定以下参数，即人体的默认体重值，淡水河近海鱼、贝类的平均日消费量，平均每天饮水量等。推导出的基准值能够保护当地大多数平均暴露条件下的成年人。

近年来国际上水质基准的研究取得了较大的进展，尤其对于重金属类污染物来讲，毒性作用受水环境条件影响较大，如温度、溶解性有机质、硬度等，因此在基准研究中应该充分考虑水环境条件（如硬度、温度）对基准的影响。USEPA 在 2007 年修订的铜的水质基准中，已经开始使用生物配体模型来推导铜的水质基准，并考虑了各种水质参数以及不同形态铜的生物有效性对水生生物毒性的影响。这对于开展同类污染物的水质基准研究具有重要的参考意义。传统的水生态毒性研究是将实验生物暴露于含有污染物的各种环境介质中，然而由于环境中多种理化参数可影响化学物质的生物有效性以及污染物本身的物理化学特点，最终影响化学物质进入生物体内的剂量。因而仅靠环境介质的浓度间接反映污染物对生物体本身的危害状况是不够科学的，因此也就产生了组织残留基准的研究方法。美国和加拿大都提出了组织残留基准的概念，推荐用于保护以水生生物为食的野生生物组织中的污染物最大残留浓度，这个概念是针对保护野生生物的，此外还有保护人体健康和水生生物的组织残留基准，其最终的表达方式都是以水生生物组织残留浓度表示，是一种简单地使用组织浓度描述毒性反应的方法。使用组织残留浓度可以提供化学物质确切吸收量证据，避开一些环境影响因素，基于组织残留基准的理论，直接将生物累积量与毒性反应联系起来，降低了由于物种和环境因素差异导致的不确定性。另外，污染物的复合污染以及联合毒性作用在环境中比较常见，因此在水质基准的研究中，污染物复合污染以及联合毒性作用也逐渐应用到水质基准中来。这一方法已经应用于 6 种有机磷杀虫剂、3 种医药品和其他类似化合物质量基准的研究中。另外，水质基准的研究是在大量生物毒性实验基础上进行的。毒性实验要消耗大量实验生物，考虑到动物保护组织对动物尤其是濒危物种和稀有动物的保护要求，为了尽量避免受试物种尤其是稀有物种受到进一步的威胁，在基准的研究方法上 USEPA 发展了一种采用种间关系预测（interspecies correlation estimates，ICE）模型的方法对基准展开研究，即使用数据库中现有的毒性数据，对其进行了整合和汇编，建立相应的数据库，对未知物种或数据量较少物种的毒性数据进行预测，从而避免了对实验动物的伤害。这种方法在未来水质基准的研究中可能会被广泛使用。

在土壤环境基准方面，随着英国、美国等国家于 1995 年相继提出了土壤污染风险评价的概念，基于风险的环境管理理念日益受到重视，并在许多国家发展成为相对完善的风险评估体系，迄今已有数十个国家制定了立足国情、基于风险的土壤环境基准值。采用基于风险方法制定的区域性和场地性土壤污染危害临界基准，是制定区域土壤污染筛选值和场地污染危害临界值的主要依据。土壤风险评估，依据保护对象的不同，划分为保护人体健康和保护生态受体两类。可以依据这两类风险评估得出土壤基准，但大多还是以保护人体健康为主来确定土壤基准的。不同的用地情景有着不同的敏感受体和暴露途径。例如，住宅用地敏感受体为儿童，暴露途径主要有经口不慎摄入土壤、皮肤不慎接触土壤、空气中飘浮土粒吸入、室外土壤污染物挥发蒸气吸入、室内土壤污染物挥发蒸气吸入等；工业用地和商服用地敏感受体为成人和／或建筑工人；农业用地敏感受体为农民，除考虑直接接触途径外，还考虑污染物通过农作物／植物、土壤无脊椎动物、家畜、野生动物等进入人体的途径。在间接暴露途径方面还有土壤—地下水—人体健康的暴露途径。在不同的土地利用类型下，土壤污染物的环境风险有很大的差异，从客观现实出发，目前国际上用得较多的是针对不同的土地利用类型分别制定不同的土壤环境基准。土壤生态筛选基准的研究也是当前土壤污染生态风险评价和基于风险的土壤环境管理的重要内容。土壤生态筛选基准是指为了对陆地生物及关键的土壤生态功能提供适当的区域保护而制定的土壤中污染物的浓度限值，污染物浓度一旦超过此值，须对土壤采取进一步的风险评价行动或污染控制措施。与传统的土壤环境质量基准不同，基于风险的土壤生态筛选基准更加强调土壤性质分异、元素形态分布差异、土壤老化与污染物生物有效性变异等因素对土壤污染物毒性的影响，并在考虑毒理数据的可获得性、丰富性和可靠性等基础上，利用物种敏感度分布（SSD）法或评估因子外推（AF）法等科学理论与方法，构建针对不同土壤类型、不同土地利用类型甚至不同受体类型的土壤生态筛选基准值。美国自 2003 年起已逐步建立了铜、铅、砷、锌、镉、镍等 17 类金属和 DDT、狄氏剂、五氯酚、总 PAHs 4 类有机物对植物、土壤无脊椎动物和野生动物的土壤生态筛选基准值。加拿大环境部长委员会（CCME）也在 2004 年公布了一系列考虑不同土地利用类型（农业用地、住宅或公园用地、商业用地和工业用地），同时兼顾保护人体、植物、土壤动物和微生物的土壤质量指导值（CSQG）。荷兰住房、空间规划和环境部（VROM）应用基于风险的方法建立了基准土壤（有机质和黏粒含量分别为 10% 和 25%）中污染物的目标值（TV）和干预值（IV），其中目标值主要是基于对生态系统的保护而制定，而干预值是综合考虑人体健康和生态保护的需要，以保护人体健康和保护生态系统这两者中的低值为最终的干预值，不过最终的取值大多来自生态风险值。澳大利亚国家环境保护委员会（NEPC）在 2006 年的《国家环境保护措施（场地污染评价）回顾报告》中提出，要在考虑金属生物有效性等基础上，对 1999 年制定的土壤生态调查基准值（EIL）进行修订。德国、芬兰、丹麦、西班牙、奥地利等国家也在最近几年颁布了土壤污染物的生态筛选值，英国、瑞典、比利时等国家正在构建类似的生态筛选值。由此可见，制定基于风险的，考虑污染物形态、老化、毒性、淋滤特性和生物有效性，以及考虑区域土壤性质差异、土地利用方式和生态受体类型的土壤筛选基准值，已是当前国际上一致认可的土壤环境质量基准的发展方向和趋势。

空气环境基准通常是基于专家对暴露在空气污染物中所产生的健康效应以及影响的程度和地理空间分布急性打分所得出的结论。环境流行病学、毒理学、生态学的研究成果已经成为当今开展空气环境基准研究的基础。根据空气污染物状况和组成，以及污染物的毒性和健康、生态效应，美国、加拿大、澳大利亚、芬兰以及日本等国已相继制定了部分空气污染物的环境基准值，世界卫生组织也对几种空气污染物提出了指导值。美国环境保护局在 1969 年颁布了大气颗粒物和二氧化硫环境质量基准。美国国家环境空气质量标准每 5年修订一次，此后陆续对其进行了修订完善，分别于 1996 年和 2004 年颁布了《大气颗粒物空气质量基准文件》，系统地总结了空气环境颗粒物空气质量指标（如 $PM_{2.5}$、$PM_{2.5\sim10}$ 和 $PM_{10}$ 质量浓度）的时空分布、污染来源、在空气中的迁移转化、监测方法，以及对人体健康、植被、生态系统、人造材料、能见度和气候变化影响等方面的研究成果，对可吸入颗粒物中的粗粒子（$PM_{2.5\sim10}$）、细粒子（$PM_{2.5}$）实施了分类管理。欧盟从 1980 年起就逐步颁布了一些空气污染物浓度的限制值和建议值指标。限制值为保护人体健康而不得超过的浓度值；建议值是作为长期的人体健康和环境保护指标，以及为各成员国所决定的某些特殊区域而规定的指标。1987 年，第一版《世界卫生组织空气质量指南（欧洲）》提出了空气污染物的指导值。在此基础上将空气污染物名单继续补充和完善，并于 2006 年向全球发布最新空气质量基准。

### 2. 主要问题

从目前环境基准的研究现状来看，仍然存在以下几方面的问题。

首先，基准的方法学和框架体系尚未完善。如我国现行环境标准主要是依据国外发达国家的环境标准或基准制定的，因此该推导结果可能并不符合我国生态环境特征和人体暴露特征。虽然可借鉴欧美等国家指南与推导方法，但是直接利用国外数据来制定我国污染物的水生生物基准，其科学性与代表性值得商榷。并且，单纯依靠一个统一的环境标准值很难为中国的区域水体提供全面的保护。土壤环境基准框架体系是根据国家战略需求和环境基准发展的宏观规律对未来土壤环境基准发展趋势做出理性的、前瞻性的判断，确定满足国家战略需求的发展目标与任务。如何使我国目前还处于起步阶段并且远远落后于发达国家的土壤环境基准方法学研究在今后实现系统完整和环境生态安全的土壤环境基准体系是极富挑战性的难题。

其次，适合本国物种特点的数据库仍旧缺乏。在污染物毒性数据的获取方面，我国目前在基准研究过程中，基本是通过国外的数据库以及文献数据资料来获得基准所需要的毒性数据，仍旧没有建立自己的毒性数据库平台。在毒性测试方法方面，目前也只有大型蚤、斑马鱼、青鳉鱼等急性毒性测试标准方法，缺乏其他物种的标准测试方法和慢性毒性测试方法，因此在数据筛选过程中标准不统一，只能参照其他国家的标准测试方法进行数据筛选。在生物种的筛选中，如何应用本地物种进行基准值的外推，也是需要重点考虑的问题。其他国家在制定基准时，都有属于自己的一套物种筛选方法。在水生生物毒性测试过程中，选择多少不同分类地位的生物种进行生物毒性测试，由国家或地区的水质标准／基准制定部门决定，并且与使用的基准计算方法相关，因此存在很大差异。

再次，基准的区域差异性需要定量化。区域差异也是基准制定过程中需要考虑的关键因素。因为区域的差异可引起本地敏感物种的差异以及人体污染物暴露途径和数量的差异，从而最终导致毒性数据和基准值的差异性。我国在地理位置（经度、纬度、海拔高度）、地形地貌、气候条件以及人类开发程度等情况的差异，导致不同区域土壤成因、类型、演变过程以及物理、化学、生物学特性等方面存在显著差异，并且也使本地物种的生物区系呈现明显差异。因此，在国家制定统一的基准方法学和技术导则上，应尽可能选用本地物种毒性数据，根据不同区域特点，有针对性地制定环境基准。

最后，基准研究方法的本地化需要进行验证。由于不同国家在水文地质条件、气候条件、工农业发展水平、生产方式、人群特点、生活习惯，以及经济基础、社会制度、科技条件等方面所存在的差异，其在模型参数的选择、毒理数据的选用，以及界面条件和保护水平的选择等方面也会有所不同。模型参数的选择对于环境基准的构建十分关键，源于暴露参数、毒理数据、富集系数和保护水平等选择上的差异，不同国家之间对同一种污染物所制定的基准值有时可以相差千倍以上。已有部分国家和地区颁布了适合于当地使用的暴露参数手册。我国至今尚未有相应的暴露参数手册可供参考，基于我国人群活动特点和生活方式的污染物暴露参数的调查与获取，仍是当前和未来一定时期内我国环境基准研究工作的重点。

另外，还包括风险评估模型和暴露模型的筛选。如在土壤基准研究中，在不同的土地利用情景下，依据土壤污染物暴露途径，以可接受的人群健康风险为出发点，采用相关计算模型和参数，得出土壤污染基准计算值。基于风险的土壤健康基准都是通过暴露模型推导出来的，不同国家在概念模型的构建和暴露情景的设置等方面有所不同，从而也导致其所选择使用的暴露模型不同。大多数国家使用的暴露评估模型综合考虑了与土壤污染相关的各种暴露途径，并设置不同的暴露情景。而我国在基准推导模型方面的研究几乎是空白。当前，我国还处于土壤风险评估起步阶段，如何通过借鉴和吸收国外模型，选用适合我国国情的模型，并在此基础上不断进行开发与创新，是今后开展基准研究的重点。

### 3. 主要研究内容

基于目前我国环境基准的研究现状和存在的问题，未来我国环境基准的研究需要从以下几方面展开。

（1）环境基准理论与方法学体系研究。围绕环境基准需要考虑各方面因素，根据我国的地域特点对关键的科学问题进行总结、归纳和探索，进而不断完善环境基准的理论方法学也是未来基准的研究趋势。我国地域广阔，自然地理条件复杂，污染特征和生物区系也有别于其他国家。首先，中国的生物区系特征与北美存在显著性差异，不同生态系统对特定污染物的耐受性和毒理学分布规律有明显不同。其次，优先控制污染物不同。由于我国处于社会经济高速发展阶段，一些相对高能耗、高污染和初加工行业，污染相对严重，由此产生的污染物的来源、类型、排放量和环境风险不完全相同，所以对生态系统和居民健康有重要危害的优先控制污染物特征也不完全相同。在重点区域典型案例剖析和分类制定相应的环境基准的基础上，研究并提出适合我国基本国情的，以生物有效性、有毒有害物质环境迁移特性、生态毒性与风险评估等为主要依据的环境基准制定理论与方法体系。采用国际先进环境基准的收集和验证技术，在我国重点区域开展环境基准制定方法学的验证研究，如基准值推导方法的不确定性研究，基准值推导中各种假设、情景设置、概念模型、默认参数的合理性检验、区域特性对基准值的影响等研究。如在土壤环境基准方面，应用空间自相关、生态格局与尺度等原理与方法，综合运用数据融合、3S、多变量空间数据叠加等技术开展不同区域地理气候特点、不同土地利用方式、不同污染状况的土壤性状调查及功能区划分研究，提出分类保护与分级管理建议；开展区域或特定人群的污染物暴露评估模型与评估技术、污染物的区域生态风险评估和人群健康风险评估技术研究，并在此基础上开展区域土壤环境基准方法学研究。

（2）污染物特定受体和毒性终点的筛选。基准研究的主体是污染物毒性数据。在毒性数据获取过程中，对一些常规污染物，一般要获得其 $LC_{50}$、$EC_{50}$ 等常规毒性终点的急性毒性数据，以考虑污染物的致死以及生长抑制、呼吸抑制、运动抑制等效应。而对于一些新型有毒有机污染物，尤其是对生物体有内分泌干扰效应的污染物（如雌激素类物质），仅仅考虑其致死效应，可能得出的基准值会远远大于实际的基准保护限值，不足以保护生物免受污染物的毒害作用。因此，对于这类污染物，其毒性终点的选取应该跟污染物的毒性作用机制结合起来，充分考虑其繁殖、发育以及遗传等毒性作用，不能把所有终点的毒性数据混合起来进行统计分析，也不能仅仅依靠常规的毒性终点进行基准的外推。不同的毒性终点对生物体造成的损害不一样，在基准的制定中对不同的毒性终点的污染物应区别对待。

研究污染物的危害评估方法、区域污染物的暴露评估以及风险分析和优先排序方法，开展生物生态诊断模式生物与指标体系的筛选研究和我国重点区域本地代表性生态受体的筛选研究，最终筛选并提出本区域的优先控制污染物清单和关键生态受体。在收集国内外相关污染物生态毒理学及流行病学数据和研究方法的基础上，开展环境中关键生态受体对优先控制污染物的毒性响应机理研究，构建相关的剂量－效应关系；开展代表性生态受体的生物毒性测试技术研究。通过对污染物的环境行为和归趋、生态毒性等的综述研究，建立和掌握污染物的生态毒理学数据库，继而根据物种敏感度分布法或评估因子外推法等生态效应评估方法，在土壤环境中，敏感的生态受体可能是无脊椎动物、植物和土著微生物；通过分析敏感受体的暴露途径，如摄入污染土壤和食物的暴露风险，构建针对不同土壤类型、不同土地利用类型甚至不同受体类型的土壤生态筛选基准值。随着生态毒理学的不断发展，生物毒性测试手段的不断提高，根据污染物对生态受体的不同效应，采用酶学指标、分子标记物等毒性终点将会广泛用于基准研究。

（3）将毒性预测模型纳入基准研究中。模型的选择在基准研究中也起着非常关键的作用，直接关系到基准值的确定。模型预测方法基本原理就是利用已知的毒性数据来拟合或预测物种的敏感度分布曲线，进而外推得到基准值，由模型差异所造成的基准值的差异也是显而易见的。在选择最佳拟合模型之前，应该首先分析毒性数据的分布，然后根据数据分布规律找到最适合基准推导的模型。对于一些受环境条件影响较大的重金属类物质，采用生物配体模型（biotic ligomd model，BLM），综合考虑环境因素的影响和污染物的生物有效性，也是基准研究需要考虑的方面。当污染物之间的联合作用不容忽视时，采用联合毒作用模型来综合考虑多种污染物共同作用对生物产生的影响，也是一个需要考虑的问题。另外，随着对基准研究的不断深入，综合分析、统计毒性数据的分布特征，用替代物种的毒性数据预测稀有物种的毒性数据，采用种间关系预测模型对基准展开研究，或用其他模型结合敏感物种分布特征以及其他环境参数模型进行基准推导，也是基准研究的一个重要发展趋势。

我国环境保护和监管压力巨大。我国是一个人口大国，经济快速发展，生态环境事态相对严峻，环境管理和环境保护任务重、压力大，亟需建立自己的环境基准体系，如针对突发水环境污染事件的应急水质基准研究以及针对以湖泊、河流、湿地等为栖息地的保护珍稀动植物水质基准研究。因此，借鉴国外的经验，并结合本国的实际条件展开水质基准的全面研究，是今后水质基准研究的主要方向。完全照搬国外的水质基准体系进行本国基准的研究，很难对我国的生态系统提供全面的保护；而完全依靠本国自己的力量重新探索水质基准研究的方法，从头开始进行基准的研究也是不现实的。因此，以国外的成熟经验作为借鉴，结合我国的区域特征和实际国情，建立我国自己的水质基准体系势在必行。在借鉴国外的研究经验方面，美国的国土面积和气候带与我国相近，因此参考和借鉴美国水质基准的研究成果，进而对我国的水质基准进行研究比较经济可行。如美国的水质基准综合考虑短期和长期基准浓度，比较符合我国的水环境管理需求，可以进行借鉴。围绕水质基准存在的关键科学问题进行系统的研究，为国家环境标准管理提供科技支撑，从国家层面上建立适合我国国情的水质基准理论体系任重而道远。

### （二）环境基准基础数据调查与整编

#### 1. 国内外进展

近几十年来，日本、加拿大和澳大利亚等发达国家也相继着手构建各自国家的环境基准体系。国家环境基准体系已成为国际环境保护领域的趋势和国家环境安全的发展战略。世界各国都非常重视基础数据调查和整编工作，以美国为例，美国投入了大量的人力物力用于 ECOTOX 毒性数据库的建设和定期更新工作，该数据库包括水生生物的基础性数据、新型污染物的含量分布、水体的基本物理化学和生物学数据等，特别是收集和整理了国际上最新和最全面的不同类型污染物和不同生物物种的生物毒性数据，这些基础性数据不但奠定了美国在国际环境基准研究中的领先地位，同时也是众多国家进行环境基准研究乃至环境科学研究的重要数据来源。

建立适合区域特点的环境基准的前提是必须建立适合本国的环境风险、环境暴露和生物富集评价的模型和毒性数据库。目前我国基准研究在很大程度上还依赖于国外发达国家和组织的毒性数据库，如美国和欧盟等。在我国环境基准的研究过程中，基础数据的获取基本是选用国外的基础数据（如美国 ECOTOX 毒性数据库和国际农药行动联盟 PAN 农药数据库）。适合我国区域特点和污染物特征的相关基础数据和技术仍旧缺乏，尤其是对于那些确定为我国的基准目标污染物，尚未有相应的基础数据和检测技术可供参考，基于我国人群活动特点和生活方式的污染物暴露参数的调查与获取，仍是当前和未来一定时期内我国环境基准研究工作的重点。目前，由于国内整体基础数据不足，尤其缺乏本土水生生物毒性数据，我国水质基准研究主要以发达国家基础数据为主要数据来源。我国水生生物基础研究具有较好的研究基础，长期以来，相关研究团队在完成各种项目和课题的过程中都积累和发表了大量水生生物基础数据，为我国水质基准研究工作提供了科技支持。但大量水生生物毒性数据分散在各种参考文献和资料中，搜集和筛选相关毒性数据已经成为开展相关研究的主要工作量之一。

2. 存在问题

总体来说，环境基准基础数据的调查和整编尚处于起步阶段，关于水环境基准研究中物种调查、典型污染物的环境行为、毒性数据等数据资料是环境基准研究中的基础和关键，而这些资料的编辑和整理目前基本处于空白。我国过去开展了大量的环境科学方面的相关研究，文献资料也相对丰富，但缺乏系统的收集和整理。

数据编研过程缺乏相应的国家标准技术规范，同时由于数据的调查、整理、编辑和实地获取颇为耗时，国内相关工作极少，这些已成为制约我国水质基准发展的瓶颈。

基础数据的调查和整编必须"中国制造"。我国自然背景、地质地理和生态环境特征与国外存在明显差异，污染特征和人文自然环境也有别于其他国家。一方面，水环境基准保护对象不同。中国的水生态系统和生物区系特征与北美的差异显著，不同生态系统对特定污染物的耐受性和毒理学分布规律有明显不同。中国水体以内陆水体为主，富营养化水平较高，水文环境如pH、硬度和天然有机质含量区域差异性明显，在确定基准值时必须予以考虑。此外，由于中国的社会经济条件、生活习惯、暴露途径等方面的差异。保护人体健康的基准值也不尽相同。另一方面，优先控制污染物特征不同，相对于一些发达国家，我国存在产业结构不合理等现象，特别是一些相对高能耗、高污染和初加工行业产生的污染物的来源、类型、排放量和环境风险不完全相同，所以，对生态系统和居民健康有重要危害的优先控制污染物特征也不完全相同，部分国外没有关注的污染物中国可能需要特别加强研究。

### 3. 研究展望

目前，我国缺乏能够支撑我国水环境管理工作的基础信息数据库和基础信息平台。开展环境基准基础数据的调查和整编工作，是解决制约水环境基准研究的瓶颈，是提高我国水环境基准科学性的必然选择。基础数据的调查与整编是对我国过去几十年来水环境科学研究的系统集成和总结，是我国环境保护工作的重大科技需求；基础数据的调查与整编是国际环境基准和相关领域的核心基础工作，为我国基准相关研究与国际接轨提供数据支撑；基础数据的调查与整编是未来构建水环境基准相关基础信息数据库和网络共享平台的基础，为环境化学、毒理学、生态学等提供数据和理论支持。

### 4. 主要研究内容

#### 1）重点流域生物区系基础数据

生物和人是环境基准的保护对象，因此基准的制定是以本国的生物区系特征为基础的，不同地区的生物区系不同，选取的代表性生物以及毒理特征有很大差别，污染物的毒性效应不同，所制定的基准值也会不同，根据特定地区的生物区系特点制定相应的基准才会对水生态系统进行科学合理的保护。

#### 2）典型水体基本物理、化学和生物数据

水体理化参数是水质基准研究的定量化的指标，对水质基准制定有重要影响。建立水体基本物理、化学和生物基础数据库是国际上在营养物基准及其他水质基准制定过程中首先开展的重点工作。美国环境保护局在整编这些

数据的时候，系统考虑了数据的采样站点、指标的分析方法、实验室质量控制、时间周期、指标代表性以及提供数据的机构等，对数据进行系统归类和删减，最终建立起完善的水体基本物理、化学和生物基础数据库。

3）典型污染物含量分布、化学和环境行为数据

污染物含量水平是环境基准研究的重要内容，我国典型污染物含量分布的基础数据一般都相对单一和分散。而关于几大类典型污染物，包括化学品、重金属、有机污染物和新型污染物在中国主要水体中的分布规律以及生物化学行为的调查和系统整理，目前国内还没有专门的数据库能够进行这方面数据的检索。

4）污染物水生生物毒理数据

污染物的毒性数据是环境基准研究的核心，我国目前环境基准研究中很大程度上参考发达国家长期生态基准毒性研究数据，但这些数据不能完全反映中国水生生物保护的要求，必须开展相关研究工作。

## （三）基准目标污染物的筛选甄别和优先排序技术

### 1. 国内外研究趋势

随着社会经济和技术的发展，越来越多的化学物质进入环境中。集中有限的资源对环境中的污染物进行优先排序和治理，已成为一种有效的环境管理策略，逐渐受到各国的重视。例如，针对水环境中的污染物可能对人类健康造成的风险，世界卫生组织（WHO）、国际水协会（IWA）、欧盟、美国环境保护局等众多国际组织或政府部门都发布过相应的评价导则或指导方法，并制定了一系列对风险污染物的监测筛选策略。WHO 在其制定的《饮用水水质准则》（*Guidelines for Drinking Water Quality*）中提出了进行饮用水健康评价的指导性原则，并根据相关研究的进展不断对这些原则进行修正。在过去三十多年间，WHO 共公布了 35 种新发现的对人体具有潜在危害的物质，并将其作为新的水环境健康风险评价指标，以协助改善各国的饮用水水源地管理、饮用水处理和输送。

美国政府很早就开始关注水环境健康风险问题，1972 年颁布了《清洁水法》（*Clean Water Act*），1974 年又颁布了《安全饮用水法》（*Safety Drinking Water Act*）。同时，还发布了候补污染物名单，作为《安全饮用水

法》的补充，并且至少每 5 年更新一次。美国环境保护局组织维护并发布了综合风险信息系统（IRIS），该系统给出了大量化学物质的毒理学活性数据，建立了健康影响评价系统（HIA），形成了饮用水及水源水健康风险评价的指标数据库。在 2004 年 4 月 1 日召开的美国国家饮用水指导委员会（National Drinking Water Advisory Council，NDWAC）候补污染物分类工作会议上，会议报告第六章明确提出增加饮用水中新型污染物——药品和个人护理品以及内分泌干扰物的检测名录。

欧盟委员会于 2003 年制定了《欧洲环境与健康战略》，从立法、政策实施、科研和管理等方面，加强了对日益复杂的环境和健康关系研究。目前欧盟环境领域的法规政策与健康领域的法规政策相辅相成，为欧盟的环境与健康提供了较为完整的政策法律保障。欧盟在持续不断地开发新的理论和方法，以适应和解决新的环境与健康问题。例如，欧盟正在推进内分泌干扰物的对比研究（comparative research on endocrine disruptors，COMPRENDO），其目的是通过评价人体和动物（包括脊椎动物和无脊椎动物）在环境中对雄性激素和抗雄性激素（androgenic/antiandrogenic compounds，AACs）暴露的反应和影响，以期揭示 AACs 对人体健康的潜在影响问题。同步进行的药物环境风险评价（environmental risk assessment of pharmaceuticals，ERAPharm）研究，旨在评估环境中人用、兽用药物的潜在人体和生态风险。在第四届和第五届欧盟内分泌干扰物资助框架体系中，指出今后加强对新型污染物 PPCPs 和 EDCs 的检测和研究工作，以期进一步完善水质检测指标和潜在的新型优先污染对人体的健康危害。

在"七五"期间，由国家环境保护总局主持研究并提出了我国的水中优先控制污染物黑名单（68 种），有些省市也相继提出了一些地方性的、几个河段的或某些介质的优先控制污染物名单，主要集中在化学污染物上。这些名录的编制是以对环境与人体健康危害性大为入选原则，并采用分批编制的方式来反映各因素的动态变化。可是，没有能够对国内外现有的优先控制污染物名单的制定方法和优缺点展开系统的比较研究，也缺乏对我国的环境污染状况、优先控制污染物筛选方法的发展情况和环境管理中存在的具体问题的综合分析，也没有采用适合我国国情的污染物排序方案对入选的上百种污染物进行优先排序，这在一定程度上不利于管理部门的决策参考。

国际上采取的筛选优先控制污染物的基本原理在很大程度上是一致的，都是基于对各种污染物的环境和健康风险评价，多采用美国国家科学院于

1983年建立的四步框架方案（图4-1），但是各国在采取具体措施实施这四步框架方面则不尽相同。下面分别介绍几个典型国家和组织的优先污染物筛选方法。

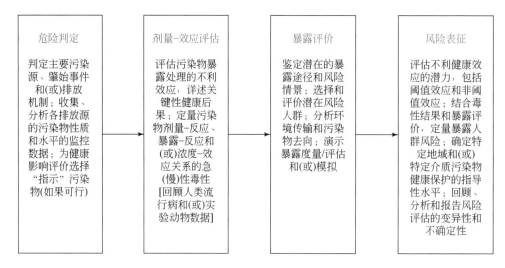

图4-1 美国国家科学院提出的环境和健康风险评价过程框架及其组成

1）美国

美国开展优先控制污染物筛选和排序的基础是鉴定化学品的生态和人体健康毒性、测定其在环境介质中的水平、确定其环境归趋、查明人体暴露途径、推定人群暴露量、鉴定人体暴露损害、汇总损害发生事件、构建风险评估和优先排序方法。其筛选是基于1976年USEPA做出的"协议法令"进行的，不是将所有的化合物等同对待，而是在必须包含法令提及的每一化合物类的前提下，对各类中的化合物进行优先筛选。列入优先控制污染物名单的原则有：①在法令提出的65类化合物和化合物类的名单中，属于具体化合物的必须列入；②除人类致癌剂以外的其他污染物，在初筛检测中出现的频率在5%以上的；③存在可用于定性鉴定和定量的化学标准物质；④化合物的稳定性较高；⑤具有分析测定的可能性；⑥有较大的生产量；⑦具有环境与健康危害性。美国的环境化学污染物优先筛选和排序方案具有以下两个特点：①以化学品的毒性为基础，综合考虑化学品在环境中的影响，根据不同要求评估其潜在健康危害或实际健康风险。例如，化学品的生产量和使用量在很大程度上决定了其向环境的排放量和潜在的环境健康风险。因此USEPA和OECD一起对高产量化学品进行了优先筛选。②不同部门、不同地区或者同一部门针对不同类型污染物存在不同的筛选排序方法。USEPA在制定备选优先控制污染物清单时，采用了多阶段工作程序，该程序包括以下几个步骤：构建优先控制污染物清单的备选指标总体数据库，该数据库为水环境中可能存在的污染指标的宽泛性集合；依据相对简单的筛选标准，从备选优先控制污染物清单中甄选指标；采用结构化分类方法，并结合专家评判，由备选优先控制污染物清单中进一步甄选指标，初步完成优先控制污染物清单的构建；公示初步完成的优先控制污染物清单，根据相关建议及意见进行修订，最终完成优先控制污染物清单。基于上述原则，最终公布的名单包括了129种水环境优先控制污染物，后来又补充了80种。为了制定合理的监测方案，对这些物质进行了分类，提出并研究了它们在环境中的归宿。根据优先控制污染物的理化性质和生物效应，如溶解性、降解性、挥发性、正辛醇－水分配系数、环境归趋等，将129种优先控制污染物分成十大类。根据优先控制污染物所具有的持久性和生物积累性，将优先控制污染物分为5级。根据分类分级数据，选定并推荐优先监测的采样对象。

2）加拿大

加拿大的环境污染物筛选程序和方法是由《环境保护法》（*Canadian Environmental Protection Act*）（简称"CEPA"）规定的。CEPA确定判定有毒物质的标准，并规定了加拿大国内物质名单、非国内物质名单、优先物质名单、有毒物质名单、出口管制名单、最终清除物质名单等的制定、修改和发布程序。在这些名单中，国内物质名单是优先物质筛选的初始范围，分期提出优先物质名单是开展有毒物质环境与健康评估的阶段性目标，一般要求在名单提出后的五年内完成名单内所有物质的环境与健康评估。评估的过程就是判断该物质是否为CEPA规定的有毒物质，评估的结果是制定有毒物质名单的基础，也是确定最终清除名单的基础，这两个名单则是指导环境监测和环境治理的直接依据。加拿大环境化学优先物质筛选也是基于法律规定的，由于同时涉及环境和人体健康，因此法律规定由环境部和健康部共同负责，重要结果由政府负责发布，这就保障了所需数据的顺利获得。加拿大对环境化学品采取了全面筛查的方法，无论是否在环境中检出或是否有环境与健康危害发生，凡是列入《国内物质名单》的化学品都需要逐一评估以判断其是否符合法律对有毒物质的规定，对于符合有毒物质规定的化学品并不再进行优先排序，而是依据法律规定进行申报和管理，因此，对各化学品的风险评估就是判断其是否优先的主要方式。

3）欧盟

欧盟在 Directive 2000/60/EC 中对有害物质和水环境污染优先物质做出了定义，前者是指有毒、在环境中持久存在且易于生物积累的单一物质或一组物质，或者需要引起与此类物质类似关注程度的物质。后者是指对水环境或通过水环境产生显著风险的污染物，对这些污染物将优先采取控制和治理行动。欧盟采取了 the Chemical Hazard Identification and Assessment Tool（CHIAT）方案筛选《水框架指令》优先控制污染物，CHIAT 的整个污染物筛选流程分为五个步骤：①污染源的性质表征；②暴露分析及评价标准确定；③危害确定；④危害评价；⑤利益相关者的参与。对污染物的风险评估和优先排序的具体方法是《综合基于监测和模型的优先设置方案（COMMPS）》，据此在 1999 年提出了欧盟水环境优先控制污染物推荐名单。2011 年的第 2455/2001/EC 号决议在此基础上提出了第一批水环境优先有害物质名单。该决议确认：在筛选优先有害物质时，不仅要考虑 Directive 2000/60/EC 中的有害物质，还要考虑国际协议中规定的优先控制污染物。优先物质的选择和优先有害物质的确定应该有助于控制污染物的挥发、排放、泄漏，并兑现欧盟在国际协议中做出的承诺。

4）荷兰

荷兰政府制定了《国家环境政策计划（1990—1994 年）》，提出要与工业部门合作，发展可以快速确定潜在风险的筛选系统，并对包括放射性物质等在内的 500 种物质进行风险评估。荷兰采用 OECD 提出的污染物筛选程序，依据环境浓度和无效应浓度，定量排序和确定优先控制污染物，并为此开发了 USES 软件。该软件可以为关注污染物名单的制定提供简易筛选工具，也可以进一步对名单上的污染物开展风险评估。USES 是描述污染物从生产使用到向环境排放，在环境中的转化、生物吸收和毒性效应评估的基于过程的机理模型，将复杂的过程归结为一个单一的比较指标——危害商，即环境中的浓度与无效应浓度之比，并根据危害商的大小采用相对比较的方式确定污染物的序位。

5）澳大利亚

澳大利亚的国家污染物清单技术顾问委员会（TAP）采用了半客观、半定量的风险构成因子综合计分方法，对污染物的风险构成因子分别赋值，然后综合各组分的得分得到污染物的风险总分，然后排序筛选。其中包括了两个风险构成因子：危害性和暴露，其赋值主要根据欧盟的化学物质分级系统的指标及其他相关规定。TAP 提出了包括 394 种物质的原始名单，再针对原始名单上的每一种物质评估其人体健康效应、环境效应和暴露三方面，评估结果以 0 ～ 3 的级别分别打分。而后根据公式"风险 = 危险性（人体健康 + 环境）× 暴露"计算其风险值。TAP 采用了预警的方式对污染物进行粗略筛选，筛选和排序方案主要采用基于污染源的危害性和暴露可能性的简单赋值方法。该方案以简单赋值法确定各参数的分值，简单明了；对于数据不充分的情形采用预警式赋值（赋值为 1 而不是 0），只有确实存在可靠证据证明效应或暴露可忽略时才赋值 0，避免了遗漏潜在的重要污染物；主要借鉴其他相关研究的成功，需要直接测定的数据较少，易于实行；筛选和排序工作成本低廉。但是，该方案因为简单，赋值范围窄，因此排序结果中污染物的区分度较低。另外，在人体暴露方面没有充分考虑暴露途径，也没有环境介质中污染物含量的测定值，因此不能给出该方案的结果与实际情况差异的大小。

6）日本

日本因为环境化学污染严重，1973 年颁布了《化学物质的审查规制法》，对化学品生产等过程严加管理。为了筛查优先监测物质，日本采取了资料调研、现场调查与实验室研究相结合的方式，筛选出了约 2000 种优先化学品，在此基础上逐年对其中一些物质开展环境安全性调查评估。在优先化学品的筛查上，日本引用了 OECD 的筛选程序，采用初筛、精筛和复审三道审查程序。再根据行政、法律、科学、技术等判据从现有化学品中取出感兴趣的物质，然后根据与其相关的三大因子：环境检出情况、可能的暴露情况和可能的毒性效应情况，结合专家意见，提出供初筛的化学品名单。日本的《环境白皮书》规定的优先物质筛选方案是基于《化学物质的审查规制法》进行的，思路也是考察化学品的固有危害性，即毒性、持久性和生物富集性，并且通过法定的实验规范来检测这三种性质。这种优先物质的筛选本质上是客观的，表征的是潜在危害性。其优点是方法可靠、客观，为管理提供了有力支撑；缺点则是没有考虑暴露因子，不能反映健康风险，同时对每一种物质都要进行试验测试，导致工作量大、经费支持要求高、筛选效率低。

7）中国

我国环境优先控制污染物黑名单主要是针对水环境，于 20 世纪 90 年代提出的，共有 14 类 68 种水中污染物，其中有机物 58 种，重金属及其化合物共计 9 种，氰化物 1 种。然而，目前我国已有的水体研究主要集中在生态指标和水质标准两方面，虽然也有一些文献对健康指标体系进行研究，但是与美国和欧盟相比，尚不成系统，而且指标的选取停留在已列入国家标准的污染物，难以满足当前新的环境问题（如地域性不同而不同，时代性不同而不同，社会经济发达程度与环境承载力相关关系的不同而不同）的需要。由于我国现实情况与美国等国家差异较大，而且优先监测污染指标甄选程序的应用范围相对较小，因此需对相关工作程序进行适当修正与简化。经修订后的工作程序如图 4-2 所示。其中优先控制污染物的筛选原则包括：①具有较大的生产量（或排放量），较为广泛地存在于环境中；②毒性效应大的化学物质；③在水中难于降解，有生物体积累性和水生生物毒性的污染物；④国内已经具备一定基础条件，且可以监测的污染物；⑤采取分期分批建立优先控制污染物名单的原则。在构建污染指标总体时，应充分利用各种包含污染物清单、污染物健康效应、污染物存在状态及化学特性等信息的数据源。应尽可能全面地了解环境中已确认存在（或可能存在），以及已确认具有（或潜在）负面健康效应的污染物。污染指标总体构建完成后，由环境保护部门负责组织相关领域专家（包括水处理工程、毒理学、公共健康、流行病学、环境化学、风险评估、风险信息交流、公共供水系统运营、微生物学等领域）进行会商，依据各指标的健康效应数据与存在状态数据，设定相应的分级标准。

随后，根据指标性质，将指标总体分为化学类指标与微生物类指标，分别依据指标的健康效应数据与存在状态数据进行分级排序。其结果需经专家评判，如专家一致认为结果合理，符合水源地优先控制污染指标甄选的目标要求，则甄选程序完成。否则，需对分级标准进行修订，随后依照工作流程，重新进行甄选工作，直至结果符合目标要求。

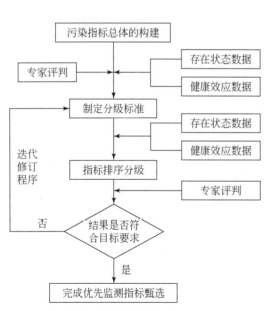

图 4-2　风险污染物的筛选甄别流程示意图

### 2. 污染物筛选排序的主要方法

污染物的环境与健康危害性评估和风险性评估是污染物筛选的核心。不同的优先筛选方案采用的评估方法也是不同的。从内容上看，大致可以分为危害性评估和风险性评估两大类。前者是考虑化学品固有的环境危害性和健康危害性，但是不考虑其在环境中的水平和暴露情况，因此只是部分反映污染物的潜在风险。而风险性评估则是在危害性评估的基础上进一步考虑污染物在环境中的存在方式、水平和转化等，有时还结合特定的暴露途径，分析污染物的健康风险和生态风险。

在为筛选优先污染物所做的所有的风险评估中，都考虑了毒性或者危害性，而对暴露的评估差异较大。暴露评估就是分析污染物的释放、确定暴露人群、明确所有的暴露途径、估计暴露点的浓度和摄入量。暴露评估的结果是给出通过各种途径的人群暴露的强度、频度和持续时间。在所有的评估中都没有局地尺度的细致暴露分析。此外，风险评估的最后一步是风险表征，即针对特定地点特定暴露对象，根据毒性和暴露估算引起不良效应的污染物水平。在优先控制污染物筛选排序中几乎没有一个方案考虑了局部地区的风险表征，但是它们都用不同的方式将毒性和暴露结合起来计分、筛选和优先排序。

### 3. 存在的问题

制定优先控制污染物名单本身是一个重大进步，它提示我们在万千化学物质中，哪些对环境监控的危害更大、更直接。但是通过对一些国家制定优先控制污染物分级排序的方法原则进行分析，发现仍有以下几点亟需完善。

（1）大部分优先控制污染物属于水污染物，缺乏大气和土壤等介质中的优先控制污染物。目前只有少数发达国家制定了比较完善的大气优先控制污染物。

（2）设定参数后，对于参数值的计算有很多计算公式，缺乏统一的计算方法。各国监测水平不同，污染物质存在的差异可以通过参数修订。

（3）对于名单中的优先控制污染物，应该给出更为详细的进一步监测的建议。

（4）充分利用各种包含有污染物清单、污染物健康效应、污染物存在状态及化学特性等信息的数据源。

（5）化学类污染物备选指标总体应尽可能全面地将环境中已确认存在（或可能存在），以及已确认具有（或潜在）负面健康效应的污染物囊括其中。

（6）相关数据源的数量庞大，信息繁杂，应根据相应的程序对数据源中的信息及数据源质量进行评估，从中选取适用基准研究的目标污染物构建程序的数据源。

### 4. 研究方向

结合目前关于基准目标污染物筛选的研究现状和存在的问题，下一步的研究主要从以下几个方面展开：① 基于化学品毒性的污染物优先筛选排序。② 基于生产量、进口量、使用量的潜在环境化学优先污染物筛选排序。③基于污染物源排放监测的环境化学优先污染物筛选排序。④基于环境综合监测的环境化学优先污染物筛选排序。⑤基于严重污染地点监测数据的环境化学优先污染物筛选排序。⑥ 基于综合数据和 POT/RLE 方法的环境化学优先污染物筛选排序。

### （四）生态功能分区体系与技术

#### 1. 国内外进展

"生态区"一词是由 Crowley 在 1967 年首次提出的，是指具有相似生态系统或期待发挥相似生态功能的陆地及水域（Crowly，1967），它的提出意味着传统的地理分区研究进入了生态学领域。生态区划的目的是更为全面、有效地研究和管理各种生态系统和资源，为生态系统的研究、评价、修复和管理提供了一个空间结构单元（Omernik and Bailey，1997）。目前，以淡水生态系统为对象的水生态区划方法较为成熟，全球应用最为广泛。而有关土壤生态分区的研究则刚刚起步，大部分的研究是将土壤融入陆地系统，与淡水、沿海大陆架和海洋一起进行生态分区研究。

##### 1）基于景观要素的分区体系

基于景观要素的分区体系主要以美国、加拿大、新西兰、欧盟生态区为代表。1976 年，自美国生态学家 Bailey 开展真正意义上的生态分区以来，基于生态分区的资源管理和环境保护的重要性才得到人们的公认。出于优化美国的森林、牧场和土地管理与利用的目标，Bailey 与美国林务局合作首次构建了一个分等级的全美生态分区体系，该系统的二级分区：控制因素为气候，基于确定的植被分类如草原或森林，并考虑到土壤地带性分布。而以 Omernik 为代表的美国环境保护局在 Bailey 生态分区框架的基础上，于 1987 年提出了水生态分区的概念和水生态分区的方法，并于 1987 年第一次出版了北美

1：7500000 比例尺的生态分区图，水生态区划方案从过去的 3 级体系发展到 5 级体系。其中，1 级和 2 级层次分别将北美大陆划分为 15 和 52 个生态区；在 3 级层次上美国大陆被划分为 84 个水生态区，阿拉斯加州被划分为 20 个生态区；4 级层次是在 3 级生态区基础上由各州进行划分的；5 级层次是区域景观水平的水生态区划分，主要以土地利用、土壤、自然植被、地形、气候、水质和人类活动等为基础划分分区体系。

Wiken 采用 Omernik 的方案，按 4 个等级将加拿大划分为 15 个生态带、53 个生态省、194 个生态地区、1021 个生态区，于 1986 年发表了加拿大生态分区图。Wiken 与 Omernik 的差别在于美国采用数据编码，而加拿大采用地带（zone）、省（province）、区（district）等不同层次级表达。

新西兰河流环境分类（REC）（Snelder and Biggs，2002）在水生态分区的基础上，将景观过程、水文水动力条件等水生态分区中未考虑的控制因子纳入区划方案，在宏观、中观和微观水平上，考虑不同尺度上的影响因子，绘制了 1:50000 新西兰河流分类图，为河流管理提供了多尺度的参考框架。

欧盟于 2000 年颁布了《水框架指令》，以法律形式规定了欧盟各成员国的地表水在 2015 年以前必须达到好的状态，这种好的状态被详细定义为生物质量单元（浮游植物、大型藻类、鱼和底栖生物）、水形态质量单元（如水文区、河流连同性）以及物理－化学质量单元（如 pH、氧、营养物、污染物）。WFD 明确指出要以水生态区为基础确定地表水的等级，评估水体的生态状况，最终确定生态保护和恢复目标的淡水生态系统保护原则（Moog et al.，2004）。

中国于 2008 年颁布了《全国生态功能区划》，分析了区域生态特征、生态系统服务功能与生态敏感性空间分异规律，确定不同地域单元的主导生态功能，在生态功能三级区中提出以生态系统与生态功能的空间分异特征、地形差异、土地利用的组合来划分，并明确指出以水源涵养、土壤保持、防风固沙、生物多样性保护和洪水调蓄 5 类主导生态调节功能为基础，确定重要生态服务功能区域。

2）基于水生生物要素的分区体系

基于水生生物要素的分区体系主要包括北美淡水生态分区、世界淡水生态分区以及中国淡水鱼类区划。1995 年，在美国农业部（USDA）支持下，Maxwell 等基于 Darlington（1957）所建立的世界 6 个动物地理大区，根据北美鱼类分布特征，建立了基于多尺度的北美淡水生态分区等级结构，每一个尺度上都有其明确的生态学过程。与基于景观要素的分区体系不同，鱼类的空间分布特征被认为是能够直接反映水生态系统差异的重要指标，Maxwell 在子流域以上尺度都使用了鱼类的群落、种群、遗传特征数据进行分区。每一级分区都被赋予明确的管理意义，能够为国际、国家和地方制定宏观水生态保护战略规划和恢复工程措施提供依据。此后，Abell 等（2000）在 Maxwell 所建立的淡水生态区基础上进一步细分，完成了每个生态区的鱼类物种丰富度、水生态保护状态、受胁迫状态、保护标准等方面的评估。

随后，在世界自然基金会和大自然保护协会的联合资助下（Abell et al.，2008），耗时 10 年成功绘制了首张基于淡水鱼类生物多样性差异的世界淡水生态分区图，将全球淡水系统分成 426 个生态区。分区的指标是全球淡水鱼类资源的组成和分布差异，这张生态分区图使从前没有被关注的一些生物多样性较高的区域得到重视，构建了一个新的框架体系对世界淡水生态系统进行保护，成为支撑全球和区域水生态保护工作开展的重要工具，为全球范围内大尺度水生态系统保护与修复策略的制定和实施提供了科学合理的依据。

1981 年，李思忠（1981）完成了中国淡水鱼类区划。该区划根据中国淡水鱼类科属阶元在空间上的分布特征，分成北方区、华西区、宁蒙区、华东区和华南区 5 个一级区。在此基础上根据鱼类属种阶元空间分布特征进一步划分成 21 个二级亚区。对于鱼类在空间上差异性规律的成因，李思忠从气候、水文、地貌等角度给出了一定的解释。中国淡水鱼类区划的提出，使得国内学者在国家层面上对中国淡水生态系统在空间上的分布规律有了一定的了解，为淡水生态系统进化、来源和分布规律的研究提供了线索。

3）基于价值判断和功能的分区体系

2012 年 2 月，水利部开始实施《全国重要江河湖泊水功能区划（2011—2030 年）》（简称"《区划》"）。《区划》分为两级体系，水功能一级区划分为保护区、缓冲区、开发利用区和保留区等 4 区；在一级区划的基础上，将开发利用区再划分为饮用水源区、工业用水区、农业用水区、渔业用水区、景观娱乐用水区、过渡区和排污控制区 7 个二级分区。全国重要江河湖泊一级水功能区共 2888 个，区划河长 17797km，区划湖库面积 43333km²。在 1133 个开发利用区中，共划分二级水功能区 2738 个，区划长度 72018km，区划面积 6792km²。《区划》为全面落实最严格的水资源管理制度，做好水资源开发利用与保护、水污染防治和水环境综合治理工作提供了重要依据。有关全国/省级的土壤生态功能区划尚未出台，而国内的许多学者对这方面的研究也做了初步的探讨，杨章林和徐琪（2005）采用土壤生态样块、土壤生态片、土壤生态区、土壤生态带四级分区单位，对土壤生态系统进行评价，评价内容包括：土壤肥力评价、土壤生产力评价、作物适宜性评价、结构与功能评价等。蒋惠忠等（2002）以四平市为例，将土壤生态分区与土地利用规划结合研究，以土壤类型、种属及其肥力划分土壤生态样块；以微地形和成土母质划分土壤生态片；以地质构造单元和地貌条件划分土壤生态亚区和土壤生态区，制定了我国土壤生态分区的原则。这些不同土壤生态分区考虑的原则和方法，给我国的土壤生态功能区划提供了有益的补充和参考。但目前面临的问题是，土壤生态分区很难找到适宜的、合理、成熟的指标体系、评价原则与评价方法，因此，在这方面的研究还有待于进一步探索。

随着人们对生态系统服务功能重要性认识的提高，维持生态系统完整性，确保各种生态功能的正常发挥成为管理部门的一项重要任务。因此，开展基于生态功能差异的分区研究成为我国生态区划的一个重要发展方向。2002年国务院西部地区开发领导小组办公室、国家环境保护总局组织中国科学院生态环境研究中心编制了《生态功能区划暂行规程》，用以指导和规范各省开展生态功能区划。徐继填等（2001）根据序列划分、相对一致性、主导生态系统、区域生态系统共轭性、县级行政单元完整性等原则，把全国划分为12个一级区（生态系统生产力区域）、64个二级区（生态系统生产力地区），区划结果反映出中国生态系统生产力等级分布有明显的等级阶梯分布，而且这种阶梯分布与中国的地貌轮廓的三级台阶有良好的关联。目前，全国各省域生态功能区划已初步完成，主要是根据生态系统的特征、生态服务功能的重要程度以及区域面临的生态环境问题和生态敏感性，把特定区域划分为自然生态区、生态亚区和生态功能区三个等级单元。

按照"十一五"规划纲要草案，我国960多万平方千米的陆地面积被划分为：优化开发区域、重点开发区域、限制开发区域和禁止开发区域四类主体功能区。优化开发区域是指国土开发密度已经较高、资源环境承载能力开始减弱的区域；重点开发区域是指资源环境承载能力较强、经济和人口集聚条件较好的区域；限制开发区域是指资源环境承载能力较弱、大规模集聚经济和人口条件不够好并关系全国或较大区域范围生态安全的区域；禁止开发区域是指依法设立的各类自然保护区。四大主体功能区的划分，增强了规划的空间指导和约束功能，打破现有的行政区划，针对主体功能区不同定位，实行不同的绩效评价指标和政绩考核办法。

### 2. 存在的问题

进入 20 世纪 80 年代，我国的自然工作者开始在分区中引入生态系统的观念。随后，吴绍洪等（2002）完成了生态地域划分，划分依据按照水分、地貌组合相关原则和方法。为了满足不同环境介质（土壤、水等）标准制定需求，学者们开展了大量与此相关的生态分区工作。其中，淡水生态分区工作开始最早，方法也较为成熟，湖泊、水库等状态的水生态分区研究尚属空白。有关中国土壤生态分区的研究则刚刚起步，土壤生态分区框架、原则、指标体系的研究均处于摸索阶段，现有的研究仅涉及盐渍土、水土保持、地质因素影响等方面，而土壤植物、土壤微生物、土壤性质、污染程度、耕性等方面的内容涉及较少。因此，水／土壤生态分区研究是当前科学家的重要研究方向之一。

目前的研究主要存在以下几个问题：① 缺乏成熟和完善的土壤生态分区的概念、理论基础研究；②土壤生态分区框架不够明确；③土壤生态分区没有适宜的、合理的和成熟的指标体系、评价原则与评价技术方法；④土壤生态分区与其他研究间的相互交叉、相互渗透较少；⑤土壤生态分区研究主要集中在某一地区或土壤类型上，未在国家层面上形成系统全面的土壤生态分区研究；⑥这些区划都反映了水体的某种要素分布格局，但是还不能反映水生态系统的综合特征，特别是这些区划之间缺乏有机的协调；⑦现有的功能区划的基础是水体使用功能识别，目的是满足水体的饮用水、景观、工业和农业等用水需求，较少考虑或忽视了对水生态系统结构与功能的保护这一重要因素；⑧当前的水体功能区划偏重水质、忽视了不同区域的水生态系统特征不同，忽视了水环境演变与水生态系统退化的关联，忽视了社会经济发展对不同类型水生态系统潜在压力的差异。

### 3. 研究内容与方向

#### 1）水生态空间格局与驱动机制

开展区域水生态环境调查，根据水体水生生物的种类、数量和分布特征，分析流域水生态系统多尺度时空结构、格局多样性和完整性特征，研究流域内不同区域水生态系统的空间差异性与地域格局。结合自然环境要素和社会经济要素，研究各种区域环境要素的空间异质性，并进行流域区域环境要素空间异质性分类。研究流域生态环境要素空间异质性－水生态格局耦合相互作用；开展自然和人为因素影响的生态水文过程研究，在分析流域生态水文过程及效应时空演变规律的基础上揭示流域不同时空尺度上区域环境要素对水生态系统驱动机制。研究流域水生态系统的主要特征与区域环境要素之间的响应关系，识别流域水生态系统的主要驱动因子，并分析其变化规律，揭示各种区域环境因子对水生态系统的影响强度。

2）水生态系统尺度效应

研究河－湖、湖－沼以及河－海等各类系统间的动态关联，判别流域水生态系统内部不同类型系统的时空边界，解决水生态功能分区实施过程中物理边界的界定问题。在地区、流域、河片、河段等尺度上，分析研究不同时空尺度范围内流域水生态系统结构特征和功能特征，提出流域水生态系统的尺度效应及其影响因素，并进一步确定流域水生态系统的敏感时空尺度范围，建立流域水生态系统尺度范围和界定方法以及尺度效应的辨识技术。

3）水生态系统健康与水生态功能评估及其退化机制

以生态与环境因子为基本数据，认识湖泊及其支流水生态系统功能，明确水生态系统健康和水生态功能的基本概念和内涵。研究不同类型水体水生态系统结构与功能的耦合关系，并基于此开展水生态系统健康与功能评价研究，提出水生态系统健康与水生态功能评价的原则、依据和分类标准。结合野外现场调查、试验，以及统计学手段，从水生生物个体、种群、群落和生态系统尺度水平上，分析人类活动对水生态系统结构和功能的影响规律，分析不同类型水体的水生态系统功能的空间差异变化特征及其退化状况。

4）水生态功能分区理论体系与分区技术方法

在上述研究基础上，建立我国水生态功能分区的理论框架，明确分区的基本目的、原则、分区等级框架、分区等级对应的空间尺度、管理意义等要素。研究水生态功能分区的指标构成，构建不同等级条件下的分区指标体系和划分标准。综合分析现有区划"自上而下"和"自下而上"的技术思路和一般性方法，研究提炼水生态功能分区的共性技术，确定水生态功能分区的实施步骤，规定分区定量化划分的技术方法要求，形成包括小流域划分、指标筛选与空间化、空间分类、质量控制、制图等在内的一整套水生态功能分区技术体系。

5）基于分区的水生态保护目标制定

研究不同水生生物对水生态系统健康的表征作用，基于不同水生态功能区中的水生物物种、种群和群落水平，结合不同保护物种的生境适宜性需求，以及种群与群落保护指标对不同环境压力下的生态响应，筛选并建立包括物种保护、种群保护和群落多样性保护等指标在内的水生态系统保护指标体系。研究水生态保护指标的参照条件。系统分析流域胁迫压力对水生态系统健康的干扰范围与程度，在水生态系统压力水平、环境背景、健康水平和环境保护法规可接受水平的分析基础上，结合不同水生态功能区的环境安全需求，研究制定满足不同水生态功能区的生态系统保护目标。

6）根据土壤生态分区目的及对土壤环境的认识，构建土壤生态分区框架

开展我国主要土壤类型、气候带、土地利用方式和主要作物空间分布特点的调研，根据条件的相似性，按省或省域内分区分别构建土壤生态分区框架。

7）土壤生态分区的理论研究

对现有土壤生态分区理论的相关成果进行广泛收集、整理和筛选，并调研国外有关土壤生态分区研究，包括土壤生态分区的概念、原则和指标体系，结合我国的土壤特点，确定适合中国的土壤生态分区原则、指标体系和方法等。

8）土壤生态分区的分区指标、分区技术方法研究

分区指标对于分区来说至关重要，直接影响分区的尺度性、准确性和实用性。土壤生态区的分区指标包括：气温、地质构造、区域地貌特征、土壤类型、母质、微地形（如坡度等）、土壤资源评价等级、土壤肥力、侵蚀危害、水源保证率、有效根系发育条件、元素组合、根区氧气有效性、盐碱化、耕性、污染程度、土壤微生物、土壤植物等，根据不同指标的权重确定分区体系，并结合分区技术方法不断修正和完善土壤生态分区框架。

9）强化土壤生态分区体系与管理、评价等方向的交叉研究

土壤生态分区与其他研究方向相互影响、相互作用，将土壤生态分区与土地利用规划、土壤环境基准制定、环境保护等方向结合，系统而有效地为土壤环境保护提供帮助，为科学地制定中国土壤基准/标准奠定基础。

### （五）水体营养物基准

#### 1. 国外发展趋势

根据基准的制定特点，可以将水质基准划分为两大类：一类是毒理学基准，这类基准是在大量科学实验和研究的基础上制定出来的，如人体健康基准、水生生物及其使用功能基准等；另一类是生态学基准，是在大量的现场调查的基础上通过统计学分析制定出来的（如营养物基准等）。

水体营养物基准不是毒理学基准而是生态学基准，不能简单地利用实验室模拟研究的毒性剂量－响应效应关系来推断，因为氮磷等营养物本身在较低的环境浓度下不会直接对水生生物和人体产生毒害作用（Lamon and Qian，2008）。营养物过度排放导致藻类的过度繁殖及其代谢产物是最终导致水生生物大量死亡，严重破坏水生态系统和水体使用功能的主因。因此，在大量野外观察数据的基础上通过统计学分析制定的营养物基准更具说明性和科学性（USEPA，2000）。目前一些发达国家已经开展了水体营养物基准研究工作，初步形成了以统计分析法、压力－响应模型、模型推断法和古湖沼学法为主的水体营养物基准制定技术方法。

##### 1）统计分析法

统计分析法是在湖泊区域差异性调查的基础上，对流域特征相似的湖泊收集的大量历史和现状数据进行统筹分析，科学估算历史观测值并补充采样数据，支撑湖泊营养物基准制定的科学性和合理性。统计学方法通常包括参照湖泊法、群体分布法和三分法（USEPA，2000）。参照湖泊法适宜于受人类扰动较少的湖泊流域，一般选用参照湖泊频数分布的上四分之一点位作为其参照状态（Poikāne et al.，2010）。群体分布法是在区域参照湖泊数量不足的情况下，选取整个区域的湖泊群体为样本（已知遭受严重损害的湖泊可排除在样本之外），采用群体频数分布的下 5% ~ 25% 作为参照状态（USEPA，2000）。三分法将三分之一的水质数据（按水质由好到差的顺序排列）的频数中位数选作该区湖泊的参照状态，不适用于人类影响干扰强烈的区域（Dodds et al.，2006）。

统计分析法被欧美国家广泛应用于制定营养物基准。Dodds 等（Dodds and Oakes，2004；Dodds et al.，2006）在流域内人为土地利用类型与营养物浓度之间的统计学关系研究的基础上，结合参照湖泊法和三分法建立了美国堪萨斯州不同区域湖库的参照状态，分析得到该州湖库的参照状态与中营养状态相对应。Suplee 等（2007）采用参照状态法和群体分布法确定了美国蒙大拿州不同生态区及不同季节溪流的营养物基准，评价了两种统计方法得到结果的一致性，研究发现参照湖泊频数分布的 75% 的营养物水平可能与全体湖泊频数分布的 4% ~ 97% 相当。Sánchez-Montoya 等（2012）采用参照河段法和群体分布法确定了欧洲地中海不同类型溪流的参照状态，并将最低限制值作为具有季节性差异变量的参照状态。Cunha 等（2011；2012）利用专家判断和三分法相结合的方法确定了巴西 Sáo Paulo 州亚热带溪流和水库的营养物参照状态，同时对溪流参照点和非参照点得到的基准进行相互验证。

统计分析法主要假设湖泊群体中至少含有一些高质量的湖泊，通过百分数点位来确定参照状态，结果容易受样本量大小和丰富度的影响。利用湖泊监测站点的原始数据建立参照状态最为合适，但是许多湖泊的历史监测资料不齐全或无法获得，为参照状态的确定带来极大困难，因此需要结合其他方法来共同确定湖泊营养物的参照状态。

2）压力-响应模型

压力-响应模型是在历史数据和现有数据的基础上，针对湖泊的典型流域及水文特征，考虑自然演变和人类活动的双重影响及时空分布特征，通过构建概念模型来表征营养物的生态效应并阐明压力变量和响应变量之间的响应关系，考虑与水体指定用途相关的响应变量的生物阈值或生态毒理阈值，从中推断湖泊营养物基准的方法。压力-响应模型反映水体营养物与湖泊初级生产力之间的定量关系，对受人类扰动强烈的湖泊有较强的适用性。该模型通过响应变量将营养物与水体指定用途、生物毒理阈值等联系起来（USEPA，2010），对制定不同污染程度湖泊的营养物基准发挥着重要的作用。压力-响应模型在阐明营养物生态效应的基础上，不仅考虑了单因子效应，而且综合了因子间交互作用的影响（Matthaei et al.，2010）。压力-响应模型的构建为湖泊的生态分区、季节性差异等提供支撑，能够针对不同季节和不同分区湖群确立营养物基准值。

生物响应与营养物浓度梯度之间的关系通常是很细微的，有时很难通过线性响应关系发现（Haggard et al.，2013）；而生态变量对环境梯度的响应也会呈现出非线性、非正态和异质性等特点（Legendre and Legendre，1998）。因此，需要采用多种方法构建压力变量和响应变量之间的线性或非线性关系以推断营养物基准。Qian 等（2003）采用非参数拐点分析和贝叶斯拐点分析对压力变量与响应变量之间的非线性关系进行分析，确定了佛罗里达州 Everglades 的环境阈值。Lamon 和 Qian（2008）以 lgTN 和 lgTP 为预测变量，lgChl a 为响应变量，采用贝叶斯多层次模型建立美国不同区域、不同类型湖泊的压力 - 响应关系，并对获得基准的可达性进行了概率分析。Ramin 等（2011）采用数值化模型和贝叶斯模型相结合推断得到了加拿大哈密尔顿港口 TP 和 Chl a 的基准，并提出为增加满足水质目标可能性需要采取的修复措施。Haggard 等（2013）采用线性回归和分类回归树相结合的方法确定了美国红河流域的营养物基准阈值。Stow 等（2014）利用贝叶斯层次模型评价美国休伦湖萨吉诺湾目标浓度在时间和空间尺度上的一致性。Qian 和 Miltner（2015）提出了一种基于贝叶斯网络模型和传统经验统计模型相结合的连续变量贝叶斯网络建模框架，并应用该建模方法确定了美国俄亥俄州溪流的营养物基准。

3）模型推断法

运用模型推断法来制定湖泊营养物基准，在欧美发达国家发展比较成熟（Solheim，2005）。模型推断法的优点是能够建立连续的评价基线，对生态分区湖泊的环境条件要求不高，可用于流域受人类影响较严重的湖泊，但是需要大量数据进行校准和验证。USEPA 推荐土壤形态指数法和总量平衡模型法推断营养物基准（USEPA，2000）。土壤形态指数（MEI）是总溶解性固体浓度与平均水深的比值。由于电导率和碱度受人类活动的影响较少，可将其作为制定总磷参照基准的预测指标。利用 MEI-TP 模型推断了欧洲 4 个区域湖泊营养物参照状态并与频数分布法得到的参照状态进行对比，分析表明两种方法得到的结果具有很好的一致性（Cardoso et al.，2007）。总量平衡模型法是根据湖泊负荷和湖泊水文学知识来估计物质（基本营养物）浓度的方法，该模型本身不能建立参照状态，但是在给定的负荷条件下，能预测营养物的浓度。采用总量平衡模型来推导参照状态需要对湖泊营养物负荷的自然背景值进行估测，将频数分布法与负荷和总量平衡模型相结合，估计美国俄亥俄州湖泊营养物参照状态，研究表明该法只适用于以河流给水的湖泊（USEPA，2000）。

当营养物浓度超过了一定的临界值，富营养化将导致浅水湖泊从清水稳态转至浊水稳态。Janse 等（2008）采用 PCLake 生态模型推测欧洲湖泊营养物的临界阈值，即关于营养物循环以及包括浮游植物、大型植物和简易食物链在内的生物区系的动力学模型，能针对不同湖泊类型依据的临界磷负荷来计算临界阈值。方差的增加可以作为生态系统跃迁的预警指标，干扰后生态系统的恢复速率可作为恢复力和系统跃迁的指示因子，可以通过模型和实际数据分析的偏度（skewness）来预警系统的稳态转换。研究表明，瑞典浅水湖泊清浊转换的 TP 浓度阈值为 70～100 mg/m³，TN 浓度阈值为 1700 mg/m³（Blindow et al.，1993）；荷兰湖泊清浊转换时 TP 浓度阈值为 30～50 mg/m³，TN 浓度阈值为 1000 mg/m³（Hosper，1998）。

此外，MONERIS、SPARROW、SWAT 等模型也被应用于营养物基准的制定。Hirt 等（2014）利用 MONERIS 模型重建了波罗的海流域（德国）营养物释放的 4 种情景，并确定了该区域河流的营养物参照状态，得到的结果与相似流域其他河流利用历史数据和计算的原始营养物浓度具有较好的一致性。Kim 等（2014）将 SPARROW 模型与中间复杂的富营养化模型相结合，重现了加拿大哈密尔顿港口磷的循环过程。Makarewicz 等（2015）研究认为，利用 SWAT 模型能够消除人类活动对土地利用类型的影响，通过对自然状态进行模拟并预测参照状态的特点，确定了美国杰纳西河流域大小河流的营养物参照状态。Salerno 等（2014）评价了 MEI 指数模型、输出系数模型、硅藻 / Chl a-TP 模型推断欧洲 35 个亚高山湖泊 TP 参照状态的不确定性和精确度，提出了基于流域的过程方法来充分预测研究湖泊的参照状态，研究表明，与其他方法相比流域过程方法具有更低的不确定性。

4）古湖沼学法

湖泊沉积具有储存信息量大、沉积连续性好以及地理覆盖面广等特点（Cardoso et al.，2007；Bennion et al.，2011）。尽管湖泊沉积在反映环境变化方面仍然存在定年欠精确、时间分辨率不高等不足；但其可以提供长时间尺度的环境演变序列，满足长周期气候环境变化研究的需要，也可以得到年左右的较高分辨率的记录。在恢复和重塑各种短时间尺度的气候和环境演化序列上，沉积物反演具有其他自然历史记录无法替代的优势。

硅藻定量化是利用硅藻－总磷的转换函数重建湖泊总磷浓度的本底值，来预测过去湖水总磷浓度的变化，是古湖沼学的研究热点之一。Bennion 等（2004；2011）利用古湖沼学法中沉积物化石硅藻和硅藻－总磷转化函数确定了苏格兰淡水湖泊和其他 9 个欧洲富营养化湖泊生物和化学参照状态，并利用相似性匹配技术识别出富营养化湖泊适合的参照点。Heinsalu 等（2007）

利用古湖沼学方法中沉积物硅藻聚合物和间隙水溶解性有机物的组分评价了长期受人类活动影响的欧洲大型浅水湖泊 Peipsi 湖的近期的富营养化演变趋势，并识别出可能的参照状态。Hausmann 等（2016）利用美国新泽西州和中大西洋的硅藻群落数据构建了硅藻－生物浓度梯度模型，评价了该区域溪流的受污染程度并确定了其营养物基准。但是，硅藻在死亡后可能会发生分解，化石硅藻与活性硅藻存在差异，化石硅藻的信息可能会存在偏差，难以指示湖泊环境演变，特别是近代湖泊环境演变。因此，可以考虑采用不同沉积年代稳定 C、N 同位素及其他指标的变化，结合流域历史土地利用、人口、环境和经济社会的历史变化，区分不同历史时期磷的主要来源，推演湖泊的演替过程。

确定营养物基准的方法各有优缺点，通常多种方法结合得到的结果较好。Poikāne 等（2010）采用参照湖泊法、模型推断法和古湖沼学法相结合的方法对欧洲 5 个生态区不同类型湖泊确定了 Chl a 的参照状态。Heatherly（2014）利用群体分布法、参照河段法、营养物与土地利用类型之间的模型推断法、营养物与无脊椎动物和鱼类种群建立的压力－响应模型推断了美国内布拉斯加州流域以农业活动为主的溪流的营养物基准，并对几种方法得到的营养物基准值进行了比较。表 4-1 列出了国外营养物基准制定方法的应用案例。

表 4-1　国外营养物基准制定方法的应用

| | 方法 | 研究区域 | 参考文献 |
| --- | --- | --- | --- |
| 统计分析法 | 人为土地利用类型与营养物浓度之间的统计学关系，参照湖泊法和三分法 | 美国堪萨斯州湖库 | Dodds and Oakes，2004；Dodds et al.，2006 |
| | 参照状态法和群体分布法 | 美国蒙大拿州溪流 | Suplee et al.，2007 |
| | 参照河段法和群体分布法 | 地中海溪流 | Snchez-Montoya et al.，2012 |
| | 专家判断和三分法 | 巴西 São Paulo 州溪流和水库 | Cunha et al.，2011;2012 |
| 压力－响应模型 | 非参数拐点分析和贝叶斯拐点分析 | 美国佛罗里达州 Everglades | Qian et al.，2003 |
| | 贝叶斯多层次模型 | 美国 14 个生态区湖泊 | Lamon and Qian，2008 |
| | 数值化模型和贝叶斯模型 | 加拿大哈密尔顿港口 | Ramin et al.，2011 |
| | 线性回归和分类回归树 | 美国红河流域 | Haggard et al.，2013 |
| | 贝叶斯层次模型 | 美国休伦湖萨吉诺湾 | Stow et al.，2014 |
| | 基于贝叶斯网络模型和传统经验统计模型相结合的连续变量贝叶斯网络建模框架 | 美国俄亥俄州溪流 | Qian and Miltner，2015 |

| 方法 | | 研究区域 | 参考文献 |
|---|---|---|---|
| 模型推断法 | MEI-TP 模型 | 欧洲湖泊 | Cardoso et al.，2007 |
| | PCLake 生态模型 | 欧洲湖泊 | Janse et al.，2008 |
| | 方差变异法 | 瑞典浅水湖泊 | Blindow et al.，1993 |
| | 方差变异法 | 荷兰湖泊 | Hosper，1998 |
| | 频数分布法与负荷和总量平衡模型 | 美国俄亥俄州湖泊 | USEPA，2000 |
| | MONERIS 模型 | 波罗的海流域（德国） | Hirt et al.，2014 |
| | SPARROW 模型 | 加拿大哈密尔顿港口 | Kim et al.，2014 |
| | SWAT 模型 | 美国杰纳西河 | Makarewicz et al.，2015 |
| | 基于流域的过程方法 | 欧洲亚高山湖泊 | Salerno et al.，2014 |
| 古湖沼学法 | 沉积物化石硅藻和硅藻－总磷转化函数 | 苏格兰淡水湖泊和其他 9 个欧洲湖泊 | Bennion et al.，2004；2011 |
| | 沉积物硅藻聚合物和间隙水溶解性有机物的组分 | 欧洲浅水湖泊 Peipsi 湖 | Heinsalu et al.，2007 |
| | 硅藻－生物浓度梯度模型 | 美国新泽西州和中大西洋溪流 | Hausmann et al.，2016 |
| | 参照湖泊法、模型推断法和古湖沼学法 | 欧洲湖泊 | Poikāne et al.，2010 |
| | 群体分布法、参照河段法、模型推断法、压力－响应模型 | 美国内布拉斯加州溪流 | Heatherly，2014 |

#### 2. 国内发展趋势

我国在水体污染控制与治理科技重大专项的支持下，开展了基于区域特征差异的湖泊营养物基准制订方法学研究，取得了系列研究成果。

#### 1）营养物生态分区

研究人员基于影响区域湖泊营养物效应差异性的因素，包括气候（如降水和温度）、地形（包括海拔和地貌）和湿润指数等指标，考虑我国水资源三级分区的边界以及省级行政界限，提出了基于主成分分析、聚类分析、判别分析和空间自相关的分区模型，并尝试对云贵高原湖区和湖北省进行湖泊营养物生态分区（姜甜甜等，2010；高如泰等，2011）。张德禄等（2011）构建了湖泊营养盐水生态分区的指标体系，为中国基于营养盐的湖泊水生态分区提供了基础。根据湖泊营养物效应影响因素在空间尺度上的相互作用关系，筛选出地理位置（经纬度和海拔）、年均气温、热带夜数和干燥度指数四个影响藻类对氮磷营养物利用效率（Chl a/TN、Chl a/TP）的关键分区指标，采用空间自相关和聚类分析等方法，结合地级市行政边界，将我国湖泊划分为 7 个营养物一级生态区，分别是：中东部湖泊营养物生态区（中东部湖区）、云贵湖泊营养物生态区（云贵湖区）、东北湖泊营养物生态区（东北湖区）、东南湖泊营养物生态区（东南湖区）、内蒙古湖泊营养物生态区（内蒙古湖区）、新疆湖泊营养物生态区（新疆湖区）、青藏湖泊营养物生态区（青藏湖区）（Huo et al.，2014a；2014b）。柯新利等（2012a；2012b；2014）从自然地理要素、生态系统和人类活动 3 个方面建立指标体系，采用双约束空间聚类与层次分析法、遥感反演及粗糙集理论相结合的方法分别对中东部平原亚热带湿润区、云贵高原亚热带湿润区和东北区进行了二级生态区的划分。这些研究为我国湖泊营养物生态分区奠定了一定的基础，使湖泊生态分区的科学性、合理性和实用性逐步得到体现。

2）营养物基准制订方法研究

我国湖泊营养物基准研究初期主要是借鉴和参考发达国家的经验，重点对湖泊营养物基准指标的选取原则和参照状态制定的方法进行了系统分析，阐述了各种方法在我国湖泊营养物基准制定中的可行性和适用性（霍守亮等，2009；2010）。在对国际参照状态法研究的基础上，研究人员尝试以巢湖、太湖和邛海等单个湖泊为例应用统计分析法和基于系统动力学的模型反演法制定了 TP、TN、SD 和 Chl a 的参照状态（陈奇等，2010；郑丙辉等，2009；张礼兵等，2011；2012）。随后，Huo 等（2012；2013a；2014a；2014c；2015a）采用 USEPA 推荐的参照湖泊法、湖泊群体分布法、三分法和模型推断法等方法对云贵、东部、东南、东北和甘新等典型湖区进行了案例研究，综合分析了这些方法在我国湖泊营养物基准制定过程中的适用性，建立了以统计学方法为主，综合考虑历史反演法和模型推断法的不同分区营养物基准制定技术方法。

参照湖泊法、群体分布法和三分法较适合那些能够获得参照湖泊的区域制定营养物基准。由于我国湖泊的生态系统不同程度地受到工业化、城镇化及农业活动等人类扰动的影响，大多数湖泊生态区不宜获得不受人类活动影响或受人类活动影响较小的参照点。通过系统研究，构建了压力－响应系列模型制定我国受人类活动影响较严重湖泊的营养物基准（Huo et al.，2013b）。采用线性回归模型和贝叶斯层次回归模型确定压力－响应变量之间可能存在的线性关系；采用分类回归树模型和拐点分析可以揭示压力－响应变量之间可能存在的非线性关系，确定响应变量随压力梯度变化的响应阈值；

采用分类回归树分析可以确定影响响应变量的主要压力因素。

采用线性回归模型和贝叶斯层次回归模型建立压力－响应关系确定湖泊营养物基准时，需要在给定响应变量基准值的情况下推断营养物基准。响应变量基准值的设定会引入一定程度的人为因素，而且许多国家对响应变量的设定值有所不同。我国为了保护水体的饮用水功能不被破坏，主要以保证水体饮用水功能为依据设定 Chl a 的基准值。同时，由于不同湖泊区域藻类与营养物响应水平及藻毒素产生条件的差异，不同湖泊生态区设定的 Chl a 基准值不同，如云贵湖区设定的 Chl a 基准值为 2 μg/L（Huo et al.，2014d），中东部湖区设定的基准值为 5 μg/L（Zhang et al.，2014）。线性回归模型和贝叶斯层次回归模型较适合受人类活动影响严重且压力变量与响应变量线性关系良好的区域建立营养物基准。在营养物生态分区的基础上，采用线性回归模型建立了我国云贵湖区和中东部湖区不同类型湖泊的压力－响应关系并推断得到了相应的基准值（Huo et al.，2014d；Zhang et al.，2014）。在单个湖区适用性研究的基础上，采用线性回归模型对全国七个湖泊生态区建立压力－响应关系，并对不同湖区得到的营养物基准进行比较研究（Huo et al.，2014b），取得了较好的研究成果。同时采用土地利用类型－营养物的多元线性回归模型，确定了云贵湖区湖泊的营养物基准值（Huo et al.，2015b）。

通过分类回归树模型和拐点分析法能够较客观地得到响应变量发生突变时对应的营养物拐点浓度，不需要事先设定压力变量与响应变量之间的关系，也不需要假定响应变量的阈值，消除了人为设定响应基准的主观偏见。这两种方法适用于响应变量与营养物浓度梯度之间不能用线性关系表示，湖泊水质变量不能满足线性回归中设定的假设条件，生态变量对环境梯度的响应呈现非线性、非正态和异质性等特点的区域。通常情况下两种方法得到的基准值可以相互验证，以提高推断营养物基准的准确性。Huo 等（2015c）在全国湖泊分区的基础上，采用分类回归树与拐点分析相结合的方法，考虑季节性因素确定七大湖泊生态区的营养物基准阈值，对我国湖泊营养物与响应变量之间存在的非线性关系进行了开拓性的研究。太湖是受人类活动影响较大的浅水湖泊，吴超等（2015）采用非参数分析法和线性回归法相结合分别建立了压力－响应模型，对两种方法进行相互验证确定了太湖的营养物参照状态。Zhang 等（2016a）综合采用加速回归树、非参数拐点分析和阈值指标类群分析法，以硅藻为生物响应变量确定长江中下游平原湖泊特定分类和种群的营养物拐点。采用分类回归树模型、非参数拐点分析和贝叶斯拐点分析 3 种非线性方法确定了我国不同人类干扰强度和富营养化状态下 9 个典型湖泊的营养物基准，并建立了生态演替梯度随人类干扰变化的概念模型（Zhang et al., 2016b）。

3. 重点研究内容

1）我国水生态系统区域差异性研究

水生态系统的差异性分析是进行生态分区和制定营养物基准的基础，在深入调查我国水生态系统区域分异特征，对我国水生态系统进行分类的基础上，开展水生态系统的营养物质流研究，全面掌握我国水生态系统结构特征和营养物循环的状态；阐明环境因子与湖泊水生态系统之间的关系，揭示不同地区不同类型水生态系统、营养物循环的差异性及演化规律；通过研究自然和人为驱动因子的水生态系统营养物循环转化的模式，分析营养物输入后水生态系统的响应和反馈作用，推演不同地区、不同类型水生态系统对营养物输入的可接受程度的差异性，为全国水体营养物基准研究奠定科学基础。

2）基于区域差异的水体营养物生态分区技术研究

在我国水体富营养化区域差异性调查及分异规律研究的基础上，客观认识我国水体生态系统的结构和功能特点，综合运用数据融合技术、"3S" 技术、多变量空间数据叠加等，研发适用于水体营养物生态分区的数据分析与处理方法，阐明我国水体营养类型的空间分布规律；通过多尺度联合分析，识别水体富营养化的营养和非营养驱动因子；运用敏感性分析方法综合分析各尺度驱动因子的差异，提出我国水体营养物生态分区的基本原理和构架，构建我国水体营养物生态分区指标体系；根据因子分析与聚类分析原理，开发不同尺度栅格水平上水体营养化水平空间聚类技术，构建我国水体营养物生态区划体系，并绘制出水体营养物二级生态分区图，为科学制定我国水体营养物基准奠定基础。

3）我国不同区域参照水体综合评估技术方法研究

针对我国水体污染、水生态退化严重的现状，筛选未受人类扰动（或扰动很小）的参照水体是科学确定水体修复目标、建立营养物基准的重要基础。在系统分析美国、欧洲等参照水体综合评估方法的基础上，开展我国参照水体（湖泊、水库、河流和湿地）综合评估技术方法研究，建立参照水体筛选和综合评估主要步骤和程序；综合考虑我国不同区域不同类型水体水质、水生态和流域特征，构建参照水体筛选和综合评估指标体系，建立参照水体筛选和综合评估技术方法，在我国不同区域开展不同类型参照水体的筛选和综合评估案例研究，科学评估确定全国不同区域不同类型参照水体数量，编制我国参照水体筛选和综合评估技术导则。

4）水体营养物基准参照状态与基准值建立技术方法研究

依据生态学原理和方法，研究制定我国水体区域性营养物基准的国家战略和方法学，建立适合我国国情的水体营养物基准制定的技术方法体系，以支持国家水质标准和富营养化控制标准。通过识别和筛选适合不同营养物生态分区和水生态系统类型的营养物基准候选变量，确定典型营养物生态分区的营养物基准指标；综合运用统计分析、古湖沼学重现、模型推断、实验模拟等方法，合理确定水体的参照状态；结合历史反演、数学模型和对保护下游水体的要求，合理确定营养物基准指标范围，研究制定具有针对性的营养物基准；通过原位观测、数学模拟、实验分析和毒理学评价等方法，验证并确定研究不同区域的营养物基准，对其科学性、可达性、适宜性进行综合评价，为构建基于我国不同分区水体营养物基准体系提供技术方法和技术指南，所确定的典型分区营养物基准将为科学制定富营养化控制标准及其分级技术体系提供依据。

5）水体营养物浓度与生物之间的响应机制研究

在气候变化背景下，研究不同形态营养物转化过程及营养物联合作用对生态效应的影响，分析藻类等初级生产力在不同营养水平下的环境行为和效应差异，及其对基准的影响。通过开展物种生物地理学特性、水体流域面积、水文水动力条件、气温、水体盐度、色度及悬浮物含量等环境因素对氮、磷营养物迁移转化规律的研究，在分类的基础上消除环境因素对营养物与藻类之间压力－响应关系的影响，加强营养物基准对特殊敏感种群的关系研究，结合藻华暴发机理制定营养物基准，适时修订营养物基准以缓解气候变化对营养物－藻类响应关系的影响。

4. 关键问题

1）我国水生态系统演变过程识别和定量表征

从区域层面揭示水生态系统演变过程，确定其演变的主要驱动力是制定水体营养物基准的重要前提和基础。因此，需要在大量现场同步调查、历史资料收集和整理的基础上，选择区域水生态系统演变过程中的关键生物类群和关键驱动因素等，综合应用多种技术手段，建立以表征特征生物类群和关键驱动因素等为主要内容的水生态系统演变过程识别技术，定量表征区域水生态系统演变过程，确定人类活动和自然过程对区域水体富营养化的贡献，为建立水体不同演替阶段生物群落与营养盐水平的定量关系和确定营养物参照状态提供重要的技术手段。

2）不同区域水体富营养化特征因子及其空间差异性

我国水体（湖泊、水库、河流和湿地等）空间分布广泛、地域差异性显著，不同区域水体特征因子与富营养化效应的动态响应关系具有区域分异性，如何统筹运用现场调查、统计学分析、试验模拟等方法，揭示不同地域水体富营养化与流域特征因子响应关系及内在分异规律，是拟解决的关键问题。

3）我国水体营养物生态分区原理

我国水体地域差异性显著，同地域水体类型多样，营养物生态学效应各异，影响富营养化因素众多且存在错综复杂的关系，因此如何通过科学的方法，探明影响分区的关键指标及各指标之间的相互关系，阐明水体营养物生态分区的原理是需要解决的关键问题。

4）不同区域水体营养物基准参照状态、指标与阈值确定的方法学

我国大多数水体均受到不同程度的污染，如何通过统计学、历史反演法和模型推断法的有机结合，科学合理地确定不同分区不同类型水体营养物基准参照状态，存在复杂性和不确定性；基准的原因变量（如 N、P）和反应变量既存在一定的相关性，又存在许多不确定性，如何在众多的指标中优选代表性指标并合理确定其阈值在方法学方面急需深入研究。

5. 发展方向

（1）不同类型水体（湖库、河流、湿地和河口近海）营养物基准指标识别和优选标准技术方法研究。

（2）不同类型水体（湖库、河流、湿地和河口近海）参照状态的推断技术方法研究。

（3）不同类型水体（湖库、河流、湿地和河口近海）参照状态向营养物基准转化技术方法研究。

（4）不同类型水体（湖库、河流、湿地和河口近海）营养物基准的制定与综合评估技术方法研究。

（5）水体和沉积物营养盐的交互作用机制及对上覆水体营养物基准的影响研究。

（6）气候变化背景下，不同类型水体（湖库、河流、湿地和河口近海）营养物与藻类响应关系研究。

## （六）生物测试与毒性评价技术

### 1. 国内外研究现状

#### 1）生物毒性数据的设定与测试方法

制定水质基准必须考虑不同生物分类和营养级别的各种水生生物，然而不同生物区系的生物特异性可能影响物种敏感度，从而引起污染物毒性数据的差异。美国环境保护局在其文件中明确规定，只能用在北美有分布的野生生物作为试验物种来推导保护美国淡水和海洋生态系统的水生态基准值。水生生物基准方法学是基于水生生物的急性和慢性毒性数据进行外推，从而获得最终基准值。这些毒性数据必须达到充足的生物分类多样性，生物毒性数据的获取在很大程度上决定了水生生物基准值的可靠性。因此，水生生物基准方法学的核心之一是获取适宜可靠的生物毒性数据。这些生物毒性数据一般源自标准手册、通用数据库和开放的文献，或者实验测试。所有的毒性数据必须采用标准毒性测试方法，或者测试方法满足经济合作与发展组织发布的良好实验室作业规范（good laboratory practice，GLP）质控标准。

在水生生物基准方法学中，生物毒性数据的测试方法可以分为两类：单物种测试法和多物种测试法。多物种测试法使用的毒性数据来自微宇宙技术、中宇宙试验和野外试验等。尽管多物种测试法比单物种测试法更接近真实生态环境，然而"微宇宙""中宇宙"等模拟手段实验烦琐、耗资巨大，且仍然不能如实表征生态系统的复杂结构，因此该方法并没有得到广泛推荐。由于国际上生物毒性测试的标准方法主要基于单物种独立测试，现有的绝大多数生物毒性数据和相关生态毒理数据库都是来源于单物种测试法。因此，基于单物种测试的水生生物基准推导方法应用最为广泛。

在水生生物基准方法学的发展中，决策者普遍面对的关键问题是如何设定必需的最少生物毒性数据。究其原因是数据设定代表了大量不同分类地位的生物种。现有数据库仅包括部分污染物对少数生物种（以欧美优势物种为主）的急性毒性数据。因此，如何获得大量不同分类地位生物种的毒性数据，同时设定最少毒性数据量，或允许使用虚拟筛选方法（如 QSAR 方法）推算的毒性数据，是一个比较困难的问题。在水生生物毒性测试过程中，选择多少不同分类地位的生物种进行生物毒性测试，由国家或地区的水质标准／基准制定部门决定，并且与使用的基准计算方法相关，因此存在很大差异。不同国家或组织均有各自的物种选择标准。

澳大利亚和新西兰：高度可靠的触发浓度，从至少 5 个生物种的慢性毒性数据外推；中等可靠的触发浓度，从至少 5 个生物种的急性毒性数据外推；低可靠性的触发浓度，可以从 1 个急性或慢性毒性数据外推获得。但毒性测试中使用的水生生物一般为本地生物种。

荷兰：水生生物基准的推导需要至少 4 个不同分类单元的生物种的慢性毒性数据，但是对于推导过程中的环境影响预评估则只需要 1 个急性毒性数据或 QSAR 方法虚拟筛选的毒性数据。

美国：水生生物基准的推导需要至少 8 个不同分类单元（科）的北美地区本地生物种的毒性数据，包括鲑科、硬骨鱼纲中非鲑科、脊索动物门中 1 个科、浮游甲壳类、底栖甲壳类、水生昆虫类、非脊索动物门和节肢动物门中的 1 个科、任何昆虫目或不包括上述生物分类单元的门中的 1 个科。在无法获取足够分类地位生物种的慢性毒性数据的情况下，允许使用急慢性毒性比率（ACR）外推。急慢性毒性比率的计算需要至少 3 个不同分类单元（鱼类、无脊椎生物和敏感淡水生物种）的生物种急慢性毒性数据。美国环境保护局同时还规定，生物毒性数据来源至少还应包括 1 个藻类或维管束植物，以及至少 1 个可接受的生物浓缩因子（BCF）。

南非：基准方法学对生物毒性数据的需求与美国环境保护局的规定相似，同时要求毒性数据必须来自南非本地物种,或者是当地重要的商业种或娱乐种。

加拿大：水生生物基准的推导需要至少 6 个不同分类单元生物种的毒性数据。其中包括 3 种鱼类，其中至少有 1 个属于北美地区本地冷水鱼种、1 个属于本地温水鱼种，并且至少可获取 2 种鱼类的慢性毒性数据；2 个不同纲的无脊椎动物的慢性毒性数据，其中至少 1 个是北美本地浮游生物种、1 种北美本地淡水藻类或维管束植物的慢性毒性数据。如果目标污染物为已知高植物毒性，则至少需要 4 个非目标植物种或藻类的急性或慢性毒性数据。

欧盟：若使用评估因子法推导水生生物基准，需要至少 3 个营养级水平的生物（鱼类、甲壳类和藻类）的急性毒性数据，或 1 个以上慢性毒性数据。若使用物种敏感度分布法推导水生生物基准，需要至少 10 个慢性毒性数据来自 8 个不同分类单元的生物，包括 2 个不同科的鱼类、1 个甲壳类、1 个昆虫、非脊索动物门和节肢动物门中的 1 个科、任何昆虫目或不包括上述生物分类单元的门中的 1 个科、1 个藻类以及 1 个高等植物。其中，法国水生生物基准推导需要 3 个分类单元的生物（鱼类、甲壳类和藻类）的毒性数据。当仅有 2 个营养级水平数据可以推导临时阈值，而少于 2 个营养级水平数据将不能获得基准值。德国水生生物基准推导需要 4 个营养级水平的生物（细菌/分解者、绿藻/初级生产者、小型甲壳类/初级消费者和鱼类/次级消费者）的慢性毒性数据。当有至少 2 个营养级的慢性毒性数据值，剩余缺失的慢性毒性数据可用急性毒性数据和急慢性毒性比率（一般采用 0.1）外推，但该方法获得基准值仅为初步或暂定值。如果可获取的慢性毒性数据少于 2 个营养级，则不能用于基准推导。西班牙水生生物基准推导需要至少 3 个分类单元的生物（鱼类、无脊椎动物和藻类）的急性或慢性毒性数据。

英国：水生生物基准推导需要 4 个分类单元的生物（鱼类、节肢动物、非节肢无脊椎动物和藻类/大型水生植物）的急性或慢性毒性数据。

2）本地实验物种与活体毒性测试方法

活体生物毒性测试的前提是实验生物种的选择。由于国家和地区不同生物种的差别相对较大，因此不同的国家和地区选择本地生物种作为实验生物种，将会有效地保护本地种安全。另外，国际上采用的通用实验生物种相对不全面，一些食物链中物种缺乏，对污染物的毒性评价结果将在一定程度上存在生态风险。因此，不仅需要发展本地生物种，同时也需要增加食物链中具有重要地位的物种。

目前污染物的毒性评价中一直采用急性和慢性生物毒性（生长抑制、重要生理指标改变以及死亡等）作为测试终点，对其他生物学效应缺乏研究，因此毒性评价结果显示"安全"的污染物在一定程度上同样对水环境中生物存在生态风险。我国目前不仅缺乏针对水环境中污染物的生物毒性评价方法，而且测试终点单一，缺乏有效的污染物活体生物测试平台。

活体生物测试方法的前提条件是发展和构建受试生物和相关生物标记物等。在研究生命活动的基本规律和人类自身生理病理的过程中，为了研究的方便和可行，常常选用一些特定的物种或者有别于研究主体的生物，这些被选用的生物称为受试生物。受试生物的选择主要根据研究的目的、取材的方便、实验方法的可行、生物周期的长短、遗传背景情况、是否具有遗传改造和表型分析手段、是否有利于国际同行的交流等因素而决定的。世界上公认的用于生命科学研究的常见模式生物有酵母、线虫、小鼠、拟南芥等，这些物种的基因组都已在国际社会的努力下被测序完成。当今，在生命科学及医学的发展中，模式生物发挥着重要作用。据统计，刊登在 *Nature*、*Science* 和 *Cell* 等重要杂志上的论文中，80%以上有关生命过程和机理的研究都是通过模式生物来进行的。

地方种（又称特有种，endemic species）是指在地理分布上只局限于某一特定地区，而不在其他地区存在的物种。特有种的形成常常与环境的变化和人为的影响密切相关，由于其形成的原因不尽相同，因而出现不同的类型，至少可划分为下列 3 类：①残遗特有种（古特有种）。这类物种原先可能曾有过广泛的分布，但现在只局限于狭小的范围之内。究其原因，主要是由于地质时期气候的变化，广阔的有利于它们生存的生境缩小乃至消失，使其不得不局限于狭小的范围内，几乎就要自然灭绝。②新特有种。这类物种是其相关的种类在长期进化过程中新近分化出来的。它们的分布区域也很有限，因为它们还没有充分的时间传播到一个更大的地理区域中去。③人为特有种。这类物种原先分布的范围很广，但是目前只局限在狭小的区域内，主要是由于人为破坏生境所造成。一般来说，特有种对环境的变化尤为敏感，易受环境干扰，因此大都可以作为生物监测对象，可以较好地反映环境变化，对维护生态系统稳定、保持生物多样性具有重要意义。

国际上已发展了系列的实验生物测试方法，实验生物包括大小鼠（哺乳类）、蓝藻、大型蚤、斑马鱼、青鳉等（水生生物）和非洲爪蟾（两栖类）等。针对上述实验生物，在发达国家已经完成了实验室的培育、繁殖和应用，大多数已形成了标准化方法。但由于地域不同，其实验生物差异相对较大。例如，水生生物中的鱼类，美国使用了本地种（黑头软口鲦），且已形成了模式化，完成大量的实验工作，且繁殖和培育已形成了标准化。欧洲则使用斑马鱼作为实验生物，同样是考虑本地种的保护，在欧洲一些国家同时也发展一些本地种作为对照种，目前斑马鱼的繁殖和培育已形成了规范化。然而日本早在19 世纪初期就根据本地种保护原则，选择了青鳉作为实验生物，进行实验动物模式化工作，完成了其繁殖和培育的规范化工作。我国到目前为止，一直采用国际上通用种进行实验室工作，因此上述工作结果对于我国生态结构的完整性保护存在一定风险。我国虽然也选择一定地方种作为受试生物，但均未形成标准化，生物学背景、繁殖和培育未形成规范化。因此我国亟待发展本地生物代表种，构建其相应的测试方法，同时筛选其下游标志物，使用专利保护。

### 2. 未来发展方向与重点研究内容

#### 1）水环境中污染物的生物测试技术

根据水质基准的保护目标，为获得科学可靠、适宜我国生态特征的水质基准，亟待开发以我国土著生物为核心的活体毒性（毒理）评估方法和测试指标体系，为保护我国生物多样性和生态系统安全提供技术保障。针对我国实验生物的多元化和代表性差的特点，以我国土著生物为核心，选择我国代表性水生生物，根据所选择实验生物的背景生物学工作基础，分阶段地开展代表性实验生物的实验室培育和繁殖技术，逐步实现代表性实验生物模型化。

另外，基于我国代表性水生实验生物，开展多阶段暴露测试，构建污染物的水生实验生物活体测试技术，也是一个重要的研究方向。针对水生实验生物模式化，活体生物毒性测试和效应筛选技术研究重点包括以下几个方面。

A. 水生实验生物的实验室培育、繁殖和模式化技术研究

针对我国实验生物的多元化和代表性差的特点，通过我国水生实验生物的调查和分类，通过与文献比对，结合我国本土物种的特点，选择水生植物、浮游生物、鱼类和底栖四类生物为我国典型代表性水生实验物种。根据所选择实验生物目前背景生物学工作基础，分阶段开展代表性水生实验生物的实验室培育和繁殖技术，逐步实现代表性水生实验生物的模型化。

B. 水生植物活体毒性测试技术

选择我国典型的水生植物本土物种，在实验室培育和繁殖技术完善化的前提下，筛选适宜的评价终点，探索毒性测试最佳条件，确立水生植物活体毒性测试技术的有效性和可行性。

C. 浮游动物活体毒性测试技术

选择我国典型的浮游动物本土物种，在实验室培育和繁殖技术完善化的前提下，筛选适宜的评价终点，探索急性毒性测试和繁殖毒性测试最佳条件，确立浮游动物活体急性毒性测试和繁殖毒性测试技术的有效性和可行性。

D. 浮游植物活体毒性测试技术

选择我国典型的本土浮游植物物种，在实验室培育和增殖技术完善化的前提下，以浮游植物增殖的半数影响浓度（$EC_{50}$）为评价终点，探索增殖测试最佳条件，确立浮游植物活体增殖测试技术的有效性和可行性。

E. 鱼类活体毒性评价技术

选择我国典型的鱼类本土物种，在实验室培育和增殖技术完善化的前提下，开展多种生物标志物研究如环境内分泌干扰作用相关测试终点，构建多种鱼类生物标志物测试技术。

F. 底栖生物活体毒性评价技术

选择我国典型底栖生物本土物种，在实验室培育技术完善化的前提下，筛选急性致死、生长抑制等适宜的评价终点，探索毒性测试最佳条件，确立底栖生物活体毒性测试技术的有效性和可行性。

2）空气颗粒物生物测试技术

虽然目前对生物气溶胶的重要性已经得到了充分认识，但生物气溶胶的来源多而分散，难以鉴别，另外还受气象条件的影响。生物气溶胶的性质研究主要集中于颗粒所含微生物的调查，但对其物理化学性质的研究尚不深入，对其来源、转化、传输、流行疾病传播机理和气候效应作用机理的认识是非常有限的，今后的研究重点包括以下几个方面。

A. 生物气溶胶的浓度、种类以及时空分布规律

不同类型的生物气溶胶在空气中具有不同的浓度和时空分布模式，目前对生物气溶胶的研究日益得到重视，但是非常缺乏其全球分布信息。针对我国生物气溶胶的特性，应重点分析不同区域，不同城市内生物气溶胶的浓度和种类组成，探讨其时空分布。

B. 生物气溶胶的源、汇及转化

生物气溶胶种类丰富、来源复杂，可以在特定条件下进行长距离传输并在传输过程中发生相应的转化，但目前对不同类别生物气溶胶的源、汇和转化过程的研究并不深入。针对我国各地区生物气溶胶的分布特征，应深入探讨各区域生物气溶胶的来源、去除以及转化机制；探讨区域性的生物气溶胶污染主要来源以及消除方法。

C. 生物气溶胶对人类健康的影响以及评价因子

空气中的生物气溶胶的传播可能会引起人类急性和慢性疾病的流行传播。

2003年全球受到非典型性肺炎（severe acute respiratory syndrom，SARS）的威胁，但SARS是否借助空气传播（飞沫核和气溶胶粒子）存在很大争议。需要进一步探讨空气中生物气溶胶对人体健康的影响分析，并提出相应的评价因子。

D. 生物气溶胶运输、沉降过程控制机理

生物气溶胶可以长距离传输，并会将外来侵入微生物带入沉降地区，对本地生态系统和人类安全构成潜在威胁。应针对我国生物气溶胶特点，在区域范围内分析生物气溶胶的来源、运输和沉降的过程，探讨控制其传播和沉降的机理。

### （七）人体暴露评估理论与相关技术

暴露评估是描述和评价人体暴露环境污染物的剂量、途径、方式等的过程。暴露评估是环境健康风险评价的关键技术环节。环境健康风险评价包括危害判定、剂量-效应关系评估、暴露评估和风险表征四步，而暴露评估是最关键和最基础的步骤之一。对于既定污染物的健康风险评价，由于其毒性是确定的，风险的大小主要取决于人体暴露污染物的剂量的多少。暴露评估是环境风险管理的重要技术基础。从"环境出发"的环境质量评价只关注污染物在该环境介质中的浓度（如空气环境），往往并不同时关注其他介质中该污染物的浓度；即使关注，往往也只是集中于该污染物在多种环境介质中的分布、迁移、转化规律，并不关心该污染物是否有人体暴露和接触的可能性及暴露剂量是多少，以及是否达到人体内部和达到体内剂量是多少。而以"受体"为中心的暴露评估则是以人为出发点，关注人体可能经过多介质、多途径的暴露情况。由此，可以综合评价人体的暴露剂量，并有效识别各暴露途径和暴露来源的比例，明确应当重点和主要控制的介质和污染物。

暴露评估是环境与健康基准制定和基准兼容性评价的主要技术手段。图4-3是环境健康基准与环境基准、健康基准的关系示意图。环境基准可以分为保护人体健康的环境基准和保护生态安全的环境基准两个部分；根据介质分类又可分为环境空气质量基准、室内空气质量基准、水环境基准等。环境健康基准包括保护人体健康为目标的环境介质基准、人体可接受的污染物总暴露限值基准和人体体内的污染物容许限值基准。人体体内的污染物容许限值基准是推断人体可接受的污染物总暴露限值基准的依据；而人体可接受的污染物总暴露限值基准是推断各环境介质比例和各环境介质中污染物浓度限值的依据。环境健康基准其实是连接环境基准与健康基准的桥梁，存在两个接口：与环境基准的接口在于环境介质中保护人体健康为目标的污染物浓度限值的规定；而与健康基准的接口是人体生物样本（如尿、血）中污染物的浓度负荷。科学合理的环境健康基准是保证环境基准与健康基准兼容性的关键。由于暴露评估可以得出人体对某种污染物的多途径、多介质暴露的比例关系，则在制定某单一介质的环境基准时，可以综合考虑其他介质的暴露情况，制定出更加合理可行的环境健康基准。

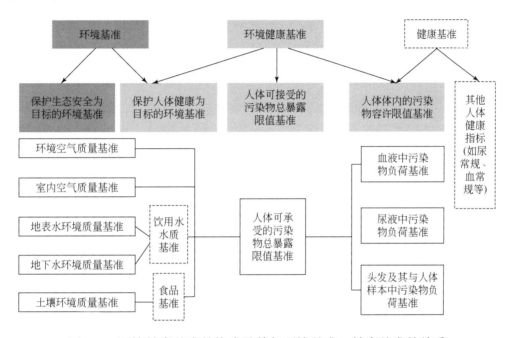

图 4-3　环境健康基准的构成及其与环境基准、健康基准的关系

## 1. 国内外发展趋势

虽然暴露评估一直是环境健康风险评价和环境流行病学研究的重要组成部分，关于暴露测量、暴露模型、暴露参数等方面的研究也一直是国际上的热点，但是暴露评估有关理论和技术方法作为一门环境健康分支学科的地位，还是近几年来的事情。2005 年，美国新泽西医科大学的 Paul Lioy 教授首次提出了"暴露科学"的概念，认为暴露科学是研究人与化学性、物理性、生物污染物的接触方式和特征有关理论和方法的学科，研究领域包括暴露测量方法、时间－活动模式、暴露评估的模型法等；2006 年，《暴露分析和环境流行病学》期刊（*Journal of Exposure Analysis and Environmental Epidemiology*）更名为《暴露科学和环境流行病学》（*Journal of Exposure Science and Environmental Epidemiology*）；2007 年，全球第一本关于人体暴露科学的书籍由斯坦福大

学的 Wayne R. Ott 组织全美 20 多名暴露评估方面的专家编写完成；2008 年，国际暴露评估学会（ISEA）经过近 20 年的发展正式更名为国际暴露科学学会（ISES）。由此，暴露科学作为一门单独的学科开始逐渐得到广大环境与健康科研工作者和管理人员的普遍认同。关于暴露科学学科体系也正在国际范围内进一步探讨和完善中。

美国环境保护局的管理理念是风险管理，而其管理和决策的根本依据则是风险评价的结果。研究与发展司（ORD）是 USEPA 的技术支撑机构，专门从事风险评价，为各业务司、十大区办公室和环境保护局的风险管理提供基础信息和技术依据，其在 USEPA 中的作用是围绕两项中心工作而发挥的：一个是环境基准，另一个是风险评价。其关注和研究的对象一方面是人体健康风险，另一方面是生态风险（在此只讨论人体健康风险）。通过研究提出风险评价过程中所需要的基础数据库、相关模型、技术手段、方法和规范为：①研究编制《暴露参数手册》，提出美国人群环境暴露行为特征的有关数据；②研究并发布综合毒性信息数据库（IRIS），提供健康风险评价中需要用到的毒性数据；③研发一系列的暴露评估模型、风险评价模型、基准推导模型等，为暴露评估和健康风险评价提供了基本的工具；④发布暴露评估和健康风险评价的系列技术规范，规定了风险评价工作的步骤和方法规程。ORD 下属的国家暴露研究实验室（National Exposure Research Laboratory），分布在北卡罗来纳（人体暴露为主）、辛辛那提（生态暴露为主）等地，具有非常先进的实验设备和雄厚的实验条件，引领全美甚至全世界的暴露科学学科的尖端技术和学科发展；环境评价中心（National Center for Environmental Assessment，NCEA），主要负责编写《暴露参数手册》、开发暴露评估的有关模型和技术规范等。在暴露评估和环境健康基准研究方面，USEPA 主要由下设在 ORD 的分支机构来承担，既包括实验室基础研究机构，又包括相关工具、数据库及模型的开发和整合机构。在暴露参数方面，美国于 1989 年出版了第一版《暴露参数手册》，后又于 1997 年进行修订。2011 年，USEPA 再次对该手册进行修订。针对儿童这一特殊人群，USPEA 在 2002 年编写了专门的《儿童暴露参数手册》，并于 2008 年进行了修订，重新发布。为了更好地完成暴露参数工作，提高环境健康风险评价的准确性和效率，USEPA 还启动了专门的"暴露参数项目（Exposure Factors Programe）"，将暴露参数作为一项常规性事务工作来推动。在暴露评估技术导则方面，1984 年美国环境保护局发起了一项健康风险评价方法标准化的计划，主要目的是保证美国环境保护局内部风险评价的科学性和结果评价的一致性和可比性。1986年，美国环境保护局发布了5个技术导则，《暴露评估技术导则》就是其中之一。1992年，在广泛征求各方面意见和不断修订完善的基础上，发布了最新的《暴露评估技术导则》。其中规定了暴露评估的范围、程序和基本方法，成为各领域科研技术工作者开展暴露评估和健康风险的主要工具。USEPA通过研究人体暴露评估的新技术和方法、制定暴露评估手册和技术导则、开发暴露评估的有关模型和工具等，引领了美国国内本学科的发展，也为环境管理和决策提供了重要的支持。

日本环境省下属的国立环境研究院（National Institute for Environmental Studies，NIES）在日本环境省的作用相当于中国环境科学研究院在生态环境部的作用。NIES下设八大研究中心，其中涉及人体健康的有两个中心：一个是环境健康研究中心，下设分子毒理、环境流行病、生物标志物等研究室，以及两个专门针对儿童环境健康研究的办公室。另一个是环境风险研究中心，包括人体健康和生态风险两部分，其中关于人体健康风险的有环境暴露研究室和人体健康风险研究室。经过20世纪六七十年代防治公害病的努力，日本当前的环境质量已经得到了极大的改善，环境管理模式也逐渐转向风险管理。开发暴露评估的技术方法成为NIES的研究重点，而通过毒理、流行病学等基础研究，结合健康风险等工具设定环境基准值则是NIES服务于环境管理的主要切入点。

韩国是世界上第一个发布《环境健康法》的国家，其中对国家从事环境风险评价和管理作了法律规定，然而推动《环境健康法》的执行，需要强有力的技术支撑。韩国国立环境科学院在韩国环境部的作用也相当于中国环境科学研究院在生态环境部的作用，下设七个研究所，环境健康研究所是其中之一，环境健康研究所又分为环境健康研究室、风险评价研究室等。其中，风险评价研究室又下设专门的暴露评估研究室。

在暴露评估研究方面，我国起步较晚。中国环境科学研究院开展暴露评估技术方法的研究比较早，在2005年就已经开始了相关的工作，尤其是暴露参数的研究方面，在国内也处于领先地位，在国际暴露评估学科领域也初步具有了一定的影响力。我国科研人员在暴露参数的调查研究方法、污染物的精细化暴露测量、暴露模型开发等方面也都取得了较大的进展。当前，正在组织开展中国人群暴露参数调查，并在暴露生物标志物的筛选与监测等方面逐渐开发新的技术方法。《中华人民共和国国民经济和社会发展第十二个五年规划纲要》明确提出，"以解决饮用水不安全和空气、土壤污染等损害群众健康的突出环境问题为重点"，"防范环境风险"，"提高环境与健康风险评估能力"。"十二五"期间，削减总量、改善质量和防范风险成为环境保护的三个着力点。2017年2月，《国家环境保护"十三五"环境与健康工作规划》颁布，提出要研究若干重点地区的环境健康风险源和环境总暴露调查，"完善环境基准理论和技术方法，分阶段、分步骤、有重点地研究发布基于人体健康的水、大气和土壤环境基准"，制定、发布环境与健康暴露评估等管理规范类标准。鼓励有条件的科研机构建立人体暴露评估实验室，并从基础数据、科学研究、研究机构建设等多方面对暴露评估进行了规划，为环境健康风险评价储备基础。而这一切，又为暴露评估学科发展带来了更大契机。

## 2. 重点研究内容

暴露评估是遵照一定的技术规程，在对暴露浓度准确测量、暴露行为方式准确评价的基础上，应用一定的模型对暴露剂量进行定量的过程。暴露评估包括四个关键技术环节，即暴露测量、暴露参数、暴露模型和技术规范，也是暴露评估的四个主要的研究内容（图4-4）。

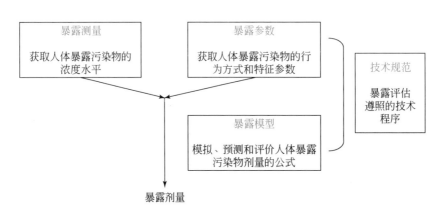

图4-4 暴露评估的研究内容

## 3. 关键问题

（1）准确定量人体暴露污染物的剂量是暴露科学的研究目标之一，而暴露测量方法的改进则是国际上暴露科学的研究热点和关键技术问题之一。

暴露测量是指对人体暴露污染物浓度的测量过程。可以分为环境暴露测量、个体外暴露测量和个体内暴露测量（生物标志物）三个层面。相互关系见图4-5。虽然个体内暴露测量最能准确获取污染物的人体暴露浓度，但是其成本也最高。

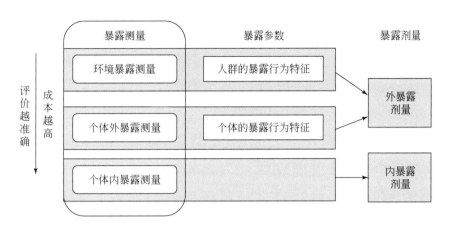

图 4-5　暴露测量的三种方式

原先的暴露测量集中于对人体所处的大环境的测量，如通过采集和测定环境空气中污染物的浓度来反映处于该环境中人群的暴露水平，再与人群的暴露特征相结合，而得出暴露剂量。这种方法应用于某个环境中的群体的暴露水平比较适宜，但由于人们日常工作生活中是不断移动的，用固定采样的方式很难反映个体实际的空气暴露水平。近年来，个体暴露剂量评估方法得到重视，如通过给受试者佩戴个体采样泵，则可追踪采集其适时的污染物的浓度水平，在对个体暴露剂量评价时则更准确。该方法是以受体为中心的评价模式，关于个体采样泵仪器的开发、技术的改进是当前暴露评价领域的研究热点。美国的许多环境健康实验室、仪器公司都在个体暴露测量方法改进方面做了很多开发性的工作，取得了系列专利和成果，并将产品商业化予以推广。如加州大学伯克利分校开发的 UCB 便携式颗粒物个体采集装置，已经被世界卫生组织等予以推广。

（2）评价人体对多途径多介质暴露污染物的剂量，生物标志物的方法成为关注焦点。

生物标志物的方法是通过测定人体生物样本（如血、尿）中的污染物或其代谢产物的水平来反映污染物的综合暴露情况。关于污染物生物标志物的开发，是当前研究的重点。美国国立卫生研究院专门启动了生物监测方案。美国疾病预防控制中心定期抽样选取一定数量的居民，检测其生物样本中污染物的水平，并定期发布人群暴露污染物的生物标志物报告，当前已经是第四次报告了。韩国从 2008 年起启动了生物监测计划，选取一定数量的居民，定期检测其生物样本中的重金属、多环芳烃等污染物的水平。我国当前尚未启动类似的计划，在生物监测相关科研方面的基础仍然比较薄弱。进一步研究基于个体的暴露测量技术、个体有效性暴露生物标志物评价技术和新方法（如时间–活动模式等），开发对多途径和多种化合物联合暴露的评价模型和方法以及暴露验证方法，不断提高暴露评估定量的准确性是暴露科学的发展方向之一。

（3）暴露模型是暴露评估的关键技术环节之一。通过合理的暴露模型来估算和预测污染物的人体暴露剂量，为健康风险评价奠定基础。依据该框架模型，可开发针对某一污染物或某一暴露场景的模型。此外，暴露模型还包括污染物的摄入和吸收代谢动力学模型。应用暴露再现评估方法、先进的模拟方法和新型的数理统计模型和方法等，实现对历史暴露的定量估计和对未来暴露的有效预测；应用地理信息系统（GIS）和空间分析方法等方法，扩大暴露评估的地域尺度，实现基于群体的定量暴露评估，为宏观决策服务。

（4）暴露参数是暴露评估的关键技术基础。暴露参数是用来描述人体暴露环境污染物的特征和行为的参数，包括人体特征（如体重、寿命等）、时间–活动行为参数（如室内外停留时间等）和摄入率参数（如呼吸速率、饮水摄入率等）。暴露参数的准确定量是暴露剂量评价准确性的关键参数。在环境介质中化合物浓度（$C$）准确定量的情况下，暴露参数值的选取越接近评价目标人群的实际暴露状况，则暴露剂量（ADD）的评价结果越准确，环境健康风险评价的结果也就越准确。

（5）暴露评估的技术规范也是暴露评估的关键技术环节之一。健康风险评价方法的标准化是最大减小评估的不确定性、保证不同评价之间的可比性的根本。而作为健康风险评价的重要技术环节，暴露评估过程的规范性也是决定暴露剂量准确评价的关键。

4. 发展方向

在过去的 20 年中，无论是在研究方法，还是在研究内容，暴露评估都取得了巨大进展。1990 ～ 1995 年，研究内容主要集中在常规空气污染物和挥发性有机污染物，研究对象主要是成年人；1996 ～ 2000 年，研究内容开始扩展到金属、杀虫剂、多环芳烃、二噁英、气溶胶、膳食暴露和暴露模型，研究对象也开始涉及老人和儿童等敏感人群；2001 ～ 2005 年，大量研究集中在杀虫剂、多环芳烃、二噁英和气溶胶，特别是儿童对杀虫剂和气溶胶的暴露，部分研究关注于生物气溶胶、氡、电磁和紫外线辐射。此外，不少新的研究手段和方法开始应用于暴露科学，如生物监测、地理信息系统、时间–活动模式和新的统计方法，暴露科学作为交叉学科也逐渐扩充其内容。随着新的生物标记物的发现，新的快速准确的分析方法，低成本的传感器的研制成功，以及大量数据，将会对暴露科学的研究方法提出新的挑战，这些也是未来的发展方向。当前人体暴露评估研究的难点和焦点主要集中于化合物的多途径暴露、多种化合物的联合暴露、历史暴露的定量估计和暴露评估的有效验证等方面。人体暴露评估将进一步向以下四个方面发展。

① 暴露定量的准确性。进一步研究基于个体的暴露测量技术、个体有效性暴露生物标志物评价技术和新方法（如时间－活动模式等），开发对多途径和多种化合物联合暴露的评价模型和方法以及暴露验证方法，不断提高暴露评估定量的准确性。② 暴露评估时间范围的延伸。应用暴露再现评估方法、先进的模拟方法以及新型的数理统计模型和方法等，实现对历史暴露的定量估计和对未来暴露的有效预测。③ 暴露评估空间范围的拓展。应用地理信息系统和空间分析方法等方法，扩大暴露评估的地域尺度，实现基于群体的定量暴露评估，为宏观决策服务。④ 暴露评估应用领域的拓宽。人体暴露评估除在环境健康风险评价和流行病学研究外，将逐渐在有毒有害化学品的安全性评价、突发性环境污染事故和自然灾害应急过程工作中发挥更为重要的作用。

### （八）污染物风险评估技术及其方法学

#### 1. 国内外进展

生态风险评估（ecological risk assessment，ERA）是评价人类活动对生态系统中生物可能构成的危害效应，确定风险源与生态效应之间的关系，判断有毒有害物质对生态系统产生显著危害的概率，为环境管理和决策提供依据。广义上讲，风险源包括一切由人类活动引起的可能对生物个体、种群、群落甚至生态系统产生危害效应的化学、物理和生物学因素，但目前大部分的生态风险评估研究多集中在化学污染物方面。生态风险评估的核心内容包括四部分：问题表述、暴露表征、生态效应表征和风险表征。

污染土壤的生态风险评估是陆地生态风险评估的一个重要组成部分，其发展稍晚于水环境的生态风险评估。从 20 世纪 80 年代开始，美国、荷兰、英国和欧洲委员会等一些国家和组织均已在生态风险评估的理论和方法上取得了一系列的研究成果，并制定了相关的导则和技术文件。例如，美国环境保护局已经颁布了《制定生态学土壤筛选值导则》，即 Eco-SSL；美国橡树岭国家实验室制定了一系列的污染场地生态风险评估的导则、暴露模型和筛选的基准等；欧洲委员会制定了《风险评估的技术导则文档》（TGD），其中TGD Part Ⅱ和TGD Part Ⅲ分别是针对生态风险评估和QSAR的技术导则；荷兰国立公共健康与环境研究所建立了一系列的生态毒理学评价方法和模型以及基于生态毒理学评价的有害风险浓度（SRC$_{eco}$或ECOTOX2SCC）；经济合作与发展组织和国际标准化组织在污染土壤生态毒理学测试方法的标准化方面开展了许多研究，已经出版了20多种标准化方法；其他一些发达国家的环保机构，如英国环境部、加拿大环境部和澳大利亚国家环境保护委员会等都对污染土壤的生态风险评估制定了一系列技术和方法的规范。总体来说，经过近十多年的研究和运用，污染土壤生态风险评估的一些基本技术导则和方法体系在部分发达国家已经初步建立。

国内的生态风险评估起步较晚，目前还没有国家权威机构颁布诸如生态风险评估技术导则这样的技术性文件，系统的土壤污染生态风险评估案例也未见报道。总体上，我国的土壤污染生态风险评估研究正在兴起。虽然目前还是以引进国外的研究方法和体系为主，但是已有一些研究结合我国土壤污染的实际进行了毒理学诊断方法的探讨，积累了一些基础数据，为我国土壤生态风险评估系统理论的提出及其方法体系和规范的建立奠定了一些基础。

### 2. 存在的问题

当前生态风险受体研究主要集中在生物个体和种群水平，对较高层次如群落和生态系统水平的研究较少。即使对于生物个体和种群水平而言，生物种类也相对单一，如土壤无脊椎动物主要是蚯蚓和跳虫。

许多研究通常是直接将污染物总量作为计算暴露剂量的基础数据，而未考虑土壤的性质及其生物可利用性。

国际上比较著名的生态毒理学数据库（如美国环境保护局的ECOTOX、荷兰的E-toxBase、Elsevier公司的ECOTOX-CD等）的大部分数据来自水生态系统或野生动植物的毒性研究结果，需要加强对土壤微生物和无脊椎动物毒性试验数据的集成、管理和共享，为土壤生态风险评估提供数据平台。

大多数生态毒理学的试验是在单一化学物质污染的假设前提下完成的，因此根据这些毒理学数据建立的效应外推模型大多数是评估单一化学物质的污染风险。此外，就当前运用的这些模型本身来看，大多数机理模型相对复杂、参数过多，难以为评估人员掌握；许多机理模型还只是针对特定生态系统和污染区域，可移植、推广应用性较差。

### 3. 研究展望

目前，土壤生态风险评估已经成为环境土壤学的重要研究内容，分子生态学的快速发展为土壤生态风险评估提供了微观研究方法和科学依据，信息技术的创新也拓展了土壤生态风险评估的时空性。

我国亟需建立适合国情的污染土壤生态风险评估方法和体系，在引进国外成熟的方法体系的同时，根据我国的现实国情进行本土化改进。例如，结合典型土地利用方式（农业、居住、商/工业用地），对污染土壤进行风险评估的模型生态物种组合，构建基于用地方式的土壤生态毒理测试内容和评估方法，并在此基础上编制我国的污染土壤生态风险技术评估导则，建立污染物的行为和生态毒理数据库，建立基于生态风险评估的土壤环境基准。

### 4. 研究方向

重点研究典型和新型污染物的人群暴露评估模型与暴露评估技术，建立典型区域污染物多介质归趋模型；筛选典型和新型污染物的早期诊断指标（如生物标志物），建立相应指标的监测分析方法，构建多水平（基因、分子、细胞、组织、个体、种群和群落等水平）、多指标（死亡率、生长发育、生殖等毒性终点）和多效应（不同的靶标器官和毒理效应）的毒性指标体系。

研究开发典型和新型污染物在环境介质及受体中的赋存形态分析技术，研究建立污染物形态与生物吸收的有效性及毒性效应之间关系的机理模型（如TBLM模型、QSAR模型等），探索生物有效性在污染物风险评估中的应用。

研究复合污染条件下，污染物的联合毒性效应及风险评估技术；研究综合化学指标、生态学指标与毒性指标的三合一污染物生态风险评估方法学；研究生态系统水平的生态风险评估方法学及评估技术。

### （九）环境基准的审核和验证研究

目前不同国家关于不同环境基准的推导方法和理论不完全相同，因而在最终的审核和校对方面也存在差异。

#### 1. 水环境质量基准的审核

1）监测时间的选择

为了确定水体中的某种物质是否会给水生生物及其使用功能造成不可接

受的急、慢性影响，需要分别监测这种物质的急性浓度和慢性浓度，通常选择 1h 作为急性浓度的监测时间，选择 96h 作为慢性浓度的监测时间。

选择 1h 作为监测急性浓度的时间，主要是因为监测时间应该远远小于其以之为基础的实验时间，即要远远小于 48 ~ 96h。1h 可能是比较恰当的监测时间，因为高浓度的某些污染物可以在 1 ~ 3h 内将生物致死。即便生物在 1h 左右没有死亡，也不能确定由于短时间暴露的延时效应将会导致多少生物死亡。因此，允许高于基准最大浓度的浓度存在长于 1h 是不恰当的。

选择 96h 作为监测慢性浓度的时间，主要有两个原因：首先，和急性浓度一样，监测时间也应该远远小于其以之为基础的实验时间，并且由于慢性浓度的实验时间通常为 30 天甚至更长，这在监测上根本是不可行的；其次，对某些物种来说，慢性效应是由于在实验的某段时期内存在敏感生命阶段，而不是由测试物质在生物体内长期的胁迫或者长期的积累引起的，因此没有必要选择很长的监测时间。因此，选择 96h 作为慢性浓度的监测时间是比较恰当的。

2）超标浓度频率的确定

允许超标浓度的频率应以水生态系统从超标浓度中恢复的潜能作为依据，这部分取决于超标浓度的程度和持续时间。这里需要强调的是：由泄漏和类似的重大事故而引起的高浓度不是这里所指的"超标浓度"，因为泄漏和其他事故并不属于对污水处理设施正常运行设计的部分。相反，超标浓度是指在环境浓度分配中的极端值，并且这种分配是出水和来水的正常变化以及出水和上流来水中所关注物质浓度的正常变化的结果。由于超标浓度是正常变化的结果，所以大多数超标浓度是很小的并且超标浓度是正常浓度 2 倍的情况也比较罕见。另外，由于这些超标浓度是由不规则的变化引起的，其在空间上的分布是不均匀的。事实上，由于受纳水体有一年周期和多年周期，而且很多处理设施也有天、周、年周期，所以超标浓度常常是成群出现，而不是在空间上平均分布或无规则地分布。

生态系统的恢复能力有很大的差别，同时也取决于污染物的类型、超标浓度的程度和持续时间，以及生态系统的物理学和生物学特征。有关生态系统恢复能力方面的文献很少，有的生态系统从很小的压力中 6 周就可以恢复，而有的生态系统从严重的压力中需要 10 年以上的时间才能恢复。尽管预期的大多数超标浓度都很小，但大的超标浓度偶然也会发生。大多数水生态系统在大约 3 年的时间内能够从多数超标浓度中恢复。因此，有意识地将由基准最大浓度或基准连续浓度引起的压力设计为平均每三年以上发生一次是不合理的，正如要求这些压力只是平均每五年或十年发生一次也是不合理的。

如果水体除了所关注的超标浓度外不受其他人为压力的影响，并且超标浓度等于2倍正常浓度的情况是比较罕见的，那么认为大多数水体能够承受平均三年一次的超标浓度是合理的。因此，将允许的超标浓度发生的频率规定为平均每三年发生一次。

综上所述，将水生生物基准表达为：除了非常敏感的地方物种，不论在淡水或者海水中，如果某种物质的96h平均浓度超过基准连续浓度的次数平均每三年不多于一次，并且其1h平均浓度超过基准最大浓度的次数平均每三年不多于一次，那么就认为水生生物及其使用功能没有受到污染物不可接受的影响。

3）对所有数据及基准推导步骤的审核

包括如下几个问题：使用未发表数据是否可被证明？所有要求的数据是否都可获得？是否所有物种的急性值范围大于10倍？是否所有物种平均急性值范围大于10倍？在4个最低的属平均急性值中是否相差大于10倍？这4个最低的属平均急性值中任何一个是否有问题？物种平均值和属平均急性值相比最终急性值是否合理？对任何商业和娱乐上的重要物种，测定实验物质浓度的流水实验获得的急性值的几何平均值是否低于最终急性值？慢性数据中是否存在可疑数据？是否可以获得急性敏感物种的慢性值？急慢性比的范围是否大于10？与可获得急性和慢性数据相比，最终慢性值是否合理？对任何商业或娱乐上有重要用途的物种来说，测定或预测的慢性值是否低于最终慢性值？是否存在其他重要数据？是否存在明显异常数据？是否有任何背离指南的地方？它们是否可以接受？

4）敏感物种毒性数据的拟合优度审核

物种敏感度分布法最终以曲线上累积概率为0.05时对应的横坐标作为基准值，因而其获得的最终的基准值，即$HC_5$值，受敏感物种毒性数据的影响比较大。因此，在选择模型时，要优先选择那些对敏感物种毒性数据拟合较好的模型所获得的基准值，这样才能尽可能地降低方法学本身的不确定性，以充分保护水生态系统中的敏感物种，最终达到保护整个生态系统结构和功能的目的。

## 2. 各模型间基准值及与物种毒性数据的比较

应把不同环境介质中通过不同拟合模型所推导的基准值分别与该模型所采用物种的种平均急性或慢性值——进行比较，判断各模型得出基准值的准确度和科学性。若通过模型所获得的最终急性/慢性环境基准值基本可保护绝大多数物种，则该基准值可作为最终的基准推荐值；相反，则应依据足够的科学数据重新计算和调整最终的基准推荐值。

## 3. 不同推导方法基准值的比较研究

环境基准方法的不同，则对基础数据的要求不同、推导的理论与方法不同，因而得出的基准值也会有所差异。当然，任何方法都有其优越和不足之处，在推导环境基准时，应该根据污染物自身的物理化学特性、毒性作用机制、生物有效性等方面的信息，综合比较选择最优的方法来制定基准。例如，涉及具有生物富集效应的污染物，则应优先考虑涉及生物富集的环境基准推导方法。

## 4. 环境基准与敏感物种毒性数据的比较

特定区域不同种类的生物或人群由于其自身结构和生理特征的差异，表现为对环境的适应能力和对污染物的承受能力也不同。生态系统中那些对污染物比较敏感的物种和人群更易受到环境因素的影响和污染物的毒害作用，对污染物的抵抗能力较弱。生态系统的敏感性取决于最敏感物种或易感人群，保护生态系统结构就保护了其功能。因此，环境基准推导应优先选择敏感性物种或易感人群，设定这些敏感性生物或人群能够承受的污染物水平，也就同时保护了其他较不敏感物种的安全。为此，将所获得的环境基准值与已报道敏感物种或易感人群的毒性值比较，以进一步检验其对生物和人体的保护性。

## 5. 环境基准与本地物种毒性数据的比较

环境基准具有显著的区域性，物种和敏感人群选择是影响基准推导结果的重要因素。不同地区的生物区系或人群特征不同，而特定生态系统中的本地特有物种或特定人群在维持特定区域生态系统的结构和功能方面有着非常重要的作用。因而，环境基准的推导应充分考虑对本地特有物种或特定人群的保护。为此，应把推导的基准值与通过本地物种或特定人群所获得毒性数据进行比较，以判断对这些生物或人体的保护水平。

### 6. 环境基准与暴露浓度或背景浓度的比较

环境基准值是为了保护环境介质中特定保护对象免受污染物短期和长期的有害影响。长期处于高暴露或高背景污染物浓度下的生物或人群，则对污染物的耐受性增强，反之则敏感性较高。通过对所获得基准值与环境介质中该污染物的暴露或背景浓度进行比较，可以判断所获得环境基准值对生物或人体的保护水平以及预测污染物对其潜在风险。若所获得的环境基准值低于大部分环境介质中污染物的浓度背景值，则应重新进行计算和审核。

### 7. 环境基准与污染物检测限值的比较

环境基准是制定标准、评价环境质量和进行环境管理不可或缺的科学依据。而环境基准在实际中的应用首先应保证能检测到不同环境介质中该污染物的浓度。若无法保证获得的环境基准值大于污染物在环境介质中的检测限值，环境基准则已失去实际的指导意义。

### 8. 基准审核和校对考虑的其他因素

环境基准是指以保护人体健康和生态系统平衡为目的，用可信的科学数据表示环境介质中或生物体内各种污染物的最大允许浓度。环境基准是完全基于科学实验的客观记录和科学推论而获得的，因此实验条件对毒性数据的影响是很大的。尤其是一些环境参数，如硬度、pH、有机质含量、温度、碱度等对毒性值的影响应该加以考虑。美国环境保护局在 2007 年修订的铜的水质基准中，已经开始使用生物配体模型（biotic ligand model，BLM）来推导铜的水质基准，充分考虑了各种水质参数以及不同形态铜的生物有效性对水生生物毒性的影响，包括 pH、温度、有机质、硬度等各种参数，并据此重新修订了早期颁布的仅依靠硬度推导的水质基准。美国环境保护局最新修订的关于镉基准文件中，也将水体硬度作为推导镉的水质基准时必须参考的因素。近年来，欧盟也陆续采用了生物配体模型来推导镍的水质基准。因而，在搜集文献及基准推导过程中应考虑环境参数对环境基准的影响，而实际环境条件中，毒性是受这些因素影响的。在今后的基准研究中，应该借鉴铜的基准研究方法，充分考虑环境因素，以便更准确地预测污染物对生物或人体的毒性，从而为基准值的建立提供更为科学和实际指导意义的数据支持。

（十）环境监测与分析技术

环境污染物的研究及其控制与削减离不开样品分析。一个完整的样品分析过程包括样品采集、样品前处理、分析测定、数据处理等。样品采集是样品分析的第一步，面临的最大挑战是样品是否具有代表性。环境样品基质复杂，被测污染物浓度低。因此，测定前进行有效的样品前处理极为重要，其目的是去除复杂基质、富集与浓缩被测物质。

随着样品采集、样品前处理和分析仪器的不断改进，许多新型污染物不断地在环境介质中被发现。而随着新的科学问题的不断发现，许多污染物的生态风险标准需要重新认定，相应的化学品安全评估体系、污染物环境基准及标准也要重新调整。鉴于环境污染物监测与分析在环境科学研究中的重要地位，本节重点介绍污染物环境样品采集、前处理和分析测定等重要样品分析过程的国内外发展趋势、存在问题、未来方向和主要研究内容。

1. 国内外发展趋势

1）样品采集

A. 主动采样技术

目前，环境分析中最常采用的是瞬时随机采样和耗尽式采样。这两种采样方法属于主动采样技术范畴，理论和技术成熟度高。基于不同吸附剂的大体积空气采样技术是研究最活跃的空气样品采集方法，被许多官方标准方法采用（如 EPA TO-17 和 ISO 16017-1,2 等）。目前用于大气采样的填充剂有活性炭、Texax 聚合物、Chromosorb 系列聚合物以及碳分子筛、多孔石墨碳、石墨化炭黑等碳基材料。

近年来一些新型吸附材料如纳米材料的空气采样应用也有报道且表现出良好的采集性能。研究表明与传统的吸附剂如 Texax TA 相比，单壁碳纳米管、多壁碳纳米管等作为空气采样吸附剂对挥发性化合物吸附力更强、回收率更高、空白低、抵抗水干扰能力强。

为了满足日益增多的同时吸附采集空气样品中挥发性差异大的多种污染物的科研需求，单一吸附剂难以满足要求，需要采用以多种吸附剂按一定顺序填充的混合床吸附管。例如，为了捕获空气中挥发性的异氰酸酯类污染物，顺序混合 Carbotrap、Carbopack X 和 Carboxen-569 填充吸附采样管可获得满意的结果。目前常用的组合有 Texax-Carbopack B/Carbograph 1 和 Texax-

Spherocarb/Carboxen 100 等。

B. 被动采样技术

近年来被动采样技术在环境科学研究中得到了高度关注。该方法可在不影响主体溶液的情况下进行原位采样，在数天到几个月时间尺度内得到污染物的时间权重平均浓度，评估有毒污染物的生物累积效应，另外该技术无需动力，成本较低，适合大规模采样，有很高的灵敏度。

常用的被动采样技术有半渗透膜萃取（SPMD）、固相微萃取（SPME）和薄膜梯度扩散技术（DGT）等，前两者多用于疏水性有机化合物的被动采样，后者多用于金属离子等的被动采样。绝大多数被动采样器由扩散障碍层和接受相组成，扩散障碍层由半透膜或塑料等可渗透材料组成，接受相则由溶剂、聚合物等吸附剂构成。

SPMD 主要用于水和空气样品中非极性和中等极性非离子型有机污物（$\lg K_{ow} > 2$）的被动采样，研究的污染物包括一般的疏水性污染物、典型的持久性有机污染物如多环芳烃、多氯联苯、二噁英类（PCDDs 和 PCDFs）、有机氯农药等。目前该技术在水和空气采样中应用较多，在固体样品中也有少量应用。

SPME 是近年来深受环境分析研究者关注的一种集采样、萃取富集和进样于一体的样品处理方法，可以方便地用于各种环境介质（如空气和水等）中污染物的被动采样。如固相 SPME 技术可用于水样中 PBDEs、杀菌剂等的被动采样。另外，近年来作为测定自由有溶解态浓度的有力手段，微耗损固相微萃取技术（nd-SPME）的研究日益增多。SPME 被动采样的优点是样品量少、快速、低成本等，缺点是纤维易于损坏、采样量低、重复性相对低。

DGT 技术是最常用的金属离子被动采样技术。其装置常由水化的聚丙烯酰胺凝胶扩散层和螯合树脂接受相（如 Chelex 100 等）构成，目前在水样中金属离子（如 Cd、Cu、Ni、Pb 和 Zn 等）的采集中得到广泛应用。

2）样品前处理技术

固相萃取是常用的环境水样前处理技术，已经或正在取代液-液萃取，并被许多标准方法接受。固相萃取中使水样通过固相萃取小柱，分析物吸附到固定相上，然后通过热脱附或用溶剂将分析物洗脱下来。对于不同化合物，如果疏水性较强，使用一般固相萃取剂如 C18 硅胶、有机聚合物和碳基吸附剂可取得满意效果；对于具有较强极性或水溶性，或者当一次萃取的目标化合物极性和水溶性等参数差异较大时，使用广谱的亲水－亲酯平衡型的共聚物萃取如 Oasis HLB，该萃取剂可同时对中性、酸性或碱性等化合物取得良好效果，有时则需要使用反相－强（弱）阴（阳）离子交换混合机理共聚物萃取剂如混合型强阳离子交换反相吸附剂 Oasis MAX 等，或者将不同性质的固相萃取柱串联使用。如采用 Oasis HLB、MAX、WAX、MCX、WCX、Strata-X、ENV+ 等固相萃取环境水样中的多种抗生素药物等。

对于土壤、沉积物、大气样品的总悬浮颗粒物等固体样品，传统萃取技术如索氏提取等正迅速被仪器辅助增强型萃取所取代。仪器辅助增强型萃取是指利用较复杂的专用仪器在较高的温度和压力下，或在热能以外的其他能量的辅助下，对固体或半固体样品进行高效萃取的技术。这类技术包括加压流体萃取（PLE）、微波辅助萃取（MAE）、超临界流体萃取（SFE）、亚临界水萃取等。其中加压流体萃取和亚临界水萃取的工作原理类似，都是使用升高温度和压力（亚临界温度和压力）的溶剂以及水从底泥、污泥、土壤和生物体等固体或半固体样品中提取目标化合物。超临界流体萃取则使用接近或超过临界点的溶剂（绝大多数为二氧化碳）来萃取固体或半固体样品。微波辅助萃取则是在一个密闭池中通过微波辐射能加热对样品进行萃取的处理方法。以上各方法均利用较高的温度等引起快的动力学、扩散和高的溶解度等因素使萃取过程大大加快。在以上各方法中，目前加压流体萃取应用最多，几乎可以在所有传统索氏提取适应的范围内使用，但效率却大大提高，消耗的有机溶剂和时间大大降低，因此该技术正迅速取代索氏提取、自动索氏提取等技术，并已经被许多官方标准方法如 USEPA（Method 3545）、中国国家标准（GB/T 19649—2005）等采用。这些技术近年来已经全面渗透到全氟化合物、溴代阻燃剂以及药物和个人护理用品等新型污染物的萃取中。

3）检测与分析

环境样品监测分析方法包括两大类：一类是化学分析法，一般分为容量分析和重量分析法，所需要的仪器设备简单、准确度高，但不适合微量和痕量组分的分析；另一类是仪器分析法，仪器分析法具有灵敏度高、取样量少、响应速度快、容易进行自动监测、可进行无损分析、专一性强、操作简便等特点，但仪器设备较复杂，价格昂贵。根据仪器原理，仪器分析法又包括：光学分析法，其又分为分光光度法、原子吸收分光光度法、发射光谱分析法、荧光分析法、化学发光法、非分散红外法等；电化学分析法，其又分为电导分析法、电位分析法、库仑分析法、伏安和极谱法等；色谱分析法，其又分为气相色谱、高压液相色谱、离子色谱、纸层析和薄层层析、中子活化分析法等。

质谱的发展及应用对于人们理解环境污染物含量和行为具有极为重要的作用。质谱具有高灵敏度、选择性好等优点，能够快速地检测污染物，近年来被广泛应用于环境污染物的研究中。质谱技术根据电离方式的不同，可分为：电子轰击电离源（EI）、化学电离（CI）、激光电离（LI）、电喷雾电离（ESI）、大气压化学电离（APCI）、电感耦合等离子体（ICP）、二次离子质谱（SIMS）等。目前，痕量污染物的分析测定主要依赖以 ICP/MS、GC/MS、LC/MS 为代表的现代化分析仪器。如重金属污染物常常用 ICP/MS 分析，挥发或半挥发污染物（多环芳烃、有机氯农药等）主要以 GC/MS 为基础分析，而极性较强的污染物（抗生素等药物）常常以 LC/MS 为基础分析。

### 2. 存在的问题

虽然环境监测与分析技术在近年来取得了很大进步，但离环境科学研究和实际监测的需求还有较大差距。

在样品采集方面，主动采样仍会在相当长的时间内占主导地位，还会随着科学技术的进步不断改进，然而由于主动采样技术存在一些固有缺点，如多为瞬时采样，难以反映不断变化的环境状况，在评价环境污染总体状况时存在一定的局限性；大的采样量也使得增加采样频率或安装自动检测设备成本大为增加；主动采样多为耗尽式采样，所得浓度多为总浓度，而不是自有溶解态浓度，难以准确反映污染物的生物效应。

在样品前处理方面，目前大多数方法仍然存在费时、费力和难以保证待测物种结构和量不发生变化等缺点；开发的方法主要适用于非极性或极性较弱的污染物，对于大量涌现的极性较强的"新型污染物"（药物和个人护理品等）而言，相对缺乏；许多实际分析常面临来自环境基质如腐殖酸等的影响，尤其对一些环境含量很低的污染物（如雌激素），前处理方法的选择性一直是分析方法建立的难点。

在仪器检测与分析方面，目前的仪器检测大多是离线方法，即样品前处理与仪器检测分别进行，这样会大大降低样品检测的效率，增加样品的分析时间；针对的污染物主要是其本身，对其代谢产物／副产物的识别和检测的研究还非常少；另外，现场快速分析的小型化和专用化仪器还需要大量开发。

3. 未来方向和主要研究内容

1）样品采集

近年来被动采样技术在环境科学研究中更具发展潜力，其作用不断提升。从发展趋势看，被动采样研究应在如下方面继续努力。

（1）扩大被动采样应用范围：扩大关注污染范围，尤其是中等极性、极性和离子型污染物，注重对多溴联苯醚、全氟化合物、短链氯化石蜡、多氯萘、环境内分泌干扰物和个人护理品等新型污染物的研究。

（2）加强分析过程质量保证和质量控制，进行与其他方法的研究比较，加强方法标准化；准确校正是被动采样技术用于定量分析的前提，应该继续加强有关理论和实验研究。

（3）与生物分析结合，提供对污染物的毒性毒理效应更加相关的数据信息；更加重视对土壤、底泥等固体基质被动采样理论和方法学的研究。

（4）加强采样设备微型化、环境友好化、自动化等，使方法灵敏度、准确度、稳定性有大的改善。

2）样品前处理技术

环境样品前处理技术发展的目标，一直是快速高效、安全可靠和费用低廉的微型化环境友好处理技术。目前，传统萃取技术如液－液萃取、索氏提取等正迅速被固相萃取、加压溶剂萃取、微波辅助萃取等取代，这些新型技术的优势已经获得高度认同，并被许多标准方法采用。固相微萃取已成为固体、液体和气体的通用无溶剂采样和前处理方法，并兼具被动采样的功能。以提高效率、减少有机溶剂污染为目的的其他无溶剂萃取技术（如单滴和液相微萃取、分散型液－液微萃取、浊点萃取等）受到关注。除加压溶剂萃取外的其他仪器辅助性萃取技术（如微波辅助萃取、超临界萃取、亚临界水萃取等）在处理固体和半固体样品中表现的高效、快速、安全和环境友好也获得了高度认可，应用领域迅速扩展。基质分散固相萃取在处理半固体生物和环境样品中的独特优势也正逐步展现。纳米材料、免疫吸附、分子印迹、适配体等技术的采用可极大提高萃取选择性，应成为环境研究最活跃的领域。从发展趋势看，环境前处理研究应在如下方面继续努力：①扩大前处理方法应用范围，扩大关注污染范围，尤其是药物和个人护理品等极性较强的新型污染物，并加强方法的标准化。②增加前处理方法的选择性。针对环境痕量或超痕量污染物，需要选择性地将一个或多个目标化合物从复杂基质中分离出来，以满足实际检测的需求。③简化样品前处理步骤。这不仅涉及工作效率的问题，同时也关系到分析结果可靠性的问题。样品前处理是影响分析数据精确度和准确度的主要因素之一。④微型化和在线自动化一直是环境分析工作者不懈努力的目标。

3）检测与分析

环境污染物的种类、成分、形态、含量、毒性的识别和定量测定是环境科学研究的重要内容。尽管近年来环境科学研究在污染物监测和分析方面取得了重要进展，然而从发展趋势看，应在如下方面继续努力：①污染物形态分析。形态分析一直是环境分析研究的热点之一，因为环境中如汞、砷、锡、铅等重金属的毒性与其形态密切相关。②污染物代谢产物／副产物的识别和检测。目前的研究多集中于目标污染物本身，由于忽略标准品缺乏等因素很少对其代谢产物／副产物进行相关研究。③加强环境污染物在线检测分析方法的开发。如在线 SPE-LC/MS/MS 分析极性较强的抗生素类药物的方法等。④进一步加强仪器的小型化和专用化。现场快速测定环境污染物是环境分析工作者一直追求的目标，尤其是应对灾害与恐怖活动等突发污染事件，需要对危险化学品、生物和化学战剂进行现场快速分析测定。仪器的小型化和专用化是实现污染物原位和现场分析的重要途径。

## （十一）海洋环境基准

### 1. 国内外研究现状

1）保护海水水生生物基准推导方法研究

国际上开展水质基准的基础和应用研究工作始于 20 世纪初期。自 20 世纪 80 年代初以来，美国、加拿大、荷兰、澳大利亚、新西兰和欧盟等国家和组织的环境管理部门根据其水环境污染状况和环境政策，先后发布了各自的保护水生生物水质基准推导文件或技术指南，建立了各自的水质基准和生态风险评估研究体系（USEPA，1985；ANZECC and ARMCANZ，2000，2003，2011；CCME，2007）。随着生态毒理学、环境化学和环境医学等学科的发展，以及有毒有害污染物对生态危害和对人体健康影响等研究的深入，当前针对海水水生生物基准的研究在基准类型及用途、数据类型、效应指标、模型应用、数据使用和定值方法等多个方面均取得了长足的进展。

美国和欧盟制定的水质基准框架各具特色，水质基准体系是根据自身的水生态系统区系特征和自然条件建立起来的，基准推导方法基于生态风险评价技术开展。美国拥有世界上体系相对完善且科学性强的水质基准和标准，1972 年美国通过《清洁水法》，首次确立了基准在环境标准和保护工作中的法律地位，引领国际水质基准领域的发展。1985 年，美国环境保护局针对淡水水生生物和海水水生生物编制形成《保护水生生物的水质基准技术指南》（*Guidelines for Deriving Numerical National Water Quality Criteria for the Protection of Aquatic Organisms and Their Uses*），此后，分别于 2002 年、2004 年、2006 年、2009 年、2012 年和 2018 年发布不断更新的保护水生生物国家推荐水质基准值。2015 年召开专家会议启动水生生物基准技术指南文件修订计划，并和 8 个金属协会签署应用生物有效性模型的合作研发协议（CRADA）。

欧盟于 2000 年颁布《水框架指令》（WFD），对水环境质量标准的制定起到了发展和促进作用。WFD 作为一个法律框架，旨在保护淡水和海洋生态系统免受污染物的不利影响，保障人群健康。欧盟利用环境风险评估技术推导污染物的预测无效应浓度（predicted no-effect concentration，PNEC）作为水质目标进行管理，2003 年发布《现存和新增化学物质和杀虫剂风险评价技术指导文件》（*Technical Guidance Document*）（简称"TGD"）。2004 年，应欧盟环境委员会的要求，弗劳恩霍夫研究所（Fraunhofer Institüt，FHI）以欧盟 TGD 文件为基础，编写了建立水质基准的技术指导手册——《水框架指令优先污染物水质基准推导方法手册》（*Manual of the Methodological Framework Used to Derive Quality Standards for Priority Substances of the Water Framework Directive*）（简称"FHI 导则"）（Lepper，2004）。2007 年，在欧盟 WFD 框架下，环境质量基准（EQS）专家组启动水环境领域的环境质量基准编制工作。此项活动由英国和欧洲联合研究中心（JRC）牵头组织，欧盟工作组 E（WG-E）给予支持。2011 年，欧盟发布 27 号指南《推导环境质量基准技术导则》（*Technical Guidance for Deriving Environmental Quality Standards*）（简称"EQS 导则"）。

欧盟 EQS 导则将水质基准体系分为海水水质基准和淡水水质基准，在推导海水水质基准时并不严格排斥淡水生物的毒性数据，有时是以海洋和淡水生物的毒性数据一并使用以推导海水水质基准。水生态系统中所有直接和间接暴露途径，即通过水和沉积物暴露、生物二次积累，以及人体可能通过饮用水和水产品摄取途径的暴露，都被指南考虑在内。对于海水环境而言，为了保护海水中不同生境（水体、沉积物）生物不受污染物直接的不利影响、为了避免人体因饮水和摄食水生生物以及生物富集所引起的污染物间接效应，因此，以海水水质基准（$QS_{saltwater}$）、沉积物基准（$QS_{sediment}$）、生物富集二次毒性基准（$QS_{biota,secpois,sw}$）、人体健康（水产品消费）基准（$QS_{biota,hh\ food}$）和人体健康（饮用水）基准（$QS_{dw,hh}$）中的最小值作为《水框架指令》下的综合海水水质基准 $QS_{sw}$（图4-6）。同时，考虑不同类别的基准需要用相同的单位来表示，欧盟基准推导体系还给出了换算相应水体浓度的过程，以使不同类别的基准具有可比性。

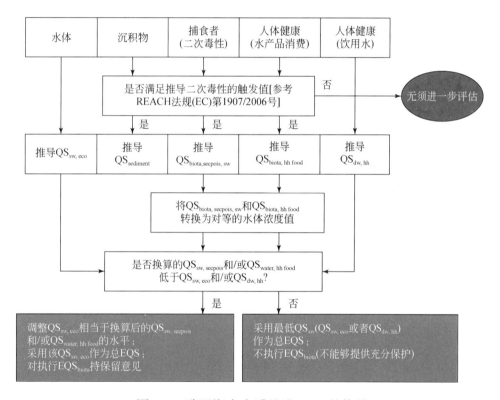

图 4-6　欧盟海水水质基准 EQS 的推导

此外，加拿大环境部长委员会（CCME）于1999年首次发布水质基准技术指导文件，并于2007年修订、完善。澳大利亚与新西兰环境保护委员会和农业和资源管理委员会（ANZECC and ARMCANZ）于2000年发布《淡水和海水水质技术指南》（*Guidelines for Fresh and Marine Water Quality*）。

当前水质基准研究大多仍集中于淡水领域，尽管相应的理论与方法也适用于海水环境，但鉴于基于海水物种毒性数据的有限性、淡水与海水物种的敏感性差异和海水环境的复杂性等因素，海水水质基准研究仍有诸多方面需要深入研究及方法学上的完善，如盐度、有机质、溶解氧和 pH 等环境要素对毒性结果的影响等。与淡水环境相比，海水环境相对更复杂，基于淡水物种所获得毒性数据是否可用于推导海水水质基准，一直是基准研究中讨论的焦点问题之一。尤其对于无机物，淡水和海水的生物可利用性存在差异，这些差异是影响毒性物质的生物响应的主要因素。此外，淡水和海水物种在生理、进化和生活史上都有一定的区别，这些都会影响生物对毒性物质的敏感程度。因此，在推导海水水质基准的过程中，淡水物种和海水物种的敏感相似性和差异性分析应予以考虑。美国和加拿大在推导海水水质基准时明确规定只可使用海水物种的毒性数据；荷兰和欧盟则要求，淡水物种和海水物种的敏感性经评估无显著差异时，淡水数据方可用于推导海水水质基准。

在基准定值方法方面，目前基本形成了根据毒性数据质量和数量，以物种敏感度分布（SSD）模型为主，评价因子为辅的推导体系。在构建 SSD 模型时，已不拘泥于 USEPA 所推出的 log-triangle 拟合分布方法，根据毒性数据量常用的推导方法包括 log-normal、log-logistic 和 Burr type Ⅲ 等。荷兰采用 log-normal 方法推导基准值，澳大利亚、新西兰和欧盟都采用 Burr family/best fit，加拿大以最佳拟合曲线用于推导基准值。何种拟合方法更具优势目前尚无定论，主流趋势是采用最佳拟合曲线推导最终基准值。

2）保护海水水生生物基准受试物种研究

海水和淡水这两种不同类型水体的基本化学成分不同，海水与淡水水生生物的生境也不同。不同的研究机构对用于推导海水水质基准的受试生物也有不同的要求。

"USEPA 导则"规定，只允许选择海洋水生生物的毒性数据用于推导海水水质基准，且海洋水生生物必须是栖息于北美地区的物种，需至少 8 个科的水生生物的毒性值，包括：脊索动物门中的任何 2 科海水水生生物；节肢动物门中糠虾科和对虾科中的 1 科海水水生生物；除脊索动物门和节肢动物门外的其他生物门类中的任何 1 科海水水生生物；非脊索动物门中的任何 3 科海水水生生物（可以包括糠虾科或对虾科，以前面未使用的为准）；任何 1 科海水水生生物。

USEPA 还规定推导海水水质基准还至少需要一组海洋藻类或维管植物的毒性数据以及一组生物富集数据。

此外，USEPA 还规定了用于推导急慢性毒性比（ACR）的物种要求。引入急慢性毒性比的初衷是为了弥补慢性毒性数据的不足，因此 USEPA 规定计算最终急慢性毒性比需获得三种不同科属水生生物的急慢性比，分别为：鱼类（可用淡水生物物种代替）；无脊椎动物（可用淡水生物物种代替）；任何 1 种对污染物敏感的海水水生生物。

荷兰的 RIVM 导则中并没有严格区分海水与淡水水质基准的差异，而是认为在海洋与淡水水生生物的毒性数据没有显著差异的情况下，海水水质基准等同于淡水水质基准，即淡水生物的毒性数据也可用于推导海水水质基准。RIVM 在推导风险限值时倾向采用基于统计外推法的改进效应评价法，要求至少获得 4 种不同门类生物的慢性 NOEC 值，但未具体指定使用生物的具体门类。初级效应评价法要求至少具备 3 个营养级生物（藻类、甲壳类和鱼类）的毒性数据。

欧盟的水质基准分为海水水质基准和淡水水质基准，但在推导海水水质基准时，并不严格排斥淡水生物的毒性数据，多数情况下是允许同时使用海水和淡水生物的毒性数据。在 FHI 导则中，海水被分为过渡（transitional）海水、近岸（coastal）海水和近海（territorial）海水三类。其中过渡海水的性质被认为与淡水无异，因此可用淡水生物的毒性数据推导水质基准。FHI 导则认为至少藻类、甲壳类和鱼类这 3 个营养级的海水生物和淡水生物对同一污染物的敏感性差异并不显著；即使海水生物与淡水生物在毒理学敏感性上存在一定的差异，这种种间差异也小于由于营养级不同而导致的敏感性差异。对于近岸和近海海水水质基准的推导，若海水生物的毒性数据不足时，且无证据表明目标污染物对海水生物与淡水生物的毒性存在显著差异时，原则上也不排斥采用淡水生物的毒性数据予以补充推导海水水质基准的毒性数据。

欧盟 EQS 导则对受试物种的要求与 FHI 导则一致。欧盟 FHI 导则和 EQS 导则认为在推导水质基准时，如果具备至少 8 个门类生物的 10 组毒性数据时，即可应用基于 SSD 的模型外推法推导目标污染物的水质基准。这 8 个门类生物包括：鱼类；脊索类生物门中的另 1 科生物（如鱼类、两栖类等）；甲壳类（如桡足类、枝角类、介形类、等足类、端足类等）；昆虫纲（如蜉蝣类等）；脊索动物门和节肢动物门以外的其他门类中的 1 科生物（如轮虫动物门、环节动物门、软体动物门等）；任何没有提及生物门类中的 1 科生物；藻类；高等植物。

加拿大的 CCME 导则中也分为海水水质基准和淡水水质基准，且根据数据量的多寡而采用基于模型外推法的 TYPE A 和基于评价因子的 TYPE B 两种推导方法，对海洋受试生物的物种要求见表 4-2。CCME 导则指出优先选用加拿大的物种，如果研究中采用的生物为非加拿大物种，但若可替代本地物种（如相同生物类别），且实验在加拿大的代表性水体中开展，则毒性研究结果也可使用。对于部分目标化合物，淡水和海水对受试生物的毒性效应通常是不同的，然而对于大多数目标化合物，若不同水体对其化学行为无显著影响，且其对于相同生物组别的淡水生物和海水生物的毒性无显著性差异，则可使用淡水毒性数据，以扩充海水毒性数据库。采用模型外推法推导污染物的海水水质基准（TYPE A）时，需具备至少鱼类、海洋无脊椎动物和植物 3 个不同营养级的水生生物，包括 3 种或更多种类的海洋鱼类（其中至少 1 种为温带物种）；2 种或更多来自不同纲的海洋无脊椎动物（其中至少 1 种为温带物种）；1 种温带海洋维管植物或海洋藻类（如果毒性研究结果表明，植物或藻类为最敏感的物种，那么，此种目标污染物具有植物毒性，需要补充至少 2 个非靶标海洋植物 / 藻类的研究结果）。

CCME 导则的 TYPE B 型基准是针对毒性数据不足时，从最少数量的一级和 / 或二级数据中获得足够的毒性数据来推导的基准值。TYPE B 型基准分为 TYPE B1 型和 TYPE B2 型两种类型。TYPE B1 型要求的物种数量与 TYPE A 型一致，而推导 TYPE B2 型水质基准时可以使用更少的物种，包括：2 种或 2 种以上海洋鱼类（其中至少 1 种是温带鱼类）；2 种或更多种类的海洋无脊椎动物（不要求来自不同纲，也不要求必须为温带物种）；可以没有海洋维管植物或海洋藻类。

表 4-2　加拿大 CCME 导则中对海洋受试生物的物种要求

| 物种类型 | 基准类型 | |
| --- | --- | --- |
| | TYPE A 和 TYPE B1 | TYPE B2 |
| 鱼类 | ≥3 种，至少 1 种为温带物种 | ≥2 种，至少 1 种为温带物种 |
| 海洋无脊椎动物 | ≥2 种且来自不同纲，至少 1 种为温带物种 | ≥2 种 |
| 海洋维管植物或海洋藻类 | ≥1 种，至少 1 种温带物种（如植物或藻类为目标污染物的最敏感物种，则需至少 2 种） | 没有强制要求（如植物或藻类为目标污染物的最敏感物种，则需至少 2 种） |

表 4-3 综述了美国、荷兰、加拿大和欧盟等国家和组织的研究机构在使用模型外推法推导海水水质基准时对受试生物的物种要求。

我国海水水生生物基准工作始于 20 世纪 90 年代，研究机构主要包括：

国家海洋环境监测中心、香港大学、中国海洋大学、中国环境科学研究院等，不同机构的海洋环境质量基准工作各有侧重，且之间建立了合作关系。近年来，我国相继启动了一系列与海洋环境质量基准相关的科研项目，包括国家863计划"陆源入海重点排污口典型有机污染物海洋环境效应确定的关键技术研究（2007AA09Z126）"、海洋公益性行业科研专项"近海海水质量基准/标准的研究与制定（200805090）"、国家重点研发计划项目"渤海入海污染源解析与水质目标管控关键技术研究与示范（2018YFC14076）"，针对海水水生生物基准开展了系统性研究，在基准类型及用途、数据类型、效应指标、数据使用、模型应用和定值方法等方面均取得了阶段性进展，基准体系初具雏形。初步构建了基于我国海洋生物区系特征和物种敏感度分布模型的污染物海水水生生物基准推导方法，积累了多环芳烃、全氟类化合物、农药等多种海洋环境污染物对不同营养级海洋生物的急慢性毒理学数据。

表 4-3 国际上不同机构使用模型外推法推导海水水生生物基准时对受试生物的物种要求

| 国家或组织/机构 | 保护目标 | 门类数量 | 营养级数量 | 科/属/种数量 |
|---|---|---|---|---|
| 美国/USEPA | 海水水生动物 | ≥3门（脊索动物门；节肢动物门；非脊索和节肢动物门） | — | ≥8科（脊索动物门中的任何2科；节肢动物门中糠虾科和对虾科中的1科；其他生物门类中的1科；非脊索动物门中的3科；任何1科海水水生生物） |
| | 海水水生植物 | ≥1种海洋藻类或维管植物 | — | ≥1种海洋藻类或维管植物 |
| 荷兰/RIVM | 淡水/海水水生生物 | ≥4门 | ≥3（藻类；甲壳类；鱼类） | ≥4种 |
| 欧盟（EQS导则） | 海水水生生物 | ≥8类（脊索动物门中的鱼类和两栖类；节肢动物门中的甲壳类；软体动物门；棘皮动物门；环节动物门；腔肠动物门；藻类） | — | ≥10种（最佳15种以上） |
| 加拿大/CCME | 海水水生生物 | — | ≥3（鱼类；无脊椎动物；维管植物或藻类） | ≥6种（3种海洋鱼类；2种来自不同纲的海洋无脊椎动物；1种温带海洋维管植物或海洋藻类） |

2. 存在的问题

从目前海洋环境基准的研究现状来看，存在以下几方面问题。

1）海水水生生物基准框架和方法学仍需完善

当前水质基准研究大多仍集中于淡水领域，尽管相应的理论与方法也适用于海水环境，但鉴于基于海水物种毒性数据的有限性、淡水与海水物种的敏感性差异和海水环境的复杂性等因素，海水水生生物基准研究仍有诸多方面需要深入，以完善方法学体系，包括诸如盐度、有机质、溶解氧和 pH 等环境要素对毒性结果的影响等。尤其在气候变化的作用下，盐度、温度和 pH 的变化，对污染物质的毒性作用过程、机制和毒性效应等产生的影响，将是海水水生生物基准研究面临的新挑战。

2）缺乏我国海洋模式生物毒性标准测试方法

用于海水水生生物基准推导的急慢性毒性值是建立在能够反映目标污染物在不同暴露周期内对受试物种产生慢性不利影响的终点之上。而在我国当前的毒理学研究中，符合上述要求的毒性数据，尤其是慢性毒性数据极其欠缺，造成这种情况的关键在于我国目前尚未建立相应的海洋敏感物种及其标准化的毒性测试技术，特别是慢性毒性测试技术的发展及标准化远远落后于欧美发达国家。

3）亟待建立我国海洋生态毒理学数据库

水质基准和水质标准限值的制定基础是毒理学研究及毒性数据。当前制约我国海洋环境质量基准和标准体系发展的主要原因之一是缺乏标准化海洋模式生物毒性测试方法和系统、完备的海洋生态毒理学数据资料，导致我国过分依赖美国 ECOTOX 毒理学数据库，造成"卡脖子"问题。

4）缺乏我国海洋环境优控污染物名单

我国陆源入海排污口及近岸海域的监测结果显示，一大批新兴污染物和环境内分泌干扰物被普遍检出，生物毒性效应实验结果亦表明，这些污染物已对我国近岸海洋环境质量构成潜在威胁。然而，目前我国尚未出台海洋环境优控污染物名单，不能反映新形势下海洋环境的污染特征及管理要求。

3. 重点研究内容

1）海水水生生物基准的重点研究内容

基于目前我国海洋环境基准的研究现状和存在的问题，未来我国海洋环境基准的研究需要从以下几方面展开。

A. 海水水生生物基准理论与方法学框架体系研究

研究建立适宜我国海洋生物区系、可操作性强且符合国情的海洋质量基准/标准的方法学体系。以我国海洋生物区系特征为切入点，建立"模式生物培养—毒性测试技术研发及标准化—数据评价和筛选原则—基准值确定—生态风险评价—管理应用"全链条过程基准方法学体系，发布我国海水水生生物基准推导方法指南。

B. 我国海洋优先控制污染物筛选

充分考虑我国陆海统筹水污染防治需求，开展我国海洋优先控制污染物筛选工作，确定我国近岸海域中优先控制污染物名单，为基准目标污染物筛选、海水水质标准修订提供科学支撑。

C. 建立我国海洋生态毒理学数据库

以具有我国海洋生物区系特征的不同营养级的生物作为目标靶体，全面系统地开展基准目标污染物的海洋生态毒理学实验，以建立和发展我国的海洋生态毒理学数据库，为发布目标污染物基准值提供基础数据。

D. 海水水生生物基准关键技术研究

研究我国海水水生生物基准目标污染物筛选、基础数据需求和获取、基准推导方法学；发展国际通用模式生物、本地物种和敏感物种的筛选和海洋模式生物毒性测试技术；发展海洋生物毒性效应数据评估与筛选、物种敏感度分布拟合与评价技术；开展盐度、有机质、溶解氧和 pH 等海洋环境要素对基准推导结果影响研究；从而建立并完善海水水生生物基准研究的支撑技术平台。

2）海洋沉积物质量基准的重点研究内容

A. 系统开展沉积物基准理论与方法学研究

基准研究是依据环境污染特征、暴露数据、污染物与特定对象之间的剂量－效应关系，通过环境风险评估理论与方法确定的限值。核心是环境暴露、毒理与生态效应，手段是风险评估。在 20 世纪 90 年代建立基准初期，基准理论和方法较多借鉴发达国家的经验方法，当前我国基准制定需要聚焦方法的科学性和理论的完整性，既要借鉴国内外基准建立的方法，更要逐渐开拓提出适合我国的方法学体系。

B. 进行多学科多手段的综合研究

与海水介质相比，沉积物的复杂性显而易见。迄今为止，还不能通过任何一种方法，建立具有普遍意义的沉积物质量基准，多学科和多手段的综合是最必要的手段。造成复杂的原因是多方面的，保护对象存在差异，沉积物化学组成特征对其生物有效性和生物毒性的影响不同；区域生物种群差异，对不同污染物的富集和毒性响应差别很大，污染物自身特性等。现有各种方法也各有优势，以生物效应数据为基础的方法能广泛应用多样的生物效应数据，并且能随着数据库的扩大而不断地进行修正，但是目前我国的数据信息不足以支撑；相平衡分配具有可靠的理论，也间接考虑生物效应，应用空间大，但是在确定分配系数上难以获得十分准确的值，并且也忽略了间隙水以外的暴露途径对基准的影响。因此综合多种方法，对产生的基准值进行比较、验证、补充，从而达到采用多元化途径制定最合理的基准值的目标。

C. 建立数据信息丰富、操作友好、动态更新的海洋沉积物基准数据库

该数据库的建设是长期工作，数据和信息需要不断更新并逐渐发展成为可以公开应用的数据资源，服务于科研、环保、管理甚至公众服务。其主要功能包括：一是用于建立基准。大部分的基准研究方法都依赖于沉积物化学、污染、毒性、生物多样性等信息，该数据库是基准研究的基础。二是检验已有基准或者标准的有效性。数据库中的生物效应数据用来验证建立的基准值是否合理，有效。尤其是在海洋环境状况不断更新变化的过程中，实时更新的数据库能显著地发挥验证作用。三是从长远看，数据库对我国生态风险评价以及应急响应具有长远意义。数据库中含有反映不同区域特征的沉积物化学、污染、微生物种群、背景含量等信息，这对于风险管理和应急响应具有十分重要的支撑作用。

D. 逐步拓展沉积物质量基准的涵盖指标

当前的海洋沉积物质量基准涵盖的污染物种类，尚无法满足我国管理部门对基准的需求；而随着社会经济的发展，越来越多的新兴污染物逐渐出现。如果说污染基线调查是发现新型污染物，海洋定期监测能确定其污染程度和变化趋势，那基准则是对新型污染物的实际效应和允许阈值做出限制。因此新兴污染物基准值的确定也是未来的发展趋势。

E. 构建符合我国当前国情，同时与世界接轨的沉积物质量基准体系

沉积物质量基准研究是海洋沉积环境评估和风险评价的第一步，直接决定目标区域是否需进一步深入评估、是否需要采取管理措施，因而是海洋环境保护的第一道防线。其适用性和有效性的重要地位可想而知。距离第一版的《海洋沉积物质量》标准发布已有近 20 年时间，这也是海洋经济高速发展、海洋环境发生显著变化的时期。因此当前沉积物基准的确定应充分符合我国当前海洋沉积物区域特征、沉积物环境污染现状、符合我国对海洋环

境保护的管理需求和方针，同时也应考虑与其他国家接轨，为生态安全威胁甚至应对国际争端提供支撑。

### （十二）环境基准与标准转化技术及其对环境管理支撑技术研究

#### 1. 国外环境基准向环境标准转化的一般程序

发达国家环境基准研究工作开展较早，经过一段时间的摸索，美国、加拿大、澳大利亚等国家都形成了比较固定的环境基准向环境标准的转化程序。由于不同国家体制和环境保护工作组织形式的差异，各国基于环境基准制定环境标准的模式也有所差异，图 4-7、图 4-8 分别为美国、加拿大的环境标准制定模式，两国在参与环境标准制定的部门及其分工方面存在差异，部门间的层次关系也有所不同。图 4-9 所示为国外环境基准向环境标准转化的一般步骤，结合不同国家环境标准制定模式可以总结出国外环境基准向环境标准转

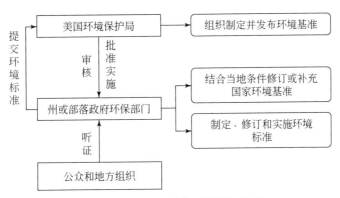

图 4-7　美国环境标准制定模式

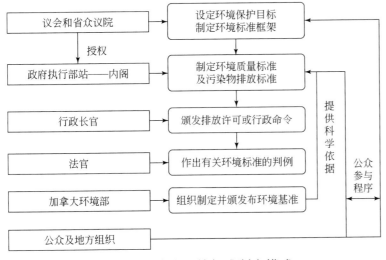

图 4-8　加拿大环境标准制定模式

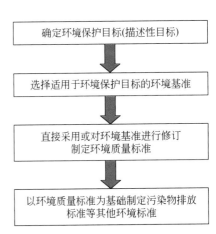

图 4-9　国外基于环境基准制定环境标准的一般步骤

化程序的几点共性特征：①国家环境保护部门负责组织制定并发布环境基准信息；②地方政府是制定和实施环境标准的主体；③环境质量标准是环境基准与环境标准结合的桥梁；④公众参与是环境标准制定的重要环节。

### 2. 中国环境基准向环境标准转化技术及其环境管理支撑技术研究

长期以来，我国环境标准主要借鉴发达国家的环境基准进行制定和修订，国内虽有零星的环境基准相关研究，但缺乏综合协调与系统整合，环境基准的研究和应用未能真正纳入我国环境管理体系。由于不同地区的地质、气候、生物区系、污染类型及污染特征存在较大差异，在缺乏等效采用及验证程序和方法的情况下，直接照搬发达国家的环境基准并据此制定环境标准，大大降低了环境标准的可执行力。环境基准向环境标准转化技术及其环境管理支撑技术研究尚为空白，为使环境基准研究的成果有效应用于环境管理工作中，亟待开展基于中国国情的环境基准向环境标准转化技术及其环境管理支撑技术研究。

### 3. 主要研究内容和方向

#### 1）环境基准向环境标准转化的技术路径研究

环境基准研究属于科学研究范畴，在制定基准时应力求全面细致，而环境标准的制定中除了标准的科学性外，还必须兼顾其可行性和适用性，因此环境基准所涉及的污染物种类往往多于环境标准。在污染物限值方面，环境标准值理论上应等于或严于环境基准值，即环境标准应该是在满足环境基准且可达的前提下对利益相关方环境诉求的体现。图 4-10 为环境基准向环境标准转化的技术路径。

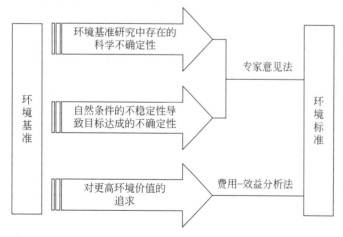

图 4-10　环境基准向环境标准转化的技术路径

环境基准向环境标准转化的驱动因子主要有三类。

一是环境基准研究中存在的科学不确定性。环境基准研究方法的不同和进行环境基准研究时选取的参考环境的不同都可能导致研究结果的不同，且环境基准研究方法尚未达到充分成熟的阶段，研究结果常常以范围值的形式给出，这些因素都导致环境基准研究的科学不确定性。但环境标准作为环境管理体系的重要组成部分，需要便于监测、便于考核，因此在确定环境标准值时需要借助专家经验等手段克服环境基准的科学不确定性，给出可用于环境监测和管理的具体限值。

二是自然条件的不稳定性导致目标达成的不确定性。自然条件，尤其是水、空气这样流动性较强的介质是富于变化和难以掌控的，因此对某一环境目标在时间和空间范围内实现100%达成几乎是不可能的，这就需要在确定环境标准时预先考虑对目标达成率的可接受程度，即当目标达成率低于多少时视为环境质量未达标。专家经验在这个问题上同样具有重要意义。

三是对更高环境价值的追求。环境基准提供的往往是实现介质功能至少应达到的指标值，但随着社会经济的发展，人们往往对环境质量有着更高的期望，尤其在制定地方标准时，当地社会经济条件及人们对环境价值的期望应该作为重要的考虑因素，而环境标准的确定往往应建立在可接受的费用－效益分析的基础上。

专家意见法和费用－效益分析法是环境基准向环境标准转化过程中涉及的核心方法，由于环境资源的费用－效益核算应包含的项目种类、量化方法等尚存在较多争议，专家意见法在实施过程中也需要设法避免或尽量降低主观判断对结果的影响。因此，环境基准向环境标准转化的技术方法学和案例研究是环境基准研究的一项重要内容。

2）基于环境基准的环境标准实施条件研究

我国自然条件、经济条件和技术条件区域差异较为显著，自然条件对环境基准的研究和确定有重要影响，经济和技术条件则是环境标准制定过程中的主要影响因素。因此，以省（市、区）为单位，或根据自然条件在全国范围内划分几个大区分别确定环境基准和制定环境标准能够使环境标准更符合区域自然和经济、技术条件特征，在环境管理中更好地发挥作用。而事实上，由于环境基准研究和环境标准制定是一项需要耗费大量人力、物力、财力和时间的工作，限于国家社会和经济发展水平，我国现行的水环境质量标准、空气环境质量标准和土壤环境质量标准均为全国统一标准，在全国范围内适用。这样的环境标准虽然在制定和管理上较为简便，但难以满足不同区域环境管理工作的需求。

发达国家在解决类似问题时普遍采用的方法是为环境标准颁布实施指南，

指引包括标准的适用条件、豁免条件及豁免标准的替代方案等。结合我国实际情况，可在基于环境基准制定环境标准工作开展的同时，着手制定我国环境标准实施指引，以增强环境标准的适用性和可行性，论证建立地方和区域标准的条件，将建立较完善的地方—区域—国家多层次环境标准体系作为环境基准向环境标准转化研究工作的长期目标。

# 第二节　发展路线图

环境基准研究与发展中长期路线图是以中国环境基准的发展作为总目标。

## 一、水环境基准研究与发展路线图

### （一）总体目标

围绕国家生态文明建设和水环境保护的重大国家需求，在充分借鉴国际水环境基准研究最新成果和先进经验的基础上，综合集成我国环境化学、毒理学、生态学、生物学、预防医学和风险评估等科研成果，全面开展我国水体（海洋、河口海岸、河流、湖库、湿地、地下水）的生物区系和污染特征研究，系统开展水环境基准理论与方法学研究，系统开展基准目标污染物筛查、国际通用模式生物、本土代表性和敏感物种的生物筛选和毒性测试技术、暴露评估、风险评估和生物累积评估等关键支撑技术研究，构建水环境基准基础数据库，形成完善的适合我国国情和社会发展需要的国家保护水生生物及使用功能基准、营养物基准、人体健康基准、沉积物基准和生物学基准等体系，为我国水环境保护与管理提供科技支撑。

### （二）阶段目标

#### 1. 近期目标

初步构建国家水环境基准框架，构建较为完善的环境基准技术支撑平台，制定一批对我国环境质量和生态环境有重要影响的目标污染物环境基准值。

具体的目标包括以下几方面。

1）形成我国水环境基准框架

系统分析国内外水环境基准研究的差距和经验，优化和集成国内外已成熟的水环境基准方法学；建立适用于我国的水环境基准的理论和技术方法体系，系统提出水环境基准体系的基本框架；开展紧迫需求的关键支撑技术研究。

2）筛选确定对中国生态环境和人群健康造成严重威胁的目标污染物名录及其优先顺序

筛选甄别对我国生态环境造成重大破坏或严重影响人类健康或动植物生存质量的关键风险因子；发展基于水环境风险分析的基准目标污染物筛选与排序技术，建立我国主要和典型污染物的环境基准阈值，建立优先性排序原则和方法；建立基准基础数据共享平台。

3）建立水环境基准研究的方法学体系和支撑技术平台

研究我国水环境基准目标污染物的筛选、基础数据需求和获取、基准推导的方法学；发展国际通用模式生物、本地物种和敏感物种的筛选和模式生物毒性测试技术；发展多目标污染物分析方法和连续暴露浓度监测技术；发展完善污染物生物与生态毒性测试、危害评估和暴露评估、效应筛选和生物有效性评价等关键技术；构建环境基准目标污染物基准制定关键模型、污染物毒性和暴露参数的基础信息数据库框架和技术支撑平台。

4）在生态风险评估和健康风险评估的基础上制定目标污染物的环境基准值

基于维护人群健康和生态安全的环境质量基准制定方法学与规范，结合西方发达国家环境基准的研究基础与我国特有的自然生态环境和社会人群结构，进而为我国环境标准的制定与修订提供科学依据。研究污染物形态与毒性、生物有效性之间的关系与预测模型；创建不同环境介质中以保护水生态基准、沉积物基准、保护人体健康基准、营养物基准、生物学基准等方法学与推导计算模型；推导目标污染物环境基准建议值，制定相应的环境基准制定技术导则。

5）初步构建支撑我国环境标准体系和环境管理的支撑平台

基于发达国家环境法规、标准和基准数据信息，遴选可供我国借鉴的环境基准参考信息，构建基于网络的交互式环境基准数据信息平台；确立我国环境基准制定的基本原则；形成我国环境基准向环境标准转化的适宜机制，初步建立环境基准的共性支撑技术框架结构；建立基于环境基准的环境管理体系的技术和方法。

### 2. 远期目标

建成完善的用于水环境基准制定基础数据库、污染物的环境监测技术体系、基准相关试验研究平台和适用于我国的、基于维护人体健康和生态安全的水体环境基准制定方法与技术规范，建立完备的环境基准理论与支撑平台。形成五套完善的环境基准体系，即保护水生生物及其使用功能基准、营养物基准、人体健康基准、沉积物基准和生物学基准体系，为我国环境保护和管理工作提供长效科技支撑。

### （三）发展路线图

围绕水环境保护和管理的国家需求，水环境基准发展路线图（图 4-11）包括以下 5 方面的内容。

### 1. 构建我国水环境基准框架体系

提出适合不同功能用途水体和不同水质管理保护目标的水环境基准类型，包括水生态基准、营养物基准、人体健康基准、沉积物基准和生物学基准等；研究执行水质基准的路线方法和管理策略，提出制修订水质基准的基本原则；建立水质基准与水质标准、水质基准与流域水质管理目标之间的系统衔接和转化机制。

### 2. 建立水环境基准研究的方法学体系

建立标准化的水环境基准基本参数数据库与网络平台；发展不同类型水环境基准（水生态基准、营养物基准、人体健康基准、沉积物基准和生物学基准等）研究的方法学，完善生物群落物种敏感度分布、营养物生态分区、人群消费习惯暴露、沉积物相平衡分配以及生态完整性评估等推导水环境基准的核心方法。

### 3. 构建水环境基准支撑技术平台

开发用于制修订水环境基准的关键支撑技术，包括优控污染物的风险筛查与风险评估技术、水体中污染物的瞬时浓度监测和连续浓度监测技术、以我国代表性土著种为核心的实验生物模式化技术、活体生物测试与毒性评估技术、毒性预测模型和高通量筛选评估技术、污染物的生物有效性和生物累

图 4-11 水环境基准研究与发展路线图

积作用的评估技术、暴露模型与暴露评估技术等，最终构建水环境基准支撑技术的研发与应用示范平台。

4. 制定我国水环境基准的目标污染物清单及其优先排序

在我国重要流域全面开展水环境优控污染物的风险筛查，进一步通过对优控污染物的逐级风险评估和分类排序，确定适合我国国情的水环境基准目标污染物分类清单。

5. 完善我国水环境基准体系

针对水环境基准目标污染物和流域水质管理需求，逐步开展各类水环境基准的制修订工作，制修订一批重要目标污染物的水生态基准、营养物基准、人体健康基准、沉积物基准和生物学基准等；编制各类水环境基准方法学和关键支撑技术的导则、规范；编制重要目标污染物的水环境基准标准化文件；形成完善的水环境基准体系。

### （四）实现目标需要解决的主要科学问题

水环境基准研究涉及很多环节，综合来看，影响水环境基准推导的主要因素包括基础数据的可靠性和统计分析方法的科学性。例如，数据的筛选、物种敏感度分布特征分析、毒性终点的选择等，这些要素在水质基准的研究中都起着非常关键的作用（表 4-4）。

**表 4-4　实现目标需要解决的主要科学问题**

| 主要目标 | 科技领域 | 主要科学问题和关键技术 |
| --- | --- | --- |
| 数据筛选和处理 | 统计学、生物学 | 包括毒理效应数据和暴露数据；我国本地物种的选择；不同统计分析方法，不确定性分析等 |
| 物种敏感度分布特征 | 生物学、毒理学 | 同一物种对不同污染物的敏感性存在差异，不同物种对同一污染物的敏感性也存在差异；要深入分析污染物的物种敏感度分布特征，在此基础上再进行基准的进一步推导和确定 |
| 毒性终点选择 | 生物学、毒理学 | 针对特定污染物，选择繁殖毒性、内分泌干扰效应等重要毒理学终点作为基准推导的终点 |
| 污染物类型 | 化学、生物学 | 不同类别的污染物其环境浓度、危害程度和污染程度不同，作用位点和作用机制也存在差异；考虑流域水体污染物的污染情况，是否为该流域的优先控制污染物等 |
| 模型选择 | 毒理学、统计学 | 当污染物之间的联合作用不容忽视时，采用联合毒作用模型来综合考虑多种污染物共同作用对生物产生的影响；采用 ICE 模型、QSAR 模型对基准展开预测研究；毒性效应的食物链传递和生物放大作用；BLM 模型等 |
| 区域差异性 | 地理学、生物学 | 不同区域的生物区系特征明显不同，明确生物区系结构和组成的差异性，分析差异性原因 |

## 二、海水环境基准研究与发展路线图

### （一）总体目标

围绕国家海洋环境保护重大需求，在客观反映我国当前海洋环境污染特征的基础上，借鉴国际海洋环境基准研究思路、最新成果和先进经验基础，综合运用海洋生物学、海洋生态毒理学、统计学、海洋环境科学、海洋生态学、海洋化学、地理学、信息科学、现代分析化学等先进技术手段，充分考虑我国海洋生态系统特征，科学吸收并集成我国海洋环境质量基准研究成果，系统开展陆海统筹的海洋环境质量基准理论与方法学研究。系统开展本土海洋模式生物筛选、培养和毒性测试方法标准化、数据评估、筛选和基准值确定等关键技术研究，形成一套完整的我国海洋环境基准研究方法体系；系统收集完备的海洋生态毒理学、海洋生物多样性和海洋营养物等数据资料，全面系统地开展基准目标污染物的海洋生态毒理学实验，建立一个我国海洋环境基准数据库；全面开展我国海洋污染特征和海洋生物区系研究，筛选基准目标污染物，发布一批具有我国海洋生物区系特征的污染物基准值和海水营养物基准值；搭建专家智库平台，在更广空间和更高层次上整合资源，构建一支专业海洋质量基准研究团队，提升海洋环境质量基准研究水平，对制修订标准起到有力的支撑作用。

### （二）阶段目标

#### 1. 近期目标

形成我国海洋环境基准研究方法体系，构建较为完善的海洋环境基准技术支撑平台，制定一批对我国环境质量和生态环境有重要影响的目标污染物海洋环境基准值。具体的目标包括以下几方面。

1）建立海洋环境基准研究的方法学体系和支撑技术平台

系统分析国内外海洋环境基准研究的经验和差距，优化和集成国内外已成熟的海洋环境基准方法学；完善适用于我国的海洋环境基准的理论和技术方法体系，系统提出海洋环境基准体系的基本框架，建立并完善基准研究的支撑技术平台。

2）发布基准制定技术规范和污染物基准值

基于海水水生生物基准制定方法学和我国特有的海洋生态环境特点，发布海水水生生物基准制定技术规范，筛选基准目标污染物，发布一批具有我国海洋生物区系特征的污染物基准值。

3）构建我国海洋生态毒理学数据库

收集国内外海洋生态毒理学等数据资料，系统开展目标污染物对我国海洋模式物种的生态毒理学研究，全面获取和累积污染物毒理学数据，初步建立我国海洋生态毒理学数据库并定期更新补充。

4）初步构建支撑我国海洋环境标准体系和环境管理的支撑平台

基于发达国家环境法规、标准和基准数据信息，遴选可供我国借鉴的海洋环境基准参考信息，构建基于网络的交互式环境基准数据信息平台；确立我国海洋环境基准制定的基本原则；形成我国海洋环境基准向海洋环境标准转化的适宜机制，初步建立海洋环境基准的共性支撑技术框架结构；建立基于海洋环境基准的海洋环境管理体系的技术和方法。

2. 远期目标

建成完善的用于海洋环境基准制定的基础数据库、污染物的环境监测技术体系、基准相关试验研究平台和适用于我国的海洋环境基准制定方法与技术规范，建立完善的海洋环境基准理论与支撑平台。形成三套完善的海洋环境基准体系，即海水水生生物基准、海洋沉积物质量基准和不同海洋生态分区营养物基准体系，为我国环境保护和管理工作提供长效科技支撑。

（三）发展路线图

围绕海洋环境保护和管理的国家需求，海洋环境基准发展路线图包括以下 4 个方面的内容（图 4-12）。

1. 构建我国海洋环境基准体系框架

提出适合不同功能用途水体和不同海洋管理保护目标的海洋环境基准类型，包括海水水生生物基准、海洋沉积物基准和海水营养物基准；研究执行海水水生生物基准的路线方法和管理策略，提出制修订海水水生生物基准的基本原则；建立海水水生生物基准与海水水质标准、海水水生生物基准与海

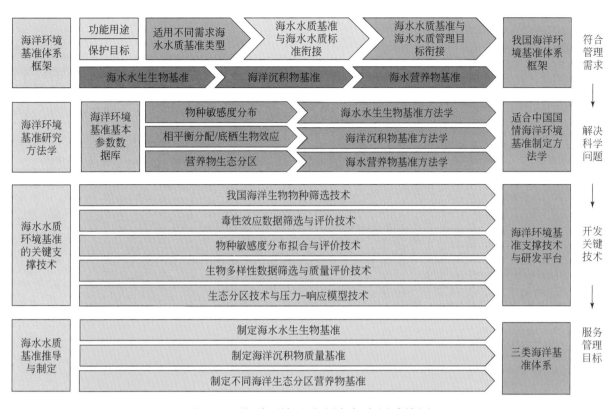

图 4-12　海洋环境基准研究与发展路线图

水水质管理目标之间的系统衔接和转化机制。

2. 建立海洋环境基准研究的方法学体系

建立标准化的海洋环境基准基本参数数据库与网络平台；发展不同类型海洋环境基准（海水水生生物基准、海洋沉积物基准和海水营养物基准）研究的方法学，完善物种敏感度分布、相平衡分配／底栖生物效应、营养物生态分区等推导海洋环境基准的核心方法。

3. 构建海水水质环境基准支撑技术平台

开发用于制修订海洋环境基准的关键支撑技术，包括我国海洋生物物种筛选技术、毒性效应数据筛选与评价技术、物种敏感度分布拟合与评价技术、生物多样性数据筛选与质量评价技术、生态分区技术与压力-响应模型技术等，最终构建海洋环境基准支撑技术的研发与应用示范平台。

4. 海洋环境基准的推导、制定与完善

逐步开展海洋环境基准的制修订工作，制修订一批重要目标污染物的海水水生生物基准、海洋沉积物基准和海水营养物基准；编制各类海洋环境基准和关键支撑技术的指南和规范；编制重要污染物的海洋环境基准标准化文件；形成完善的海洋环境基准体系。

在沉积物质量基准的研究设计中，以生物效应数据库法为基本框架，但同时纳入平衡分配法、表观效应阈值法、组织残毒法和直接加标法制定沉积物质量基准的理念，综合考虑了人体效应、水质效应以及污染物的生物效应等相关内容，克服了生物效应数据库的局限性，改进和完善了生物效应数据库法。因此，称其为综合生物效应数据库法，该法框架介绍如图 4-13 所示。

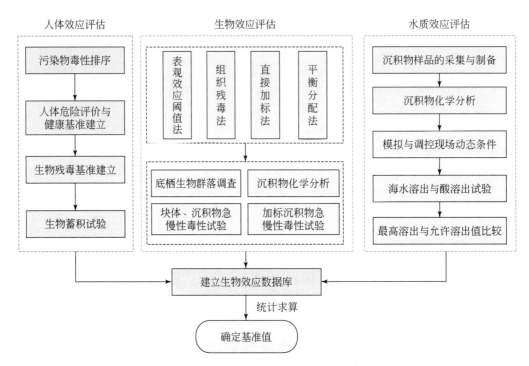

图 4-13　综合生物效应数据库法技术框架

## （四）实现目标需要解决的主要科学问题

海洋环境基准研究涉及很多环节，综合来看，影响海洋环境基准推导的主要因素包括基础数据的可靠性和统计分析方法的科学性。数据的筛选和处理、物种敏感度分布特征分析、毒性终点的选择等，这些关键技术在海洋环境基准的研究中都发挥着重要作用（表 4-5）。

表 4-5　实现目标需要解决的主要科学问题与关键技术

| 基准类别 | 主要目标 | 科技领域 | 主要科学问题和关键技术 |
|---|---|---|---|
| 海水水生生物基准 | 数据筛选和处理 | 统计学、海洋生物学 | 包括毒理效应数据和暴露数据；国际推荐物种和我国本地物种的选择；不同统计分析方法；不确定性分析等 |
| | 物种敏感度分布特征 | 海洋生物学、毒理学 | 同一物种对不同污染物的敏感性存在差异；不同物种对同一污染物的敏感性也存在差异；要深入分析污染物的敏感性分布差异，在此基础上再进行基准的进一步推导和确定 |

| 基准类别 | 主要目标 | 科技领域 | 主要科学问题和关键技术 |
|---|---|---|---|
| 海水水生生物基准 | 毒性终点选择 | 海洋生物学、毒理学 | 针对特定污染物，选择特定的毒理学终点作为基准推导的终点 |
| | 污染物类型 | 海洋化学、海洋生物学 | 不同类别的污染物其环境浓度、危害程度和污染程度不同，作用位点和作用机制也存在差异；考虑我国海水污染物的污染情况，是否为优控污染物等 |
| | 模型选择 | 毒理学、统计学 | 当污染物之间的联合作用不容忽视时，采用联合毒性作用模型来综合考虑多种污染物共同作用对生物产生的影响；采用 ICE 模型、QSAR 模型对基准开展预测研究；毒性效应的食物链传递和放大作用；BLM 模型等 |
| | 区域差异性 | 海洋地理学、海洋生物学 | 不同区域的生物区系特征明显不同，明确生物区系结构和组成的差异性，分析差异性原因 |
| 海洋沉积物基准 | 建立海洋沉积物质量基准的理论与方法学 | 海洋环境科学、海洋生态学、海洋化学、海洋生物学、数学 | 基于我国区域特点、沉积物类型、污染物特征以及数据的可获得性确定海洋沉积物质量基准的推导方法及基准验证方法 |
| | 建立沉积物质量基准数据库 | 海洋环境科学、数学、信息科学、海洋生物学 | 广泛收集代表不同区域特点的沉积物毒理学数据、生物多样性数据以及浓度水平数据，进行筛选及质量评价技术，搭建应用平台 |
| | 筛选目标污染物 | 海洋环境学、海洋生态学、海洋化学、统计学 | 基于我国区域特点、沉积物污染状况，结合国家的管理需求，特别需要充分考虑数据的获得性（不仅在建立基准值，同时在验证基准方面）筛选目标污染物 |
| | 目标污染物的沉积物质量基准研究 | 海洋环境学、海洋生物学、海洋化学、统计学 | 基于已经建立的方法学，利用数据库的资料，开展目标污染物的基准值研究 |

# 三、土壤环境基准研究与发展路线图

## （一）总体目标

围绕我国现阶段及今后土壤生态环境安全、人居安全与农产品安全的国家需求，以生态风险和健康风险评估方法为主要突破口，构建适合我国国情的、有充分科学依据的土壤环境基准制定理论与方法体系；建立四套完整的土壤环境基准体系，即保护人体健康、保护生态受体、保护农产品安全及保护地下水的土壤环境基准体系，形成完善的土壤环境基准技术支撑平台；培养和造就一批国家土壤环境基准科研队伍；推动我国土壤环境基准的基础研究和应用基础研究整体水平不断提升，显著增强我国土壤环境基准研究的自主创新能力和国际影响力，为我国土壤环境的科学管理和土壤资源的安全可持续利用提供科技支撑。

（二）阶段目标

1. 近期目标

提出我国土壤环境基准体系的构架和重点任务，确定优先发展顺序；建成相对完善的用于土壤基准制定所需参数的国家数据库，优先控制污染物的土壤环境监测技术体系，基准相关试验研究平台和适用于我国的、基于维护人体健康和生态安全的土壤环境基准制定方法与技术规范；构建较完整的农业用地和居住用地的土壤环境（重金属、有机污染物）基准体系。

2. 远期目标

建成完善的用于土壤基准制定所需参数的国家数据库，优先控制污染物的土壤环境监测技术体系，基准相关试验研究平台和适用于我国的、基于保护人体健康和生态安全的土壤环境基准制定方法与技术规范；构建保护人体健康、保护生态受体、保护农产品安全及保护地下水的土壤环境基准体系，形成一套完整的基于保护人体健康和生物生态安全的环境基准制定方法与技术规范，为建立系统完整、重点突出、监管有效、生态环境安全、经济可行和社会认可的土壤环境标准体系奠定基础，为我国土壤环境科学管理提供技术支撑。

3. 发展路线图

中国土壤环境基准研究与发展路线图（图4-14）包括制定基准参数的获取、整理和数据质量评价，土壤优先污染物的筛选、风险甄别、监测方法，土壤环境基准研究关键技术，基准制定方法学以及土壤环境基准的推导与制定五个方面。

重点围绕我国土壤优先控制污染物，以生态风险和健康风险评估方法为主要突破口，研究、优化和集成国内外已成熟的土壤环境基准制定方法，结合我国基础毒性数据、本土代表性生物筛选和生态毒性试验数据、暴露途径和暴露模型，通过重点区域的典型案例剖析，分区、分类、分级地制定相应的土壤环境基准，构建上述四套完整的土壤环境基准体系，为实现系统完整、重点突出、监管有效、生态环境安全、经济可行和社会认可的土壤环境标准体系提供科技支撑。根据"中长期发展路线图"的总体描述，对中国未来土壤环境基准的研究和建设可用图4-14和图4-15来具体表示。

图 4-14 中国土壤环境基准研究与发展路线图

**文献调研评价数据库**

整理国内外土壤种类的基础生态毒理数据、环境行为、健康污染效应基础数据 | 构建基础数据库

污染物数据的获取：毒理试验、多介质迁移转化试验、生物富集系数、区域调查数据(污染、水文地质、气候地理、物种分布等)

数据评价方法　构建土壤环境基准所需参数基础数据库

构建基准基础数据库

**土壤优先污染物的筛选甄别技术**

认知我国区域土壤污染特征

研究建立土壤中风险污染物的筛选方法与优先排序

土壤优先控制污染物清单

建立土壤环境优先污染物的环境分析与监测技术

构建土壤环境基准研究平台，实现完善的土壤环境基准制定的理论、方法与技术体系

**土壤环境基准制定关键技术**

毒性甄别，污染物致毒机理揭示，毒性效应表征，计算毒理学应用

污染物向水体和食物链传递的过程机制和主控因子研究

毒理/化学分析，离体生物测试技术应用

污染物在土壤中的赋存形态及其控制因子研究

暴露分析，建立暴露风险评估方法和健康与生态风险评估技术

**土壤环境基准制定方法学**

生物生态分区方法研究 | 制定我国土壤基准的土壤区划方案、区域土壤环境基准制定方法

模型筛选、参数收集与获取

不同土地利用类型下概念模型、暴露情景和途径研究

风险水平研究确定

建立适用于我国国情，基于保护人体健康和生物生态安全的环境基准制定方法与技术规范

**土壤环境基准推导与制定**

建设用地：挥发性、迁移性强的氯代烃类、苯系物、重金属、多环芳烃类、农药类、新型污染物

农用地：8大重金属、农药杀虫剂类、多环芳烃类、抗生素类、其他重金属、新型污染物

保护地下水：挥发性、迁移性强的氯代烃类、苯系物、重金属、多环芳烃类、农药类、新型污染物

保护生态受体：重金属类、农药类、多环芳烃类、新型污染物、其他类污染物

构建四套土壤环境基准值体系

**2036~2050年**

➤构建并完善四套完整的土壤环境基准体系，即保护人体健康、保护生态受体、保护农产品安全及保护地下水的土壤环境基准，并在此基础上建立系统完整、重点突出、监管有效、生态环境安全、经济可行和社会认可的土壤环境标准体系，形成一套完整的基于保护人体健康和生物生态安全的土壤环境基准制定方法与技术规范，为我国土壤环境的科学管理提供技术支撑

**2026~2035年**

➤建成所需参数的国家数据库、优先控制污染物的土壤环境监测技术体系、试验研究平台

➤构建较完善的保护人体健康和生物生态安全的土壤环境基准体系；研究提出现有土壤环境风险管控标准制修订方案

**2020~2025年**

➤提出我国土壤环境基准体系的构架和适用于我国的土壤环境基准制定方法与技术规范

➤提出我国土壤环境基准重点任务，确定优先研究与发展顺序

➤初步构建农用地和建设用地的土壤环境基准体系，提出主要污染物的土壤环境基准值

图 4-15 土壤环境基准研究与发展趋势图

4. 实现目标需要解决的主要科学问题

土壤环境基准的研究是一项长期任务，需作为一项长期的科研任务统筹安排。在重视基础理论创新研究的基础上，以国家战略需求为导向，从我国土壤类型、土地利用方式、土壤污染和生态环境特征，全面而系统地开展我国土壤环境基准的研究。实现目标需要解决的主要科学问题与关键技术详见表4-6。

**表 4-6　实现目标需要解决的主要科学问题与关键技术**

| 主要目标 | 科技领域 | 主要科学问题和关键技术 |
|---|---|---|
| 确定我国土壤优先控制污染物 | 环境科学、生态学、化学、统计学 | 针对我国典型区域、土地利用方式下土壤污染特征、风险水平及发展趋势，结合土壤及相关环境介质管理需求，制定土壤优先控制污染物筛选理论与方法 |
| 确定我国土壤生态毒性测试的模式生物 | 毒理学、生物学、化学 | 在我国典型土壤类型和土地利用方式下，土壤模式生物的筛选技术以及模式生物对土壤优先控制污染物的响应、诊断指标及主控因子 |
| 阐明污染物毒性机理，建立指示生物的标准化生态毒性测试方法 | 毒理学、分析化学 | 土壤优先控制污染物的毒性表征理论、方法及致毒机理；土壤优先控制污染物的监测技术；离体测试技术；毒性测试、识别与数字处理技术；建立具有重要生态功能的指示生物的标准化生态毒性测试方法 |
| 解析污染物的土壤环境行为和界面过程 | 环境科学、生态学、化学、生物学 | 优先控制污染物在土壤中的吸附-解吸、氧化-还原、络合-解离、沉淀-溶解、挥发、降解等环境行为以及污染物在土壤-室内外空气、土壤-生物（土壤动物、农作物、野生植物、微生物）和土壤-地下水系统中迁移、转化关键过程及主控因子 |
| 了解暴露途径、暴露参数、优化暴露评估模型 | 环境科学、生态学、数学 | 调研基于我国不同区域人群体征、不同土地利用方式下人群活动特点的人体暴露参数、背景暴露量；优化室内蒸气入侵等关键暴露途径的暴露模型 |
| 建立基准参数数据库 | 环境科学、数学、信息科学 | 土壤优先控制污染物的基础理化性质参数、环境行为参数、生态毒性参数、健康毒性参数、人群暴露参数、土壤-地下水基本参数、建筑物参数、气象参数等的获取、筛选及质量评价技术以及数据库建立技术 |
| 建立土壤环境基准的理论与方法学 | 环境科学、生态学、化学、生物学、数学 | 基于我国区域特点、土壤类型和土地利用方式的土壤优先控制污染物土壤基准推导方法及基准验证理论与方法 |

# 四、空气环境基准研究与发展路线图

## （一）总体目标

充分借鉴国际基准研究的生态学、流行病学和毒理学研究成果，定期评估我国现行的空气质量标准制定所参照的基准依据，识别构建我国空气质量基准体系的关键科学问题和技术需求。结合我国现有的观测资料，分析我国主要空气污染物和新型污染物的健康和生态风险，依据污染物暴露的健康危害或风险，对我国空气污染物环境基准建立的优先性进行排序。构建符合国际规范的基准研究方法体系、技术标准、评估程序和应用范围。在标准、规范的体系下，通过在典型地区开展长期追踪调查，结合流行病学、毒理学、暴露评估、风险评估等分析方法和技术，识别我国空气污染物长期暴露对人体健康、生态环境和气候的影响。基于我国基准研究获得的空气污染物浓度阈值，构建保护我国公众健康和生态环境的空气质量基准体系，为修订空气环境质量标准体系提供科学依据。

### （二）阶段目标

#### 1. 近期目标

调研发达国家和国际组织的环境保护法规、环境基准体系的构成、制定程序、基准方法学和其他相关技术，明确我国空气质量人体健康基准、生态基准、物理基准体系的科学问题，构建我国空气环境基准体系基本框架。结合我国已有的观测资料和人群调查资料，采用国际先进环境基准研究方法和风险分析技术，分析我国常规污染物、毒害性污染物和新型污染物的健康、生态、物理风险，提出目标空气环境基准清单，确定空气污染物环境基准研究的优先发展顺序。建立空气污染人体健康和区域生态风险信息数据库框架；数据包括国际基准研究关键技术和基础信息、污染物毒理学和流行病学综合评价成果，我国生态环境、人群健康、人群暴露及风险评估资料等。构建我国空气基准的研究方法与技术规范体系，完成环境基准技术导则草案的编制。构建物理基准体系。在我国典型地区开展空气基准案例研究与基准研究方法的示范应用；提出常规污染物和若干优先控制污染物的急性暴露基准值；建立典型地区空气污染长期暴露人群研究平台。

#### 2. 远期目标

对于常规污染物，建立长期暴露人群健康风险综合评价技术体系和技术规范，系统研究常规污染物长期暴露对我国人群健康的危害、生态环境的危害、对气候的影响，构建保护人体健康常规污染物的环境基准体系。对于毒害性和新型污染物，结合国内外数据库、系统开展污染物的人体健康危害和环境毒理效应、风险评估研究；基于污染物在多介质迁移、转化，建立充分反映我国人群暴露特征、区域地理气候特征、各局部地区的污染特征的毒害性和新型污染物环境基准基础数据库；构建基于保护人体健康和生态安全的毒害性污染物的环境基准体系。构建物理基准体系。以空气环境基准为科学依据，遵循监测技术可达、控制技术可行、环境生态安全、经济效益合理与社会公众可接受五大原则，综合考虑我国区域地理气候特征和各局部地区的污染特征，完善基准制定方法与技术规划，完善一批针对不同风险因子控制的空气环境基准及相应的监测技术体系，研发一批与制定空气环境基准及其相应的修订程序有关的关键技术，逐步建立基于基准的空气环境标准修订方案。

### （三）发展路线图

围绕大气环境保护和管理的国家需求，我国空气环境基准研究与发展路线如图 4-16 所示。

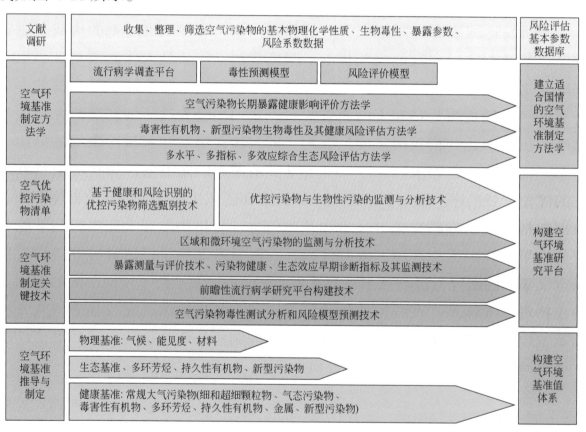

图 4-16　我国空气环境基准研究与发展路线图

### （四）实现目标需要解决的主要科学问题和关键技术

建立我国空气基准体系需要解决的主要科学问题是如何确定基于我国人群健康和生态风险评估的基准定值方法，提出我国目标空气基准污染物清单和基准值。解决相关问题的关键技术体系包括：区域和微环境空气污染物的监测与分析技术体系、人群暴露监测与评价技术体系、基于流行病学调查研究平台的污染物暴露健康风险评估体系、空气污染物（有机污染物、新型污染物）毒性测试分析和风险评估技术体系。

围绕空气基准研究的重大科学问题关键技术和重点领域包括以下几个方面。

### 1. 区域和微环境空气污染物的监测与分析技术体系

典型区域特征性空气污染物的地表浓度监测和分析技术；区域性空气污染物的卫星遥感监测技术；区域性空气污染物排放与气象条件影响的模式分析技术；微环境空气污染物的监测和分析技术；基于源解析技术的大气环境与微环境污染物浓度的交换作用机制。

### 2. 人群暴露监测与评价技术体系

人群暴露长期定点监测与个体暴露分析相结合的流动监测技术；基于现代分子生物学、代谢组学、蛋白组学和化学分析的暴露水平与剂量评价技术；污染物暴露、健康和生态效应早期诊断指标及其监测技术。

### 3. 基于流行病学调查研究平台的污染物暴露健康风险评估体系

空气污染健康影响的回顾性分析方法和暴露剂量－响应关系综合评价技术。针对不同的特征性空气污染物，在典型区域、分阶段建立多个前瞻性流行病学调查研究平台，开展不同人群（易感和健康）的长期暴露跟踪调查：①揭示污染物长期暴露与健康效应的因果关系和作用路径；②研究暴露剂量和易感基因型对于人体健康的影响；③建立我国人群特征性大气污染物暴露剂量－响应关系；④通过有机结合经典流行病学、基因组学、暴露组学和代谢组学研究方法，建立和发展适合我国国情的空气环境基准研究方法学。

### 4. 空气污染物毒性测试分析和风险评估技术体系

结合现代分子生物学和毒理学的污染物毒性测试和分析技术；基于毒理学和流行病学研究的生态环境和人体健康关键风险因子分析技术。

# 第五章
## 环境基准体系发展路线图保障与实施

# 第一节　设立重大研究专项，提供稳定经费支持

在确立"科学确定环境基准"国家目标的背景下，我国已先后开展了一系列与环境基准有关的国家级科研专项。2007年国家环境保护公益性行业科研专项启动了"太湖流域的取代酚类污染物水生态基准预研究"，这是我国首次立项开展水生态基准的研究工作。2007年国家重点基础研究发展计划（973计划）将环境基准的研究列入重要支持方向，并于2008年启动了"湖泊水环境质量演变与水环境基准研究"项目。2016年国家自然科学基金创新研究群体项目启动了"水质基准理论与方法"，该项目面向我国环境标准制修订和环境管理国家重大科技需求，瞄准国际科技前沿，围绕关键问题，系统开展了水质基准理论与技术创新研究。这些项目的实施为我国深入开展环境基准相关研究，逐步建立和完善我国环境基准的框架体系提供了良好的科研环境。

然而，环境基准的科学问题是需要长期、稳定支持的研究领域，应按照重点突破和逐步推进的原则在全国范围内开展系统研究工作，这一目标的实现十分依赖国家一系列重大科研专项持续和稳定的支持。环境基准相关领域的科研人员从科学技术部、生态环境部、国家卫生健康委员会等争取重大研究专项，组成跨部委的专家委员会负责重大专项的顶层设计和运行管理，是基准研究可持续发展的重要保障机制。

环境基准研究不但需要国家层面的科技投入，也需要地方部门以及相关企业的积极参与和配合。通过设置环境基准研究专项，加强顶层设计，统筹部署长期、系统的基本数据获取和基本过程研究，构建项目、课题、专题多层次的研究框架体系。紧密围绕"中国至2035年环境基准研究中长期路线图"设定的重点领域和关键技术，有重点、分阶段地落实和推进环境基准研究项目，力争在环境基准的理论与方法学、环境基准建立的共性技术以及环境基准向环境标准转化技术等方向形成突破、取得创新性成果。

## 第二节　建立国家环境基准综合实验与研究平台

环境基准涉及环境化学、毒理学、生态学、流行病学、生物学和风险评估等前沿学科领域，建立环境基准综合实验与研究平台是开展高水平研究工作的重要手段。建立综合实验与研究平台的环境基准科技创新基地、重点实验室、工程中心、野外观测研究站，以及综合示范区等。

其中，重点实验室应针对环境基准研究的需求与目标而设立。我国根据研究需要，已在陆续组建环境基准专项研究实验室，如2011年环境基准与风险评估国家重点实验室（专栏5-1）。

### 专栏 5-1　环境基准与风险评估国家重点实验室

2011年10月13日，科学技术部正式下发了《关于批准建设心血管疾病等49个国家重点实验室的通知》（国科发基〔2011〕517号），依托于中国环境科学研究院的环境基准与风险评估国家重点实验室获批准立项建设。该国家重点实验重点围绕环境基准，开展环境质量特征与  分区、环境风险评估等方面的基础与应用研究。而我国应从国家层面继续加大对环境基准相关实验室的稳定支撑和条件建设，使其真正为我国环境质量标准制修订、保护生态环境与人体健康的重大决策及环境风险管理提供科技支撑，成为我国环境保护科学研究与人才培养基地。

根据我国的自然地理条件、生态功能区划等，推进国家和地方的紧密合作，加强环境基准科技创新基地、工程中心和野外观测研究站的建设。逐步构建科研院所、工业企业及政府部门等多方参与的产、学、研一体化环境基准研究与应用平台。针对毒性评价和测试、污染物迁移转化模拟、模型评价和参数拟合等，筹建 3～4 个环境基准研究的标准化示范台站，使环境基准研究的基础科研条件有质的改善，能适应日益发展的保护发展需要。

在我国选择若干典型区域，筹建环境基准研究与应用综合示范区，开展风险污染物甄别与优先排序、环境基准推导技术方法、污染物的风险评估技术、环境基准审核与校对等重点方向的系统研究与示范。

## 第三节　构建环境基准的基础数据信息库和共享支撑技术体系

构建环境基准基础数据库并实现网络共享，将为环境基准基础研究与集成应用提供重要支撑，是环境基准研究顺利推进的重要保障。我国环境基准研究起步较晚，基础数据匮乏，尚缺乏能够为国家环境保护提供有力支撑的各类基准相关数据库。亟需构建以污染物管理与分类、生态毒理与效应、人体健康与风险以及环境标准与环境法律法规等相关数据库为支撑的数据信息平台。

环境基准相关数据库对于我国现阶段的环境基准研究和环境质量标准的制修订具有重要的参考价值。环境基准数据采集应考虑我国人群特点、自有物种特性、生态系统特征以及区域环境条件，将分散的资料进行汇总和集成，构建的数据库应具备集成性、开放性、友好性等特点，支持多种关键字查询，并支持对比分析。

充分考虑影响环境基准建立的自然环境和社会经济因素，形成环境基准建立的系列技术方法和标准规范，逐步优化完善环境基准共性支撑技术框架。集成在典型区域的试验示范成果，研究环境基准支撑技术平台推广应用的技术政策和建设方案，构建覆盖全国的环境基准及其转化相关信息的实时监测、自动采集、综合处理、适时更新的共性支撑技术平台。

# 第四节　与相关国家及国际组织
# 建立长期合作交流关系

　　欧美发达国家在环境基准／筛选值制定方面已有五六十年的经验，其法律依据、框架体系、制定方法学、剂量－效应关系、毒性测试技术、暴露与风险评价技术等都相对比较完善，且各具特色。我国环境基准研究方面还刚刚起步，框架体系、理论方法学还有待确立，相关毒性测试技术、模型、数据库等还有待建立和完善。因此，迫切需要与相关国际组织、政府部门和科研机构等（专栏 5-2 ～专栏 5-10）建立长期合作关系，有利于加深我国对欧美发达国家环境基准理论方法学和关键支撑技术的了解，获取最新的信息，缩小与欧美发达国家在环境基准理论和技术上的差距，为制定科学、完善、透明的环境基准奠定良好的基础。

　　针对环境基准领域的共性问题，培养专业化的国际科技合作队伍，建立对外科技合作与交流平台。支持环境基准研究单位与国外研究机构建立联合实验室或技术研发中心。鼓励开展环境基准领域双边、多边国际科技合作研究，加大对环境基准科技人才国际交流的支持力度，积极参与或组织环境基准相关国际学术会议及其他形式的科技交流活动。通过技术引进、革新和集成创新逐步提升我国环境基准研究的整体水平。

**专栏 5-2　美国环境保护局**

　　美国环境保护局（USEPA）是美国于 1970 年设立的负责全国环境保护工作的国家级政府机关。主要职责是制定、协调、统一美国国内环境

污染防治的有关政策，并全面推动环境政策的贯彻实施，其中一个重要职能就是制定、贯彻环境保护标准。

USEPA 的水环境质量基准研究始于 20 世纪 60 年代，相继发表了《绿皮书》、《蓝皮书》、《红皮书》和《金皮书》等水环境基准系列文件。1980 年，USEPA 颁布了获取水环境质量基准的技术指南文件，1985 年形成标准版。2000 年 USEPA 发布了河流、湖库的营养物基准制定导则，至今已颁布了 14 个生态区的河流、湖泊营养物基准，先后完成了湖泊水库（2000.4）、河流（2006.7）、河口海岸（2001.10）和湿地（2006.12 草案）的营养物基准技术指南。当前美国水质基准规定了保护水生生物和人体健康两部分，其中提出 122 种保护人体健康水质基准推荐值，59 种保护水生生物水质基准推荐值，水质基准分为淡水和海水基准。

USEPA 于 1971 年首次颁布了颗粒物的环境空气质量标准，继 1987 年和 1997 年两次修订后，对 $PM_{10}$ 和 $PM_{2.5}$ 给予了倾向性的关注。2004 年发布了《颗粒物空气质量基准》，系统地描述了颗粒物的属性、污染来源、环境质量浓度和监测方法，为美国修订颗粒物空气环境质量标准提供了重要的科技支撑。

针对土壤环境质量基准，USEPA 于 1996 年发布了土壤环境筛选指南，该文件规定了 108 种化学物质的土壤基准值。2003 年起，逐步建立了铜、铅、砷、锌、镉、镍等 17 类金属和 DDT、狄氏剂、五氯酚、PAHs 4 类有机物对植物、土壤无脊椎动物和野生动物的土壤生态筛选基准值。

## 专栏 5-3　美国环境保护局国家暴露研究实验室

国家暴露研究实验室（National Exposure Research Laboratory，NERL）是 USEPA 研究开发办公室所属的 3 个国家实验室之一，总部位于北卡罗来纳州三角研究园区内。下设 6 个研究室：①人类暴露与大气科学研究室，重点研究人类的各种暴露以及各种污染物在大气中的排放和移动；②环境科学研究室，主要从事生态和人类环境暴露方面的研究、开发和技术转让；③生态系统研究室，主要从事生态系统的地貌、养分和化学污染物的多媒体模型研究；④微生物暴露和化学暴露研究室，主要开展人类暴露于微生物和化学有害物质的测量、定性及预测方面的研究；⑤生态暴露研究室，主要研究制定生态暴露的生物学指标、生物化学指标及生物资源状况的诊断指标等；⑥大气模拟研究室，该室实际上隶属于美国海洋与大气管理局的空气资源实验室，与 USEPA 合作开展大气中污染物运输和消散模拟模型的研究与开发。

## 专栏 5-4　美国环境保护局国家风险管理研究实验室

国家风险管理研究实验室（National Risk Management Research Laboratory，NRMRL），作为 USEPA 首个风险管理研究实验室，主要是解决与环境相关的问题。其研究内容主要包括减少温室气体排放，提高空气质量，管理化学物质的风险，清洁有害废弃物，以及保护美国水体。环境风险管理目的是确定什么样的环境风险存在，以及如何以一种最好的方式去管理这些风险以保护人体和环境。由大气污染防治研究室、土地修复与污染治理研究室、地下水与生态系统恢复实验室、可持续发展技术研究室和水供给与水资源研究室 5 个研究室组成。

## 专栏 5-5　美国环境保护局国家健康和环境效应研究实验室

国家健康和环境效应研究室（National Health and Environmental Effects Research Laboratory，NHEERL）是 USEPA 研究开发办公室所属的三个国家实验室之一，总部位于北卡罗来纳州三角研究园区内。该实验室下设 9 个研究室，研发重点污染物和不利于环境因素对人类健康和生态系统整体性的影响。9 个研究室分别是：①大西洋生态研究室，主要负责海洋、海岸和港湾的水质研究。②海湾生态研究室，主要负责海岸湿地及港湾的物理学、化学和生物学动态研究。③中部陆地生态研究室，主要负责监测大湖、大河的生态条件变化趋势，鉴别被污染的流域，诊断生态恶化的原因，建立风险评价体系以支持生态恢复和补救决策，确保国家的淡水资源免受污染的影响。④西部生态研究室，主要负责生态系统的结构与功能研究，并在生态系统、地貌和区域水平上进行生态现象的整体分析。⑤实验毒理学研究室，主要通过多学科研究为肺、心血管、肝、肾和免疫毒性的风险评价提供科学基础，同时促进药物动力学资料在风险评价过程中的应用。⑥环境致癌研究室，重点开展环境诱变和环境致癌研究，尤其是潜在机理的研究，以便建立人类癌症风险评价模型。⑦生殖毒理学研究室，主要运用畸形发生与男女生殖毒性方面的专门技能，来研究农药、空气和饮用水污染物、有害废物等环境污染物在人类生命周期中的不同时期对人类健康的影响。⑧神经毒理学研究室，主要研究物理环境因素和化学环境因素对人类神经系统的影响，对环境因素可能引发的神经毒性进行预测。⑨人类研究室，主要开展与环境污染有关的人类健康问题的临床研究和流行病学研究。

## 专栏 5-6　美国能源部橡树岭国家实验室简介

　　美国能源部橡树岭国家实验室（Oak Ridge National Laboratory，ORNL）是美国能源部直属的一个多学科综合性大型国家实验室，主要研究领域有：中子科学、化学与放射化学技术、复杂生物系统、能源科学、工程科学与机器人、环境科学、高效计算["泰坦"（超级计算机）]、数学、测量科学、物理和化学科学、模拟科学和国家安全等。

　　橡树岭国家实验室为美国毒物和疾病登记署（ATSDR）、环境保护局（EPA）、能源部（DOE）、国防部（DOD）、运输部（DOT）、食品和药品管理局（FDA）、国家环境卫生科学研究所（NIEHS）等机构提供环境毒理学和风险评估的技术支持，撰写和编制了超过2000个场地的人体健康和毒理学评估报告，编写发布了多种生态受体（陆生植物、陆生无脊椎动物、鸟类、土壤微生物、野生动物、底栖无脊椎动物、鱼类等）的生态毒理学和人体健康毒理学报告，为美国制定生态基准和人体健康基准提供了坚实的科学基础。

　　橡树岭国家实验室是美国最大的毒理学研究机构之一，提供危险化学品和放射性物质的初步健康风险评估，包括30000种化学品的毒性终点（如全身性、遗传性、生殖性和致癌性）、参考剂量、参考浓度、致癌斜率因子和急性吸入暴露水平等。橡树岭国家实验室创建的毒理学数据库有：①遗传毒理学数据库（GeneTox），包含超过4000种化学物质的遗传毒理学数据；②环境诱变信息中心（EMIC），有超过900000种化学品的遗传毒理学数据；③环境致畸档案中心（ETIC），有12000种化学品的生殖和发育毒理学数据；④致癌环境信息中心（ECIC），文档B收录了3000种化学品的化学诱发肿瘤相关文献；⑤遗传毒性致癌档案（CARC），有1500种化学品的致癌活性评估实验数据和数值分析结果，并开发了多种用于环境基准制定和风险评估的环境暴露分析模型，如可用于生态或人体健康风险评估的污染物风险空间分析SADA模型。

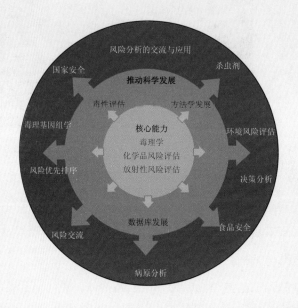

美国能源部橡树岭国家实验室人体健康风险评估核心研究示意图

## 专栏 5-7　荷兰国立公共卫生与环境研究所简介

荷兰国立公共卫生与环境研究所（Rijksinstituut voor Volksgezondheid en Milieu, RIVM）是隶属于荷兰卫生、福利和体育部的一个独立研究机构，下辖4个科学研究部门（传染病控制中心，公共卫生与健康服务部，营养、医药与消费品服务部和环境与安全部），共30个研究室（中心），现有各类研究和工作人员1500多人，主要从事公共卫生、传染病、环境安全、营养与食品安全，以及大自然等领域的研究，设有国家空气、水和土壤环境质量监测网络，每年承担的科研项目多达300余项，年经费预算近2亿欧元，为荷兰政府甚至欧盟组织提供直接有力的政治决策支持和技术援助。

荷兰国立公共卫生与环境研究所负责全国水、土、气环境基准（如环境风险限值）的研究，撰写和编制了大量与人体健康和生态风险评估相关的技术导则和研究报告，如《根据欧盟报道的风险物质推导荷兰环境风险限值的指南》，创建含有14.5万条毒理学数据的 RIVM E-toxBase 生态毒理学数据库，开发了多种用于环境风险评估和基准制定的暴露模型（如 CSOIL 模型），为荷兰乃至欧洲和全世界环境基准与标准的研究做出了重要的贡献。荷兰在制定全国性环境质量通用标准（如目标值和干预值等）时，先由 RIVM 根据毒理学数据推算出污染物的环境风险限值（environmental risk limit, ERL），最后再由荷兰住房、空间规划与环境部的化学品指导委员会（Dutch Steering Committee for Substances）来确定和公布环境质量标准值。荷兰国立公共卫生与环境研究所推导环境风险限值，最终提交荷兰住房、空间规划与环境部。制定土壤目标值的过程举例如右图所示。

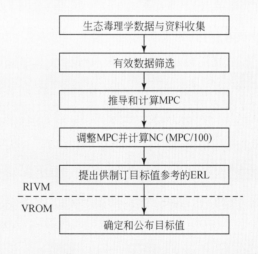

荷兰制定土壤目标值的过程

MPC：最大允许浓度（maximum permissible concentration）；NC：可以忽略的浓度（negligible concentration）；ERL：环境风险限值（environmental risk limit）

## 专栏 5-8　经济合作与发展组织

经济合作与发展组织（OECD）（简称"经合组织"）成立于 1961 年，是由 38 个市场经济国家组成的政府间国际经济组织，旨在共同应对全球化带来的经济、社会和政府治理等方面的挑战，并把握全球化带来的机遇。

成立逾 50 年来，OECD 的数据已成为世界上最大和最可靠的全球性经济和社会统计数据的来源之一。其数据库包括国家账目、经济指标、劳动力、贸易、就业、移民、教育、能源、健康、工业、税收和环境等。OECD 下设环境司，帮助成员国设计并实行有效政策，以求解决环境问题，并对自然资源进行可持续性管理，该司关于环境安全和健康的项目包括了化学测试和危害评估程序，调和数据和实验室运行标准，以及协调评估现代生物技术产品安全性的方法等工作。

OECD 要求其成员国对工业化学品的危害进行评估，建立了评价化学品在其生产、使用和处理过程中对人体和环境暴露的工具，形成了 OECD 环境风险评价工具包，提供了化学品环境风险评价、暴露评估、风险表征等各环节的实用工具。从 1977 年起 OECD 开始进行调整化学品分析测试方法的调查研究，1981 年 5 月出版了《OECD 化学品测试准则》，该准则是有关国际组织和世界各国规范其毒理学试验方法主要的标准和依据，并在颁布之后对其不断加以修订，以适应科学的发展和需要。目前，OECD 成员国之间共同承认的分析测试准则已有 170 多项，涉及物化性质、毒理学和生态毒理学等领域。

## 专栏 5-9　世界卫生组织

世界卫生组织（WHO）是联合国系统内卫生问题的指导和协调机构，主要职能包括：促进流行病和地方病的防治；提供和改进公共卫生、疾病医疗和有关事项的教学与训练；推动确定生物制品的国际标准。制定规范和标准并促进和监测实施是 WHO 的核心职能之一，其发布的《空气质量准则》和《饮用水水质准则》为许多国家和地区制定相关环境标准和法规提供了科学基础。

WHO 的《空气质量准则》旨在为降低空气污染对健康的影响提供指导。在 1987 年首发后，经 1997 年和 2005 年两次修订后，至今已适用于 WHO 所有成员国，对室外空气的可吸入颗粒物（PM）、臭氧（$O_3$）、二氧化氮（$NO_2$）和二氧化硫（$SO_2$）等提出了明确的指导值。2010 年底，WHO 发布了《室内空气质量准则》，针对臭氧、可吸入颗粒物（$PM_{10}$、$PM_{2.5}$）、$SO_2$、$NO_2$、CO、VOCs、铅、苯并 [a] 芘、汞和二噁英等 11 种污染物的限量和时限给出了标准，并列举了每种化学物的来源、暴露途径及对人体健康产生的具体影响，这是 WHO 首次公布对身体健康产生影响的室内空气有毒物质的量化标准。

WHO 关于《饮用水水质准则》已先后发布了四版。第一版和第二版对确保微生物安全给予优先考虑，并对化学品危害提供了准则值；第三版考虑到风险评估和风险管理方面的发展，提出了"饮用水安全框架"和"水安全计划"；2011 年修订的第四版对新型污染物给予了更多关注。

WHO 的环境健康基准（EHC）文件整合了国际上重要的有关化学品对环境和人体健康效应的综述，有两个不同的系列，分别针对化学品和风险评价方法，包含暴露来源、环境行为、分布与转化、环境浓度、人体暴露、在动物与人体中的新陈代谢及影响效应等信息。WHO人体健康风险评价工具包提供了在地区和国家水平上识别、获取和使用评价化学品毒性、暴露和健康风险所需信息的导则，提出了人体健康风险评价的路线图，指出了完成评价所必须收集的信息及其来源。

## 专栏 5-10  欧洲土壤污染风险评估国际合作项目和平台简介

CARACAS（1996～1998年）：全称为欧盟污染场地风险评估协调行动（Concerted Action on Risk Assessment for Contaminated Sites in the European Union，CARACAS），旨在协调欧洲污染土地的研究动议，确定未来研究开发项目的优先研究任务。该项目的成果之一是综述了欧洲各国土壤质量评价的科学基础以及评价程序。

CLARINET（1998～2000年）：全称为欧洲污染土地复兴环境技术网络（Contaminated Land Rehabilitation Network for Environmental Technologies in Europe，CLARINET），下设不同的工作组，其主要目标是为有关欧洲污染土地复兴的决策提供技术建议。CLARINET的主要成果是提出了基于风险的土地管理（RBLM）的概念，即通过确定共同的目标来实现空间规划、环境保护和工程等不同角度/观点的协调，RBLM的三个要素是符合使用功能、生态环境保护和长期复育。

NICOLE（1996年至今）：全称为欧洲工业污染土地网络（Network for Industrially Contaminated Land in Europe，NICOLE），是一个以工业界为主的欧洲污染土地管理论坛，旨在促进工业界、学术界和咨询公司之间就污染场地可持续管理技术的研发和应用展开合作。

HERACLEMS（2005年至今）：全称为欧盟成员国污染场地健康与生态风险评估（Human and Ecological Risk Assessment for Contaminated Land in European Member States，HERACLEMS），HERACLEMS网络是由欧洲委员会联合研究中心（JRC）于2005年发起并负责协调的一个长期研究网络，旨在促进欧盟各成员国研发统一的风险评估工具，该工具将用于各国土壤质量的评价。HERACLEMS的主要活动包括工作组讨论以及研究和试点项目。

HERACLEMS网络主要开展三类风险评估的研究：①相对风险评估，即制定基于风险的区域污染场地清单的方法；②筛选风险评估，即土壤环境基准和标准的方法；③具体场地风险评估，即针对具体场地的环境和暴露条件开展风险评估。

2005年第一届HERACLEMS会议后，作为统一的风险评估工具研发的第一步，Carlon等（2007）综述了欧盟各成员国现行的风险评估程序，并指出了欧盟污染土地风险评估程序（部分）统一的可能性。

# 第五节　加强环境基准人才队伍建设

实施环境基准人才计划和人才工程。依托环境基准研究项目、重点学科与科研基地建设，加大人才培养与科研团队建设的支持力度，鼓励和支持年轻人才、复合型人才承担或参与环境基准项目，注重人才队伍的梯队建设，造就一批具有世界前沿水平的环境基准科技高级专家和创新团队。

制定环境科技人才管理和高层次人才引进的激励政策，为高层次人才流动提供信息服务和保障条件。进一步完善科技人才管理的规章制度，落实引进科技人才的优惠政策。通过加强环境基准科研单位与各级环境保护部门的合作，促进信息交流和人才流动，使环境基准科技人才能够真正为环境保护工作的实际需要提供重要技术支撑。

重视现有环境基准科技人才的培养和使用，构建有利于创新人才成长的文化环境，针对学科带头人、科技骨干、基层科技工作者分别制定人才教育、培训和培养计划。加强科研职业道德建设，遏制科学技术研究中的浮躁风气和学术不良风气，倡导求真务实、激发创新思维，形成宽松和谐、健康向上的学术氛围。

# 参考文献

安伟, 胡建英, 陶澍. 2006. 壬基酚对 *Americamysis bahia* 种群安全暴露基准浓度的确定. 环境化学, 25(1): 80-83.

曹宇静, 吴丰昌. 2010. 淡水中重金属镉的水质基准制定. 安徽农业科学, 38(3): 1378-1380, 1437.

陈静生, 王飞越. 1992. 关于水体沉积物质量基准问题. 环境化学, 11(3): 60-70.

陈静生, 王立新, 洪松, 等. 2001. 各国水体沉积物重金属质量基准的差异及原因分析. 环境化学, 20(5): 417-424.

陈奇, 霍守亮, 席北斗, 等. 2010. 湖泊营养物参照状态建立方法研究. 生态环境学报, 19(3): 544-549.

高如泰, 姜甜甜, 席北斗, 等. 2011. 湖北省湖泊营养物生态分区技术方法研究. 环境科学研究, 24(1): 43-49.

霍守亮, 陈奇, 席北斗, 等. 2009. 湖泊营养物基准的制定方法研究进展. 生态环境学报, 18(2): 743-748.

霍守亮, 陈奇, 席北斗, 等. 2010. 湖泊营养物基准的候选变量和指标. 生态环境学报, 19(6): 1445-1451.

霍文毅, 陈静生. 1997. 我国部分河流重金属水－固分配系数及在河流质量基准研究中的应用. 环境科学, 4: 9-12.

姜甜甜, 高如泰, 席北斗, 等. 2010. 云贵高原湖区湖泊营养物的生态分区技术方法研究. 环境科学, 31(11): 2599-2606.

蒋惠忠, 邹立芝, 李绪谦, 等. 2002. 四平地区生态地质环境的研究. 吉林大学学报（地）, (1): 87-91.

阚海东, 陈秉衡, 贾健. 上海市大气污染与居民每日死亡关系的病例交叉研究. 中华流行病学杂志, 2003, 24(10): 863-867.

柯新利, 刘曼, 邓祥征. 2012a. 中国中东部平原亚热带湿润区湖泊营养物生态分区. 生态学报, 32(1): 38-47.

柯新利, 刘曼, 邓祥征. 2012b. 基于遥感反演参数与双约束空间聚类算法的湖泊营养物生态分区. 地理科学进展, 31(3): 315-323.

柯新利, 刘曼, 邓祥征. 2014. 湖泊营养物生态分区: 中国东北的分区试验. 自然资源学报, 29(5): 789-800.

雷炳莉, 金小伟, 黄圣彪, 等. 2009. 太湖流域 3 种氯酚类化合物水质基准的探讨. 生态毒理学报, 4(1): 40-49.

李思忠. 1981. 中国淡水鱼类的分布区划. 北京: 科学出版社.

李志博, 骆永明, 宋静, 等. 2006. 土壤环境质量指导值与标准研究 Ⅱ. 污染土壤的健康风险评估. 土壤学报, 43(1): 142-151.

李志博, 骆永明, 宋静, 等. 2008. 基于稻米摄入风险的稻田土壤镉临界值研究: 个案研究. 土壤学报, 45(1): 76-81.

刘鸿亮, 李小平. 2007. 湖泊营养物控制的国家战略. 环境保护, 7: 16-17.

骆永明, 等. 2016. 土壤污染毒性、基准与风险管理. 北京: 科学出版社.

潘小川. 2015. 关注中国大气灰霾（$PM_{2.5}$）对人群健康影响的新常态. 北京大学学报（医学版）, 47(3): 377-379.

宋静, 陈梦舫, 骆永明, 等. 2011. 制订我国污染场地土壤风险筛选值的几点建议. 环境监测管理与技术, 23(3): 26-33.

宋静, 骆永明, 夏家淇. 2016. 我国农用地土壤环境基准与标准制定研究. 环境保护科学, 42(4): 29-35.

汪云岗, 钱谊. 1998. 美国制定水质基准的方法概要. 环境监测管理与技术, 10(1): 23-25.

王国庆, 骆永明, 宋静, 等. 2005. 土壤环境质量指导值与标准研究 Ⅰ. 国际动态及中国的修订考虑. 土壤学报, 42(4): 666-673.

王国庆, 骆永明, 宋静, 等. 2007. 土壤环境质量指导值与标准研究 Ⅳ. 保护人体健康的土壤苯并［a］芘的临界浓度. 土壤学报, 44(4): 603-611.

王立新, 陈静生, 洪松, 等. 2001. 水体沉积物重金属质量基准研究新进展——生物效应数据库法. 环境科学与技术, 2: 4-8.

王小庆, 李波, 韦东普, 等. 2013. 土壤中铜和镍的植物毒性预测模型的种间外推验证. 生态毒理学报, 8(1): 77-84.

王小庆，马义兵，黄占斌．2013.痕量金属元素土壤环境质量基准研究进展．土壤通报，44(2): 505-512.

吴超，胡友彪，苏婧，等．2015.基于压力响应关系法的湖泊营养物基准制定．环境工程学报，9(6): 2631-2638.

吴丰昌，李会仙．2011.美国水质基准制定的方法学指南．北京：科学出版社．

吴绍洪，杨勤业，郑度．2002.生态地理区域界线划分的指标体系．地理科学进展，21(4): 302-310.

吴自豪，张彦峰，陈心悦，等．2019.根据SSD推导PFOS沉积物质量基准及其在生态风险评估中的应用．环境科学研究，(9):1448-1455.

夏青，陈艳卿，刘宪兵．2004.水质基准与水质标准．北京：中国标准出版社．

谢正苗，李静，陈建军，等．2006.中国蔬菜地土壤重金属健康风险基准的研究．生态毒理学报，1(2): 172-179.

徐继填，陈百明，张雪芹．2001.中国生态系统生产力区划．地理学报，56(4): 401-408.

闫振广，刘征涛，余若祯，等．2009.我国淡水水生生物镉基准研究．环境科学学报，29(11): 2393-2406.

杨章林，徐琪．2005.土壤生态系统．北京：科学出版社．

张德禄，刘永定，胡春香．2011.基于营养盐的中国湖泊生态分区框架与指标体系初探．湖泊科学，23(6): 821- 827.

张红振，骆永明，章海波，等．2010.土壤环境质量指导值与标准研究V.镉在土壤–作物系统中的富集规律与农产品质量安全．土壤学报，47(4): 628-638.

张礼兵，霍守亮，周玉良，等．2011.基于系统动力学的湖泊营养物基准参照状态研究．环境科学学报，31(6): 1254-1262.

张礼兵，张展羽，霍守亮，等．2012.基于模型反演确定邛海湖泊营养物的参照状态．环境工程技术学报，2(3): 193-199.

张瑞卿，吴丰昌，李会仙，等．2010.中国水质基准发展趋势和存在的问题．生态学杂志，29(10): 2049-2056.

张婷，钟文珏，曾毅，等．2012.应用生物效应数据库法建立淡水水体沉积物重金属质量基准．应用生态学报，23( 9): 2587-2594.

张彤，金洪钧．1997.丙烯腈水生态基准研究．环境科学学报，17(1): 75-81.

章海波，骆永明，李志博，等．2007.土壤环境质量指导值与标准研究Ⅲ.污染土壤的生态风险评估．土壤学报，44(2): 338-349.

郑丙辉，许秋瑾，周保华，等．2009.水体营养物及其响应指标基准制定过程中建立参照状态的方法——以典型浅水湖泊太湖为例．湖泊科学，21(1): 21-26.

中国环境科学研究院．2010.水质基准的理论与方法学导论．北京：科学出版社．

钟文珏，常春，曾毅，等．2011.非离子有机物淡水沉积物质量基准推导方法——以林丹为例．生态毒理学报，6(5):476-484.

周忻，刘存，张爱茜，等．2005.非致癌有机物水质基准的推导方法研究．环境保护科学，31(127): 20-24.

祝凌燕，邓保乐，刘楠楠，等．2009a.应用相平衡分配法建立污染物的沉积物质量基准．环境科学研究，22 (7): 762-767.

祝凌燕，刘楠楠，邓保乐．2009b.基于相平衡分配法的水体沉积物中有机污染物质量基准的研究进展．应用生态学报，20(10): 2574-2580.

Abell R, Olson D M, Dinerstein E, et al. 2000. Freshwater ecoregions of North America: A conservation assessment. Washington DC: Island Press.

Abell R, Thieme M L, Revenga C, et al. 2008. Freshwater ecoregions of the world: A new map of biogeographic units for freshwater biodiversity conservation. BioScience, 58: 403-414.

ANZECC and ARMCANZ. 2000. Australian and New Zealand guidelines for fresh and marine water quality. Canberra: Australian and New Zealand Environment and Conservation Council and Agriculture and Resource Management Council of Australia and New Zealand.

Bennion H, Fluin J, Simpson G L. 2004. Assessing eutrophication and reference conditions for Scottish freshwater lochs using subfossil diatoms. Journal of Applied Ecology, 41: 124-138.

Bennion H, Simpson G L, Anderson N J, et al. 2011. Defining ecological and chemical reference conditions and restoration targets for nine European lakes. Journal of Paleolimnology, 45: 415-431.

Blindow G A, Haregy A. 1993. Long-term pattern of alternative stable states in two shallow eutrophic lakes. Freshwater Biology, 30: 1159-1167.

Cardoso A C, Solimini A, Premazzi G, et al. 2007. Phosphorus reference concentrations in European lakes. Hydrobiologia, 584: 3-12.

Carlon C. 2007. Derivation methods of soil screening values in Europe. A review and evaluation of national procedures towards harmonisation. EUR 22805 EN. Ispra: European Commission, Joint Research Centre.

Carvalho L, Solimini A, Phillips G, et al. 2008. Chlorophyll reference conditions for European lake types used for intercalibration of ecological staus. Aquatic Ecology, 42: 203-211.

CCME. 2007. A protocol for the derivation of water quality guidelines for the protection of aquatic life. Canadian environmental quality guidelines. Ottawa: Canadian Council of Ministers of the Environment.

Crowly J M. 1967. Biogeography. Canaian Geographer, 11(4): 312-326.

Cunha D G F, Dodds W K. Calijuri M D C. 2011. Defining nutrient and biochemical oxygen demand baselines for tropical rivers and streams in São Paulo State (Brazil): A comparison between reference and impacted sites. Environmental Management, 48: 945-956.

Cunha D G F, Ogura A P, Calijuri M D C. 2012. Nutrient reference concentrations and trophic state boundaries in subtropical reservoirs. Water Science & Technology, 65(8): 1461-1467.

Darlington P J. 1957. Zoogeography: The geographical distribution of animals. New York: John Wiley & Sons.

Dodds W K, Carney E, Angelo R T. 2006. Determining ecoregional reference conditions for nutrients, Secchi depth and chlorophyll a in Kansas Lakes and Reservoirs. Lake and Reservoir Management, 22(2): 151-159.

Dodds W K, Oakes R M. 2004. A technique for establishing reference nutrient concentrations across watersheds affected by humans. Limnology and Oceanography: Methods, 2: 333-341.

EC. 2003. Technical guidance document in support of the commission directive 93/67/EEC on risk assessment for new notified substances and the commission regulation EC 1488/94 on risk assessment for existing substances. Publication EUR 20418 EN/3. Environmental risk assessment part II. Helsinki: European Commission Joint Research Centre.

EC. 2011. Common implementation strategy for the water framework directive (2000/60/EC) guidance document No. 27 technical guidance for deriving environmental quality standards. Helsinki: European Commission.

Haggard B E, Scott J T, Longing S D. 2013. Sestonic chlorophyll-a shows hierarchical structure and thresholds with nutrients across the Red River Basin, USA. Journal of Environmental Quality, 42: 437-445.

Hausmann S, Charles D F, Gerritsen J, et al. 2016. A diatom-based biological condition gradient (BCG) approach for assessing impairment and developing nutrient criteria for streams. Science of the Total Environment, 562: 914-927.

Hawkins C P, Olson J R, Hill R A. 2010. The reference condition: Predicting benchmarks for ecological and water-quality assessments. Journal of the North American Benthological Society, 29: 312-343.

Heatherly II T. 2014. Acceptable nutrient concentrations in agriculturally dominant landscapes: A comparison of nutrient criteria approaches for Nebraska rivers and streams. Ecological Indicators, 45: 355-363.

Heinsalu A, Alliksaar T, Leeben A, et al. 2007. Sediment diatom assemblages and composition of pore-water dissolved organic matter reflect recent eutrophication history of Lake Peipsi (Estonia/Russia). Hydrobiologia, 584: 133-143.

Hirt U, Mahnkopf J, Gadegast M, et al. 2014. Reference conditions for rivers of the German Baltic Sea catchment: Reconstructing nutrient regimes using the model MONERIS. Regional Environmental Change, 14: 1123-1138.

Hosper S H. 1998. Stable states, buffers and switches: An ecosystem approach to the restoration management of shallow lakes in the Netherlands. Water Science & Technology, 37(3): 151-164.

Huo S L, Ma C Z, He Z S, et al. 2015b. Prediction of physico-chemical variables and chlorophyll a criteria for ecoregion lakes using the ratios of land use to lake depth. Environment Earth Sciences, 74(5): 3709-3719.

Huo S L, Ma C Z, Xi B D, et al. 2014b. Lake ecoregions and nutrient criteria development in China. Ecological Indicators, 46:

1-10.

Huo S L, Ma C Z, Xi B D, et al. 2014c. Defining reference nutrient concentrations in southeast eco-region lakes, China. Clean—Soil Air Water, 42(8): 1066-1075.

Huo S L, Ma C Z, Xi B D, et al. 2014d. Determining ecoregional numeric nutrient criteria by stressor-response models in Yungui ecoregion lakes, China. Environmental Science and Pollution Research, 21: 8831-8846.

Huo S L, Ma C Z, Xi B D, et al. 2015a. Establishing water quality reference conditions for nutrients, chlorophyll a and Secchi depth for 7 typical lakes in arid and semiarid ecoregion, China. Environmental Earth Sciences, 73: 4739-4748.

Huo S L, Ma C Z, Xi B D, et al. 2015c. Nonparametric approaches for estimating regional lake nutrient thresholds. Ecological Indicators, 58: 225-234.

Huo S L, Xi B D, Ma C Z, et al. 2013b. Stressor-response models: A practical application for the development of lake nutrient criteria in China. Environmental Science & Technology, 47(21): 11922-11923.

Huo S L, Xi B D, Su J, et al. 2013a. Determining reference conditions for TN, TP, SD and Chl-a in eastern plain ecoregion lakes, China. Journal of Environmental Sciences, 25(5): 1001-1006.

Huo S L, Xi B D, Su J, et al. 2014a. Defining physico-chemical variables, chlorophyll-a and Secchi depth reference conditions in northeast eco-region lakes, China. Environmental Earth Sciences, 71(3): 995-1005.

Huo S L, Zan F Y, Chen Q, et al. 2012. Determining reference conditions for nutrients, chlorophyll a and Secchi depth in Yungui Plateau ecoregion lakes, China. Water and Environment Journal, 26: 324-334.

Janse J H, Senerpont L N D, Scheffer M, et al. 2008. Critical phosphorus loading of different types of shallow lakes and the consequences for management estimated with the ecosystem model PCLake. Limnologica, 38: 203-219.

Kim D K, Zhang W T, Hiriart-Baer V, et al. 2014. Towards the development of integrated modelling systems in aquatic biogeochemistry: A Bayesian approach. Journal of Great Lakes Research, 40 (S3): 73-87.

Lamon E C, Qian S S. 2008. Regional scale stressor-response models in aquatic ecosystems. Journal of the American Water Resources Association, 44: 771-781.

Legendre P, Legendre L. 1998. Numerical Ecology. 2nd ed. Amsterdam: Elsevier.

Lepper P. 2004. Manual of the methodological framework used to derive quality standards for priority substances of the water framework directive. Schmallenberg: Fraunhofer Institute.

Lioy P J. 1995. Measurement methods for human exposure analysis. Environmental Health Perspectives, 103: 35-43.

Makarewicz J C, Lewis T W, Rea E, et al. 2015. Using SWAT to determine reference nutrient conditions for small and large streams. Journal of Great Lakes Research, 41: 123-135.

Matthaei C D, Piggott J J, Townsend C R. 2010. Multiple stressors in agricultural streams: Interactions among sediment addition, nutrient enrichment and water abstraction. Journal of Applied Ecology, 47(3): 639-649.

Moog O, Schmidt-Kloiber A, Ofenböck T, et al. 2004. Does the ecoregion approach support the typological demands of the EU 'Water Framework Directive'?. Hydrobiologia, 516: 21-23.

Omernik J M. 1987. Ecoregions of the conterminous United States. Annals of the Association of American Geographers, 77(1): 118-125.

Omernik J M, Bailey R G. 1997. Distinguishing between watershed and ecoregion. Journal of American Water Resources Association, 33(5): 935-949.

Poikāne S, Alves M H, Argillier C, et al. 2010. Defining Chlorophyll—A reference conditions in European lakes. Enviromental Management, 45: 1286-1298.

Provoost J, Reijnders L, Swartjes F, et al. 2008. Parameters causing variation between soil screening values and the effect of harmonization. Journal of Soil & Sediments, 8: 298-311.

Qian S S, King R S, Richardson C J. 2003. Two methods for the detection of environmental thresholds. Ecology Modelling, 166: 87-97.

中国环境基准体系中长期路线图（第二版）

Qian S S, Miltner R J. 2015. A continuous variable Bayesian networks model for water quality modeling: A case study of setting nitrogen criterion for small rivers and streams in Ohio, USA. Environmental Modelling & Software, 69: 14-22.

Ramin M, Stremilov S, Labencki T, et al. 2011. Integration of numerical modeling and Bayesian analysis for setting water quality criteria in Hamilton Harbour, Ontario, Canada. Environmental Modelling & Software, 26: 337-353.

Salerno F, Viviano G, Carraro E, et al. 2014. Total phosphorus reference condition for subalpine lakes: A comparison among traditional methods and a new process-based watershed approach. Journal of Environmental Management, 145: 94-105.

Sánchez-Montoya M M, Arce M I, Vidal-Abarca M R, et al. 2012. Establishing physico-chemical reference conditions in Mediterranean streams according to the European Water Framework Directive. Water Research, 46: 2257-2269.

Snelder T H, Biggs B J F. 2002. Multiscale river environment classification for water resources management. Journal of the American Water Resources Association, 38: 1225-1239.

Solheim A L. 2005. Reference conditions of European lakes: Indicators and methods for the water framework directive assessment of reference conditions. [2005-12-31]. http: //www.rbm-toolbox.net/docstore/docs/3.1713.D7-uusi.pdf.

Stow C A, Cha Y K, Qian S S. 2014. A Bayesian hierarchical model to guide development and evaluation of substance objectives under the 2012 Great Lakes Water Quality Agreement. Journal of Great Lakes Research, 40 (S3): 49-55.

Suplee M W, Varghese A, Cleland J. 2007. Developing nutrient criteria for streams: An evaluation of the frequency distribution method. Journal of the American Water Resources Association, 43(2): 453-471.

USEPA. 1985. Guidelines for deriving numerical national water quality criteria for the protection of aquatic organisms and their uses. Washington DC: U. S. Environmental Protection Agency.

USEPA. 1998. National strategy for the development of regional nutrient criteria. EPA 822-R-98-002. Washington DC: U. S. Environment Protection Agency.

USEPA. 2000. Nutrient criteria technical guidance manual. Lakes and reservoirs. EPA-822-B-00-001. Washington DC: U. S. Environmental Protection Agency, Office of Water.

USEPA. 2010. White paper: Integration of regional- and local-scale air quality modeling research with EPA/ORD's Human Exposure and Health Research Program, Atmospheric Exposure Integration Branch of the Atmospheric Modeling and Analysis Division. Washington DC: U. S. Environment Protection Agency.

Yan Z G, Zhang Z S, Wang H, et al. 2012. Development of aquatic life criteria for nitrobenzene in China. Environmental Pollution,162:86-90.

Yin D Q, Hu S Q, Jin H J, et al. 2003a. Deriving freshwater quality criteria for 2, 4, 6-trichlorophenol for protection of aquatic life in China. Chemosphere, 52: 67-73.

Yin D Q, Jin H J, Yu L W, et al. 2003b. Deriving freshwater quality criteria for 2, 4-dichlorophenol for protection of aquatic life in China. Environmental Pollution, 122: 217-222.

Zhang Y L, Huo S L, Li R H, et al. 2016a. Diatom taxa and assemblages for establishing nutrient criteria of lakes with anthropogenic hydrologic alteration. Ecological Indicators, 67: 166-173.

Zhang Y L, Huo S L, Ma C Z, et al. 2014. Using stressor–response models to derive numeric nutrient criteria for lakes in the eastern plain ecoregion, China. Clean—Soil Air Water, 42(11): 1509-1517.

Zhang Y L, Huo S L, Xi B D, et al. 2016b. Establishing nutrient criteria in nine typical lakes, China: A conceptual model. Clean—Soil Air Water, 44(10): 1335-1344.

# 附　　录

## 附录 I　已出版专著清单

陈艳卿，韩梅，王红梅，等 . 美国水质基准方法学概论 . 北京：中国环境出版社，2014.

霍守亮，席北斗，等 . 湖泊营养物基准制定的压力 - 响应模型及案例研究 . 北京：科学出版社，2016.

刘征涛 . 水环境质量基准方法与应用 . 北京：科学出版社，2012.

骆永明，等 . 土壤污染毒性、基准与风险管理 . 北京：科学出版社 .2020.

骆永明，夏家淇，章海波，等 . 中国土壤环境质量基准与标准制定的理论和方法 . 北京：科学出版社，
  2015.

马德毅，王菊英，洪鸣，等 . 海洋环境质量基准研究方法学浅析 . 北京：海洋出版社，2011.

王子健 . 环境基准研究进展（上）. 北京：高等教育出版社，2015.

吴丰昌，等 . 水质基准理论与方法学及其案例研究 . 北京：科学出版社，2012.

吴丰昌，等 . 湖泊水环境质量演变与水环境基准研究 . 北京：科学出版社，2015.

吴丰昌，等 . 中国环境基准体系中长期路线图 . 北京：科学出版社，2014.

吴丰昌，李会仙 . 美国水质基准制定的方法学指南 . 北京：科学出版社，2011.

席北斗，霍守亮，苏婧 . 水体营养物基准理论与方法学导论 . 北京：科学出版社，2013.

夏家淇 . 土壤环境质量标准详解 . 北京：中国环境科学出版社，1996.

夏青，陈艳卿，刘宪兵 . 水质基准与水质标准 . 北京：中国标准出版社，2004.

闫振广，刘征涛，等 . 水生生物水质基准理论与应用 . 北京：化学工业出版社，2014.

闫振广，王一喆，等 . 水环境重点污染物物种敏感度分布评价 . 北京：化学工业出版社，2015.

张志锋，韩庚辰，王菊英 . 中国近岸海洋环境质量评价与污染机制研究 . 北京：海洋出版社，2013.

中国环境科学研究院 . 水质基准的理论与方法学导论 . 北京：科学出版社，2010.

周军英，葛峰 . 农药水生生物基准制定方法与技术 . 北京：科学出版社，2014.

# 附录 II　水环境基准国内发表部分文章清单

艾舜豪, 李霁, 王晓南, 等. 太湖双酚 A 的水质基准研究及风险评价. 环境科学研究, 2020, 33(3): 581-588.

蔡靳, 闫振广, 何丽, 等. 水质基准两栖类受试生物筛选. 环境科学研究, 2014, 27(4): 349-355.

曹晶潇, 陈晓泳, 陆素芬, 等. 广西坡豪湖氨氮水生生物水质基准及生态风险评估. 贵州农业科学, 2019, 47(4): 145-149.

曹莹, 张亚辉, 闫振广, 等. 太湖水体中毒死蜱的污染特征及其生态风险评估. 农业环境科学学报, 2016, 35(12): 2413-2419.

曹宇静, 吴丰昌. 淡水中重金属镉的水质基准制定. 安徽农业科学, 2010, 38(3): 1378-1380, 1437.

常闻捷, 宛文博, 陈怡, 等. 水污染控制法中基于水质要求的环境管理方法. 污染防治技术, 2015, 28(6): 82-86, 96.

陈金, 王晓南, 李霁, 等. 太湖流域双酚 AF 和双酚 S 人体健康水质基准的研究. 环境科学学报, 2019, 39(8): 2764-2770.

陈朗, 宋玉芳, 张伟东, 等. 基于多指标的中国淡水拟除虫菊酯水质基准. 生态学杂志, 2015, 34(10): 2879-2892.

陈奇, 霍守亮, 席北斗, 等. 湖泊营养物参照状态建立方法研究. 生态环境学报, 2010, 19(3): 544-549.

陈奇, 霍守亮, 席北斗, 等. 云贵高原湖区湖库总磷和叶绿素 a 浓度参照状态研究. 环境工程技术学报, 2012, 2(3): 184-192.

陈曲, 郭继香, 孙乾耀, 等. 甲萘威的淡水水生生物水质基准研究. 环境科学研究, 2016, 29(1): 84-91.

陈心, 吴贤均. 致癌物水质基准制定. 上海环境科学, 1986, (9): 33-35.

陈云增, 杨浩, 张振克, 等. 水体沉积物环境质量基准建立方法研究进展. 地球科学进展, 2006, 21(1): 53-61.

丛艺, 穆景利, 王菊英. 纳米材料在水环境中的行为及其对水生生物的毒性效应. 海洋湖沼通报, 2014, 3: 112-120.

丹增强白, 王琛, 王梦杰, 等. 镍的中国淡水水生生物水质基准及水体硬度的影响研究. 西北大学学报（自然科学版）, 2020, 50(1): 75-83.

邓保乐, 祝凌燕, 刘慢, 等. 太湖和辽河沉积物重金属质量基准及生态风险评估. 环境科学研究, 2011, 24(1): 33-42.

范博, 樊明, 刘征涛, 等. 稀有鮈鲫物种敏感性及其在生态毒理学与水质基准中的应用. 环境科学研究, 2019, 32(7): 1153-1161.

冯承莲, 付卫强, Dyer, 等. 种间关系预测（ICE）模型在水质基准研究中的应用. 生态毒理学报, 2015, 10(1): 81-87.

冯承莲, 汪浩, 王颖, 等. 基于不同毒性终点的双酚 A（BPA）预测无效应浓度（PNEC）研究. 生态毒理学报, 2015, 10(1): 119-129.

冯承莲，吴丰昌，赵晓丽，等．水质基准研究与进展．中国科学：地球科学，2012, 42(5): 646-656.

高如泰，姜甜甜，席北斗，等．湖北省湖泊营养物生态分区技术方法研究．环境科学研究，2011, 24(1): 43-49.

郭广慧，吴丰昌，何宏平，等．中国主要淡水水体 DDT 对水生生物生态风险的初步探讨．环境科学学报，2011, 31(11): 2545-2555.

郭海娟，龚雪，马放．我国水质基准现状及发展趋势研究．环境保护科学，2017, 43(4): 32-35.

郭海娟，肖霄，孔祥震，等．太湖流域水生生物水质基准推导的物种选择．环境保护科学，2017, 43(5): 57-61.

韩超南，秦延文，郑丙辉，等．应用相平衡分配法建立湘江衡阳段沉积物重金属质量基准．环境科学，2013, 34(5): 1715-1724.

韩建波，马德毅，闫启仑，等．海洋沉积物中 Zn 对底栖端足类生物的毒性．环境科学，2003, 24(6): 101-105.

韩建波，王菊英，陈淑梅，等．平衡分配法评价有毒金属沾污沉积物的应用研究．海洋环境科学，2001, 20(4): 5-8.

何丽，蔡靳，高富，等．铅水生生物基准研究与初步应用．环境科学与技术，2014, 37(4): 31-37, 95.

何丽，闫振广，姚庆祯，等．氨氮海水质量基准及大辽河口氨氮暴露风险初步分析．农业环境科学学报，2013, 32(9): 1855-1861.

洪鸣，王菊英，张志锋，等．海水中金属铅水质基准定值研究．中国环境科学，2016, 36(2): 626-633.

侯俊，王超，王沛芳，等．基于平衡分配法的太湖沉积物重金属质量基准及其在生态风险评价中的应用研究．环境科学学报，2012, 32(12): 2951-2959.

侯俊，赵芊渊，王超，等．应用概率物种敏感度分布法研究太湖铜水生生物水质基准．生态毒理学报，2015, 10(1): 191-203.

胡莹莹，王菊英，张志锋，等．辽河口近岸海域水体营养物推荐基准值的制定方法．中国环境科学，2011, 31(6): 996-1000.

华祖林，韩爱秋．基于非参数回归改进的太湖总磷压力－响应模型．水资源保护，2019, 35(1): 20-24, 46.

华祖林，汪靓．一种确定湖泊水质基准参照状态浓度的新方法．环境科学，2013, 34(6): 2134-2138.

黄金良，李青生，黄玲，等．中国主要入海河流河口集水区划分与分类．生态学报，2012, 32(11): 3516-3527.

黄炜惠，马春子，何卓识，等．河流营养物基准制定方法研究进展．环境工程技术学报，2020, 7: 1-8.

霍传林，王菊英，韩庚辰，等．鱼体内 EROD 活性对多氯联苯类的指示作用．海洋环境科学，2002, 21(1): 5-8.

霍守亮，陈奇，席北斗，等．湖泊营养物基准的候选变量和指标．生态环境学报，2010, 19(6): 1445-1451.

霍守亮，陈奇，席北斗，等．湖泊营养物基准的制定方法研究进展．生态环境学报，2009, 18(2): 743-748.

霍守亮，马春子，席北斗，等．湖泊营养物基准研究进展．环境工程技术学报，2017, 7(2): 125-133.

霍守亮，席北斗，陈奇，等．湿地营养物基准制定方法研究．环境工程技术学报，2012, 2(3): 179-183.

霍守亮，席北斗，昝逢宇，等．不同生态分区参照湖泊筛选技术方法探讨．环境污染与防治，2010,

32(12): 87-89, 104.

江良, 弓晓峰, 袁少芬, 等. 鄱阳湖沉积物重金属质量基准研究及其生态风险评估. 环境污染与防治, 2020, 42(1): 94-100.

姜东生, 李梅, 崔益斌. 重金属和氯酚对霍甫水丝蚓的急性毒性及水环境安全评价. 中国环境科学, 2014, 34(6): 1572-1578.

姜东生, 石小荣, 崔益斌, 等. 3 种典型污染物对水生生物的急性毒性效应及其水质基准比较. 环境科学, 2014, 35(1): 279-285.

姜甜甜, 高如泰, 席北斗, 等. 云贵高原湖区湖泊营养物生态分区技术方法研究. 环境科学, 2010, 31(11): 2599-2606.

蒋博峰, 桑磊鑫, 孙卫玲, 等. 湘江沉积物镉和汞质量基准的建立及其应用. 环境科学, 2013, 34(1): 98-107.

金小伟, 王业耀, 王子健. 淡水水生态基准方法学研究: 数据筛选与模型计算. 生态毒理学报, 2014, 9(1): 1-13.

靳非, 穆景利, 王冬婉, 等. 菲、3- 甲基菲和菲醌对河鲀( *Takifugu rubripes* )幼鱼肝组织损伤的比较研究. 生态毒理学报, 2016, 11(1): 248-253.

康凯莉, 管博, 李正炎. 中国近海环境中汞的水质基准与生态风险. 中国海洋大学学报（自然科学版）, 2019, 49(1): 102-114.

雷炳莉, 金小伟, 黄圣彪, 等. 太湖流域 3 种氯酚类化合物水质基准的探讨. 生态毒理学报, 2009, 1(4): 40-49.

雷炳莉, 刘倩, 孙延枫, 等. 内分泌干扰物 4- 壬基酚的水质基准探讨. 中国科学 : 地球科学, 2012, 42(5): 657-664.

李会仙, 吴丰昌, 陈艳卿, 等. 我国水质标准与国外水质标准 / 基准的对比分析. 中国给水排水, 2012, 28(8): 15-18.

李会仙, 张瑞卿, 吴丰昌, 等. 中美生物区系汞物种敏感度分布差异研究. 环境科学学报, 2012, 32(5): 1183-1191.

李佳凡, 姚竞芳, 顾佳媛, 等. 黄浦江铅的人体健康水质基准研究. 环境科学学报, 2018, 38(12): 4840-4847.

李婧, 叶景甲, 杨天雄, 等. 农药淡水水生生物水质基准研究进展. 农药学学报, 2013, 15(5): 479-489.

李秀虹, 刘则华, 林青, 等. 中日两国自来水水质的重要影响因素全面对比分析. 中国给水排水, 2018, 34(20): 24-30.

李玉爽, 吴丰昌, 崔骁勇, 等. 中国苯的淡水水质基准研究. 生态学杂志, 2012, 31(4): 908-915.

李悦宁, 贺凯, 王婷, 等. 日本消毒副产物及其前体物的现状及研究进展. 环境化学, 2018, 37(8): 1820-1830.

李政, 何欢祺, 张天旭, 等. 典型底栖生物泥鳅的急性毒性物种敏感性评价. 生态与农村环境学报, 2019, 35(3): 392-397.

梁霞, 周军英, 李建宏, 等. 物种敏感度分布法（SSD）在农药水质基准推导中的应用. 生态与农村环境学报, 2015, 31(3): 398-405.

廖静, 梁峰, 杨绍贵, 等. 我国六价铬淡水水生生物安全基准推导研究. 生态毒理学报, 2014, 9(2): 306-318.

廖伟，冯承莲，刘大庆，等．基于累积概率分布法评估典型水环境因子对铜毒性的影响．环境工程，2019, 37(11): 25-29.

廖伟，刘大庆，冯承莲，等．不同生长阶段斑马鱼对 $Cu^{2+}$ 的毒性响应差异．环境科学研究，2020, 3:626-633.

廖伟，刘大庆，冯承莲，等．不同水体硬度条件下 $Cu^{2+}$ 对不同生长阶段斑马鱼的毒性．环境工程，2019, 37(12): 71-74,166.

刘大庆，李小峰，付卫强，等．我国淡水中锌的水生生物水质基准和生态风险．环境工程，2017, 35(9): 18-23.

刘亮，张俊海，胡莹莹，等．大连湾表层沉积物中多环芳烃的生态风险评估．海洋环境科学，2011, 30(4): 477-480.

刘娜，金小伟，王业耀，等．生态毒理数据筛查与评价准则研究．生态毒理学报，2016, 11(3): 1-10.

刘婷婷，郑欣，闫振广，等．水生态基准大型水生植物受试生物筛选．农业环境科学学报，2014, 33(11): 2204-2212.

刘婷婷，郑欣，闫振广，等．我国水生生物的二甲苯基准阈值探讨及其在风险评估中的初步应用．生态毒理学报，2015, 10(1): 130-138.

刘炎，姜东升，李雅洁，等．不同温度和 pH 下氨氮对河蚬和霍甫水丝蚓的急性毒性．环境科学研究，2014, 27(9): 1067-1073.

刘则华，佘沛阳，韦雪柠，等．日本最新饮用水水质标准及启示．中国给水排水，2016, 32(8): 8-10.

刘征涛．中国氨氮水质基准研究支撑相关水质标准的科学制订．世界环境，2018, (2): 27-30.

刘征涛，王晓南，闫振广，等．"三门六科"水质基准最少毒性数据需求原则．环境科学研究，2012, 25(12): 1364-1369.

罗茜，查金苗，雷炳莉，等．三种氯代酚的水生态毒理和水质基准．环境科学学报，2009, 29 (11): 2241- 2249.

马德毅，王菊英．中国主要河口沉积物污染及潜在生态风险评价．中国环境科学，2003, 23(5): 521-525.

马燕，吴丰昌，谭伟强，等．影响银淡水生物水质基准的环境因素分析．生态毒理学报，2015, 10(1): 235-244.

满江红，王先良，杨永坚，等．我国地表水环境微生物基准研究现状．环境与健康杂志，2012, 9(1): 82-84.

穆景利，靳非，王菊英，等．基于物种敏感性分布的保护海水水生生物石油烃急性毒性基准研究．生态毒理学报，2015, 10(1): 23-30.

穆景利，靳非，赵化德，等．水体低氧的早期暴露对青鳉（*Oryzias latipes*）后期的生长、性别比和繁殖能力的影响．生态毒理学报，2017, 12(2): 137-146.

穆景利，王菊英，洪鸣．海水水生生物基准的定值方法与我国海水水生生物基准研究构想．生态毒理学报，2010, 5(6): 761-768.

穆景利，王菊英，张志锋．我国近海海域优先控制有机污染物筛选方法研究．海洋环境科学，2011, 30(1): 31-35.

穆景利，王新红，靳非，等．菲、芘、苯并 (a) 芘单一暴露及分别与 $\alpha$- 萘黄酮（ANF）联合暴露对海水青鳉（*Oryzias melastigma*）胚胎发育毒性效应的比较研究．海洋学报，2012, 34(6): 1-9.

穆景利，王莹，王菊英．应用淡水生物毒性数据推导海水水质基准的可行性及适用性初探．海洋环境科学, 2012, 31(1): 92-96.

穆景利, 王莹, 王菊英. 污染物海洋环境效应阈值推导方法研究进展. 海洋环境科学, 2011, 30(6): 908-912.

穆景利, 王莹, 王菊英. 我国海水水生生物基准的构建: 以三丁基锡为例. 生态毒理学报, 2010, 5(6): 776-786.

穆景利, 王莹, 王新红, 等. $Cd^{2+}$、$Hg^{2+}$、$Cr^{6+}$、$Pb^{2+}$ 对黑点青鳉早期生活阶段的毒性效应研究. 生态毒理学报, 2011, 6(4): 352-360.

穆景利, 王莹, 张志锋, 等. 我国近海镉的水质基准及生态风险研究. 海洋学报（中文版）, 2013, 35(3): 137-146.

牛志广, 张玉彬, 吕志伟, 等. 三氯生的水质基准推导及其对渤海湾近岸海域的生态风险. 天津大学学报（自然科学与工程技术版）, 2019, 52(7): 754-762.

朋玲龙, 王先良, 王菲菲, 等. 国外水质健康基准的研究进展及其对我国基准制订的启示. 环境与健康杂志, 2014, 31(3): 276-279.

覃璐玫, 张亚辉, 曹莹, 等. 本土淡水软体动物水质基准受试生物筛选. 农业环境科学学报, 2014, 33(9): 1791-1801.

石慧, 冯承莲, 黄虹, 等. 铝对水生生物的毒性与硬度的相关关系探讨. 生态毒理学报, 2016, 11(1): 141-152.

石美霞, 邢立群, 史小雪, 等. 我国淡水水生生物对硝基酚基准研究. 中国环境监测, 2014, 30(1): 98-102.

石小荣, 李梅, 崔益斌, 等. 以太湖流域为例探讨我国淡水生物氨氮基准. 环境科学学报, 2012, 32(6): 1406-1414.

苏海磊, 冯承莲, 常红, 等. DDTs 对水生哺乳动物的组织残留基准初步研究. 生态毒理学报, 2015, 10(1): 110-118.

苏海磊, 吴丰昌, 李会仙. 我国水生生物水质基准推导的物种选择初步研究. 环境科学研究, 2012, 25(5): 506-511.

苏静, 杨福霞, 苏荣国, 等. 辽河口营养物基准值的制定方法. 中国海洋大学学报（自然科学版）, 2016, 46(9): 78-84.

滕涌, 周启星. 平衡分配法在土壤环境质量基准推导中的相关问题研究. 生态毒理学报, 2015, 10(1): 58-65.

滕涌, 周启星. 土壤环境质量基准与水/大气环境质量基准的转换研究. 中国科学: 地球科学, 2018, 48(11): 1466-1477.

汪云岗, 钱谊. 美国制定水质基准的方法概要. 环境监测管理与技术, 1998, 10(1): 23-25.

王菲, 廖静, 茅丹俊, 等. 中国典型河湖水体铅的水生生物安全基准与生态风险评价. 生态毒理学报, 2017, 12(3): 434-445.

王菲菲, 赵永东, 钱岩, 等. 国际水质基准对我国水质标准制修订工作的启示. 环境工程技术学报, 2016, 6(4): 331-335.

王骥, 苏婧, 霍守亮, 等. 湖泊营养物基准指标优选方法研究. 环境污染与防治, 2014, 36(6): 96-99,105.

王健, 张靖天, 昝逢宇, 等. 中国东部浅水湖泊沉积物总氮总磷基准阈值研究. 生态环境学报, 2014,

23(6): 992-999.

王菊英, 霍传林, 韩庚辰, 等. 多氯联苯 CB-28 对牙鲆肝脏中 EROD 活性的诱导作用研究. 海洋学报, 2003, 25(S2): 13-17.

王菊英, 马德毅, 鲍永恩, 等. 黄海和东海海域沉积物环境质量评价研究. 海洋环境科学, 2003, 22(4): 21-24.

王菊英, 马德毅, 闫启仑, 等. 海洋沉积物中酸溶硫化物对二价金属镉的地球化学特征及生物毒性的影响. 海洋与湖沼, 2001, 32(5): 483-488.

王菊英, 穆景利, 马德毅. 浅析我国现行海水水质标准存在的问题. 海洋开发与管理, 2013, 30(7): 28-34.

王菊英, 穆景利, 王莹.《海水水质标准 (GB3097—1997)》定值的合理性浅析——以铅和甲基对硫磷为例. 生态毒理学报, 2015, 10(1): 151-159.

王伟莉, 闫振广, 刘征涛, 等. 水质基准本土环节动物与水生昆虫受试生物筛选. 环境科学研究, 2014, 27(4): 365-372.

王香兰, 周军英, 单正军, 等. 国内外农药水生生物基准研究概况. 农药, 2012, 51(11): 785-813

王香兰, 周军英, 王蕾, 等. 长三角地区毒死蜱水生生物基准研究. 农药, 2013, 52(3): 181-184.

王晓南, 刘征涛, 闫振广, 等. 麦穗鱼物种敏感性评价. 环境科学, 2013, 34(6): 2329-2334.

王晓南, 闫振广, 余若祯, 等. 中美水生生物基准受试物种敏感性差异研究. 环境科学, 2016, 37(8): 3216-3223.

王晓南, 郑欣, 闫振广, 等. 水质基准鱼类受试生物筛选. 环境科学研究, 2014, 27(4): 341-348.

王业耀, 张铃松, 孟凡生, 等. 水生生物水质基准研究进展及建立我国氨氮水质基准的探讨. 南水北调与水利科技, 2012, 10(5): 108-113.

王一喆, 闫振广, 张亚辉, 等. 七大流域氨氮水生生物水质基准与生态风险评估初探. 环境科学研究, 2016, 29(1): 77-83.

王一喆, 闫振广, 郑欣, 等. 七大流域氨氮水生生物水质基准与生态风险评估初探. 海洋通报 (英文版), 2016, 29(1): 55-68.

王乙震, 张俊, 周绪申, 等. 白洋淀多环芳烃与有机氯农药季节性污染特征及来源分析. 环境科学, 2017, 38(3): 964-978.

王乙震, 张世禄, 孔凡青, 等. 滦河干流水体多环芳烃与有机氯农药季节性分布、组成及源解析. 环境科学, 2017, 38(10): 4194-4211.

王莹, 穆景利, 林忠胜, 等. 基于化学品风险评估的海洋环境 POPs 数据库的构建. 海洋环境科学, 2013, 32(3): 460-465.

王莹, 穆景利, 王菊英. 我国硝基苯的海水水生生物基准及生态风险评估研究. 生态毒理学报, 2015, 10(1): 160-168.

王莹, 王菊英, 穆景利. 计算毒理学在海洋溢油事故特征污染物甄选中的应用研究. 海洋与湖沼, 2015, 46(1): 27-34.

王颖, 冯承莲, 黄文贤, 等. 物种敏感度分布的非参数核密度估计模型. 生态毒理学报, 2015, 10(1): 215-224.

王颖, 冯承莲, 穆云松, 等. 非参数核密度估计在铜、银物种敏感度分布中的应用. 中国环境科学, 2017, 37(4): 1548-1555.

王颖, 符志友, 冯承莲, 等. 水质基准与标准对我国环保产业的拉动分析. 中国环境管理, 2017, 9(4): 13-19.

王振, 金小伟, 王子健. 铜对水生生物的毒性: 类群特异性敏感度分析. 生态毒理学报, 2014, 9(4): 640-646.

魏代春, 苏婧, 纪丹凤, 等. 基于太湖微囊藻毒素的叶绿素 a 阈值研究. 环境科学, 2014, 35(12): 4530-4536.

魏玉霞, 胡林林, 韩梅. 农药工业废水中特征污染物排放限值制订研究. 环境污染与防治, 2019, 41(11): 1384-1386, 1392.

魏玉霞, 胡林林, 张明慧, 等. 基于非靶向物种保护的农药水环境基准及排放限值研究. 环境科学研究, 2018, 31(12): 2000-2012.

吴爱明, 赵晓丽, 冯宇, 等. 美国生态毒理数据库( ECOTOX )对中国数据库构建的启示. 环境科学研究, 2017, 30(4): 636-644.

吴超, 胡友彪, 苏婧, 等. 基于压力响应关系法的湖泊营养物基准制定. 环境工程学报, 2015, 9(6): 2631-2638.

吴迪, 王菊英, 马德毅, 等. 基于 PSR 框架的典型海湾富营养化综合评价方法研究. 海洋湖沼通报, 2011(1): 131-136.

吴丰昌, 冯承莲, 曹宇静, 等. 我国铜的淡水生物水质基准研究. 生态毒理学报, 2011, 6(6): 617-628.

吴丰昌, 冯承莲, 曹宇静, 等. 锌对淡水生物的毒性特征与水质基准的研究. 生态毒理学报, 2011, 6(4): 367-382.

吴丰昌, 冯承莲, 张瑞卿, 等. 我国典型污染物水质基准研究. 中国科学: 地球科学, 2012, 42(5): 665-672.

吴丰昌, 宋永会, 刘征涛, 等. 中国湖泊水质基准研究. 环境科学学报, 2008, 28 (12) : 2385-2393.

武暕, 郭飞. 辽宁省入海河流及近岸海域风险评估. 环境工程技术学报, 2018, 8(1): 65-70.

武江越, 许国栋, 林雨霏, 等. 我国淡水生物菲水质基准研究. 环境科学学报, 2018, 38(1): 399-406.

席北斗, 霍守亮, 陈奇, 等. 美国水质标准体系及其对我国水环境保护的启示. 环境科学与技术, 2011, 34(5): 100-103, 120.

夏晶, 殷丽娜, 朱增银, 等. 中美饮用水水源水质标准比较. 环境监控与预警, 2015, 7(3): 43-45.

闫振飞, 陈季康, 赵鑫, 等. 甲基叔丁基醚的水质基准阈值和生态风险评估. 环境工程, 2019, 37(6): 170-176.

闫振飞, 李小峰, 刘大庆, 等. 不同水体硬度条件下锌对本土水生生物急性毒性的影响. 环境工程, 2019, 37(11): 19-24.

闫振广, 余若祯, 焦聪颖, 等. 水质基准方法学中若干关键技术探讨. 环境科学研究, 2012, 25(4): 397-403.

杨帆, 林忠胜, 张哲, 等. 浅析我国地表水与海水环境质量标准存在的问题. 海洋开发与管理, 2018, 35(7): 36-41.

杨光, 朱琳. 基于生物配体模型的中国水质基准探讨. 水资源与水工程学报, 2012, 23(6): 23-31.

杨建军, 关卫省, 路屏. 缺水重污染河流环境内分泌干扰物 PCP 水质基准研究. 环境科学与技术, 2013, 36(8): 85-90, 96.

杨建军, 关卫省, 路屏. 缺水重污染河流可溶性金属 Pb 水质基准研究. 环境保护科学, 2013, 39(4):

17-22.

杨明儒, 穆云松, 吴丰昌. 四种典型有机氯农药的保护水生生物基准研究. 昆明理工大学学报（自然科学版）, 2019, 44(6): 111-118.

杨学福, 王蕾, 关建玲, 等. 渭河西咸段表层沉积物重金属赋存形态及风险评价. 安全与环境学报, 2017, 17(2): 725-729.

于晓宁, 徐冰冰, 李会仙, 等. 淡水水生生物对阿特拉津除草剂的敏感度研究. 环境科学研究, 2013, 26(4): 418-424.

余海静, 张深, 邹国防. 生物配体模型预测太湖水体中 Cu 的形态分布和生物有效性. 环境化学, 2014, 33(7): 1107-1114.

张继伟, 蔡靳, 王伟莉, 等. 石油污染物水生生物基准初探及区域风险评估. 环境科学与技术, 2014, 37(2): 178-183.

张继伟, 王伟莉, 蔡靳, 等. 北部湾涠洲岛原油污染物的海水环境质量基准研究. 中国环境科学, 2014, 34(5): 1310-1315.

张京京, 管博, 范家诚, 等. 中国近海环境中三丁基锡水质基准推导与生态风险初步评价. 中国海洋大学学报（自然科学版）, 2017, 47(1): 32-42.

张娟, 闫振广, 高富, 等. 不同形态的砷水生生物基准探讨及在辽河流域的初步应用. 环境科学学报, 2015, 35(4): 1164-1173.

张礼兵, 霍守亮, 周玉良, 等. 基于系统动力学的湖泊营养物基准参照状态研究. 环境科学学报, 2011, 31(6): 1254-1262.

张礼兵, 张展羽, 霍守亮, 等. 基于模型反演确定邛海湖泊营养物的参照状态. 环境工程技术学报, 2012, 2(3): 193-199.

张铃松, 王业耀, 孟凡生, 等. 硝酸盐对淡水水生生物毒性及水质基准推导. 环境科学, 2013, 34(8): 3286-3293.

张明兴, 王莹, 王立军, 等. 重金属和聚苯乙烯微球对卤虫的复合毒性效应研究. 生态毒理学报, 2019, 14(1): 99-105.

张瑞卿, 吴丰昌. 组织残留法在水生生物基准中的应用概述. 生态毒理学报, 2015, 10(1): 88-100.

张瑞卿, 吴丰昌, 李会仙, 等. 应用物种敏感度分布法研究中国无机汞的水生生物水质基准. 环境科学学报, 2012, 32(2): 440-449.

张瑞卿, 吴丰昌, 李会仙, 等. 中国水质基准发展趋势和存在的问题. 生态学杂志, 2010, 29(10): 2049-2056.

张天旭, 孙金生, 张秋英, 等. 中美淡水生物对氨氮的物种敏感度对比分析. 农业环境科学学报, 2019, 38(1): 184-192.

张彤. 应用平衡分配法推导全套水质基准. 水资源保护, 1993, (1): 53-56.

张彤, 金洪钧. 丙烯腈水生态基准研究. 环境科学学报, 1997, 17(1): 75-81.

张彤, 金洪钧. 硫氰酸钠的水生态基准研究. 应用生态学报, 1997, 8(1): 99-103.

张彤, 金洪钧. 美国对水生态基准的研究. 上海环境科学, 1995, 15(3): 7-9.

张彤, 金洪钧. 乙腈的水生态基准. 水生生物学报, 1997, 21(3): 226-233.

张姚姚, 杨再福, 汪涛, 等. 地表水中氟喹诺酮类抗生素的生态风险评价与水质基准研究. 环境与健康杂志, 2018, 35(6): 531-535.

张志霞，王斌，袁宏林，等．运用物种敏感度分布法推导磺胺类药物的水质基准．环境科学与技术，2016, 39(12): 184-188.

赵芊渊，侯俊，王超，等．应用概率物种敏感度分布法研究太湖重金属水生生物水质基准．生态毒理学报，2015, 10(6): 121-128.

赵天慧，周北海，方怡向，等．基于SSD方法比较中美物种对铜的敏感性差异．环境科学研究，2014, 27(8): 873-880.

赵晓丽，赵天慧，李会仙，等．中国环境基准研究重点方向探讨．生态毒理学报，2015, 10(1): 18-30.

郑丙辉，刘琰．地表水环境质量标准修订的必要性及其框架设想．环境保护，2014, 42(20): 39-41.

郑丙辉，许秋瑾，周保华，等．水体营养物及其响应指标基准制定过程中建立参照状态的方法——以典型浅水湖泊太湖为例．湖泊科学，2009, 21(1): 21-26.

郑磊，张娟，闫振广，等．我国氨氮海水质量基准的探讨．海洋学报，2016, 38(4): 109-119.

郑师梅，周启星，杨凤霞，等．中国苯系物淡水水质基准推荐值的探讨．中国科学：地球科学，2017, 47(12): 1493-1508.

郑欣，刘婷婷，王一喆，等．三氯生毒性效应及水质基准研究进展．生态环境学报，2016, 25(3): 539-546.

郑欣，闫振广，刘征涛，等．水生生物水质基准研究中轮虫、水螅、涡虫类受试生物的筛选．生态毒理学报，2015, 10(1): 225-234.

郑欣，闫振广，王晓南，等．水质基准甲壳类受试生物筛选．环境科学研究，2014, 27(4): 356-364.

钟文珏，曾毅，祝凌燕．水体沉积物质量基准研究现状．生态毒理学报，2013, 8(3): 285-294.

周启星，罗义，祝凌燕，等．环境基准值的科学研究与我国环境标准的修订．农业环境科学学报，2007, 26(1): 1-5.

周忻，刘存，张爱茜，等．非致癌有机物水质基准的推导方法研究．环境保护科学，2005, 31(127): 20-24.

周玉良，金菊良，刘丽，等．基于模型推断法确定邛海总磷总氮浓度的参照状态．环境工程技术学报，2012, 2(3): 200-206.

朱岩，覃璐玫，张亚辉，等．浑河沈阳河段重金属镉的水质基准阈值探讨．环境化学，2016, 35(8): 1578-1583.

朱岩，王飞飞，张亚辉，等．3种有机磷农药对水生生物的乙酰胆碱酯酶抑制效应的物种敏感度分析初探．生态毒理学报，2016, 11(3): 211-218.

祝凌燕，邓保乐，刘楠楠，等．应用相平衡分配法建立污染物的沉积物质量基准．环境科学研究，2009, 22(7): 762-767.

Bao V W W, Ho K K Y, Lai K K Y, et al. Water-effect ratio of copper and its application on setting site-specific water quality criteria for protecting marine ecosystems of Hong Kong. Environmental Science and Pollution Research, 2018, 25: 3170-3182.

Bao V W, Leung K M, Kwok K W, et al. Synergistic toxic effects of zinc pyrithione and copper to three marine species: Implications on setting appropriate water quality criteria. Marine Pollution Bulletin, 2008, 57(6-12): 616-623.

Chen C, Mu Y S, Wu F C, et al. Derivation of marine water quality criteria for metals based on a novel QICAR-SSD model. Environmental Science and Pollution Research, 2015, 22(6): 4297-4304.

Chen Y, Yu S Y, Tang S, et al. Site-specific water quality criteria for aquatic ecosystems: A case study of pentachlorophenol for Tai Lake, China. Science of the Total Environment, 2016, 541: 65-73.

Cong Y , Banta G T , Selck H , et al. Toxicity and bioaccumulation of sediment-associated silver nanoparticles in the estuarine polychaete, Nereis (Hediste) diversicolor. Aquatic Toxicology, 2014, 156: 106-115.

Cong Y, Jin F, Tian M, et al. Ingestion, egestion and post-exposure effects of polystyrene microspheres on marine medaka (*Oryzias melastigma*). Chemosphere, 2019, 228: 93-100.

Cong Y, Jin F, Wang J Y, et al. The embryotoxicity of ZnO nanoparticles to marine medaka, *Oryzias melastigma*. Aquatic Toxicology, 2017, 185, 11-18.

Ding T T, Zhang Y H, Zhu Y, et al. Deriving water quality criteria for China for the organophosphorus pesticides dichlorvos and malathion. Environmental Science and Pollution Research, 2019, 26(33): 34622-34632.

Fan B, Li J, Wang X N, et al. Study of aquatic life criteria and ecological risk assessment for triclocarban (TCC). Environmental Pollution, 2019, 254: 112956.

Fan B, Wang X N, Li J, et al. Deriving aquatic life criteria for galaxolide (HHCB) and ecological risk assessment. Science of the Total Environment, 2019, 681: 488-496.

Feng C L, Li H, Yan Z F, et al. Technical study on national mandatory guideline for deriving water quality criteria for the protection of freshwater aquatic organisms in China. Journal of Environmental Management, 2019, 250: 109539.

Feng C L, Wu F C, Dyer S D, et al. Derivation of freshwater quality criteria for zinc using interspecies correlation estimation models to protect aquatic life in China. Chemosphere, 2013, 90(3): 1177-1183.

Feng C L, Wu F C, Mu Y S, et al. Interspecies correlation estimation-applications in water quality criteria and ecological risk assessment. Environmental Science & Technology, 2013, 47(20): 11382-11383.

Feng C L, Wu F C, Zhao X L, et al. Water quality criteria research and progress. Science China—Earth Sciences, 2012, 55(6): 882-891.

Feng C L, Wu F C, Zheng B H, et al. Biotic ligand models for metals—A practical application in the revision of water quality standards in China. Environmental Science & Technology, 2012, 46(20): 10877-10878.

Fu Z Y, Guo W J, Dang Z, et al. Refocusing on nonpriority toxic metals in the aquatic environment in China. Environmental Science & Technology, 2017, 51: 3117-3118.

Fu Z Y, Wu F C, Chen L L, et al. Copper and zinc, but not other priority toxic metals, pose risks to native aquatic species in a large urban lake in Eastern China. Environment Pollution, 2016, 219: 1069-1076.

Gao X Y, Wang X N, Li J, et al. Aquatic life criteria derivation and ecological risk assessment of DEET in China. Ecotoxicology and Environmental Safety, 2020, 188: 1-7.

Guo G H, Wu F C, He H P, et al. Distribution characteristics and ecological risk assessment of PAHs in surface waters of China. Science China—Earth Sciences, 2012, 55(6): 914-925.

Guo L, Li Z Y, Gao P, et al. Ecological risk assessment of bisphenol A in surface waters of China based on both traditional and reproductive endpoints. Chemosphere, 2015, 139: 133-137.

He J, He H Q, Yan Z G, et al. Comparative analysis of freshwater species sensitivity distributions and ecotoxicity for priority pesticides: Implications for water quality criteria. Ecotoxicology and Environmental

Safety, 2019, 176: 119-124.

He J, Tang Z, Zhao Y H, et al. The combined QSAR-ICE models: Practical application in ecological risk assessment and water quality criteria. Environmental Science & Technology, 2017, 51(16): 8877-8878.

Hou J, Zhao Q Y, Wang P F, et al. Keystone indices probabilistic species sensitivity distribution in the case of the derivation of water quality criteria for copper in Tai Lake. Environmental Science and Pollution Research, 2016, 23(13): 13047-13061.

Huo S L, He Z S, Ma C Z, et al. Spatio-temporal impacts of meteorological and geographic factors on the availability of nitrogen and phosphorus to algae in Chinese lakes. Journal of Hydrology, 2019, 572: 380-387.

Huo S L, He Z S, Ma C Z, et al. Stricter nutrient criteria are required to mitigate the impact of climate change on harmful cyanobacterial blooms. Journal of Hydrology, 2019, 569: 698-704.

Huo S L, Ma C Z, He Z S, et al. Prediction of physico-chemical variables and chlorophyll a criteria for ecoregion lakes using the ratios of land use to lake depth. Environment Earth Sciences, 2015, 74(5): 3709-3719.

Huo S L, Ma C Z, Xi B D, et al. Defining reference nutrient concentrations in southeast eco-region lakes, China. Clean—Soil Air Water, 2014, 42(8): 1066-1075.

Huo S L, Ma C Z, Xi B D, et al. Determining ecoregional numeric nutrient criteria by stressor-response models in Yungui ecoregion lakes, China. Environmental Science and Pollution Research, 2014, 21: 8831-8846.

Huo S L, Ma C Z, Xi B D, et al. Development of methods for establishing nutrient criteria in lakes and reservoirs: A review. Journal of Environmental Sciences, 2018, 67: 54-66.

Huo S L, Ma C Z, Xi B D, et al. Establishing water quality reference conditions for nutrients, chlorophyll a and Secchi depth for 7 typical lakes in arid and semiarid ecoregion, China. Environmental Earth Sciences, 2015, 73: 4739-4748.

Huo S L, Ma C Z, Xi B D, et al. Lake ecoregions and nutrient criteria development in China. Ecological Indicators, 2014, 46: 1-10.

Huo S L, Ma C Z, Xi B D, et al. Nonparametric approaches for estimating regional lake nutrient thresholds. Ecological Indicators, 2015, 58: 225-234.

Huo S L, Xi B D, Ma C Z, et al. Stressor-response models: A practical application for the development of lake nutrient criteria in China. Environmental Science & Technology, 2013, 47(21): 11922-11923.

Huo S L, Xi B D, Su J, et al. Defining physico-chemical variables, chlorophyll-a and Secchi depth reference conditions in northeast eco-region lakes, China. Environmental Earth Sciences, 2014, 71(3): 995-1005.

Huo S L, Xi B D, Su J, et al. Determining reference conditions for TN, TP, SD and Chl-a in eastern plain ecoregion lakes, China. Journal of Environmental Sciences, 2013, 25(5): 1001-1006.

Huo S L, Zan F Y, Chen Q, et al. Determining reference conditions for nutrients, chlorophyll a and Secchi depth in Yungui Plateau ecoregion lakes, China. Water and Environment Journal, 2012, 26: 324-334.

Jin X W, Wang Y Y, Giesy J P, et al. Development of aquatic life criteria in China: Viewpoint on the challenge. Environmental Science and Pollution Research, 2014, 21: 61-66. .

Jin X W, Wang Z J, Wang Y Y, et al. Do water quality criteria based on nonnative species provide appropriate protection for native species?. Environmental Toxicology and Chemistry, 2015, 34(8): 1793-1798.

Jin X W, Zha J M, Xu Y P, et al. Derivation of aquatic predicted no-effect concentration (PNEC) for 2, 4-dichlorophenol: Comparing native species data with non-native species data. Chemosphere, 2011, (84): 1506-1511.

Li W W, Wang S H, Li J, et al. Development of aquatic life criteria for tonalide (AHTN) and the ecological risk assessment. Ecotoxicology and Environmental Safety, 2020, 189.

Liao W, Feng C L, Liu N, et al. Influence of hardness and dissolved organic carbon on the acute toxicity of copper to Zebrafish (*Danio rerio*) at different life stages. Bulletin of Environmental Contamination and Toxicology, 2019, 103(6): 789-795.

Liu L L, Yan Y C, Wang J, et al. Generation of *mt:egfp* transgenic zebrafish biosensor for the detection of aquatic zinc and cadmium. Environmental Toxicology and Chemistry, 2016, 35(8): 2066-2073.

Liu L N, Ma C Z, Huo S L, et al. Impacts of climate change and land use on the development of nutrient criteria. Journal of Hydrology, 2018, 563: 533-542.

Liu N, Jin X W, Zhou J Y, et al. Predicted no-effect concentration (PNEC) and assessment of risk for the fungicide, triadimefon based on reproductive fitness of aquatic organisms. Chemosphere, 2018, 207: 682-689.

Liu Q, Xu X Q, Zeng J N, et al. Development of marine water quality criteria for inorganic mercury in China based on the retrievable toxicity data and a comparison with relevant criteria or guideline. Ecotoxicology, 2019, 28(9-11): 412-421.

Liu Y D, Wu F C, Mu Y S, et al. Setting water quality criteria in China: Approaches for developing species sensitivity distributions for metals and metalloids. Reviews of Environmental Contamination and Toxicology, 2014, 230: 35-57.

Liu Z H, Li X J, Tai P D, et al. Toxicity of ammonia, cadmium, and nitrobenzene to four local fishes in the Liao River, China and the derivation of site-specific water quality criteria. Ecotoxicology and Environmental Safety, 2018, 147: 656-663.

Lu C X, Yang S W, Yan Z G, et al. Deriving aquatic life criteria for PBDEs in China and comparison of species sensitivity distribution with TBBPA and HBCD. Science of the Total Environment, 2018, 640-641: 1279-1285.

Ma C Z, Huo S L, Sun W C, et al. Establishment of physico-chemical variables and Chl a criteria based on land-use patterns and terrestrial ecosystem health. Ecological Engineering, 2016, 97: 355-362.

Mu J L, Chernick M, Dong W, et al. Early life co-exposures to a real-world PAH mixture and hypoxia result in later life and next generation consequences in medaka (*Oryzias latipes*). Aquatic Toxicology, 2017, 190: 162-173.

Mu J L, Jin F, Wang J Y, et al. Effects of $CO_2$-driven ocean acidification on early life stages of marine medaka (*Oryzias melastigma*). Biogeosciences, 2015, 12, 3861-3868.

Mu J L, Jin F, Wang S N, et al. Oil dispersant increases the bioavailability and developmental toxicity of crude oil to marine medaka (*Oryzias melastigma*). Environmental Toxicology and Chemistry, 2014, 33(11): 2576-2583.

Mu J L, Jin F, Wang J Y, et al. The effects of CYP1A inhibition on alkly-phenanthrene metabolism and embryotoxicity in marine medaka (*Oryzias melastigma*). Environmental Science and Pollution Research, 2016, 23(11): 1-9.

Mu J L, Wang J Y, Jin F, et al. Comparative embryotoxicity of phenanthrene and alkyl-phenanthrene to marine medaka (*Oryzias melastigma*). Marine Pollution Bulletin, 2014, 85(2): 505-515.

Mu J L, Wang J Y, Wang Y, et al. Probability ecological risk assessment of cadmium in the Bohai Sea based on species sensitivity distributions. Acta Oceanologica Sinica, 2014, 33(12): 212-221.

Mu J L, Wang X H, Jin F, et al. The role of cytochrome P4501A activity inhibition in three- to five-ringed polycyclic aromatic hydrocarbons embryotoxicity of marine medaka (*Oryzias melastigma*). Marine Pollution Bulletin, 2012, 64(7): 1445-1451.

Mu Y S, Wang Z, Wu F C, et al. Model for predicting toxicities of metals and metalloids in coastal marine environments worldwide. Environmental Science & Technology, 2018, 52: 4199-4206.

Mu Y S, Wu F C, Zhao Q, et al. Predicting toxic potencies of metal oxide nanoparticles by means of nano-QSARs. Nanotoxicolgy, 2016, 10(9) : 1207-1214.

Qi P, Wang Y, Mu J L, et al. Aquatic predicted no-effect concentration derivation for perfluorooctane sulfonic acid. Environmental Toxicology and Chemistry, 2011, 30(4): 836-842.

Su H L, Mu Y S, Feng C L, et al. Tissue residue guideline of $\sum$ DDT for protection of aquatic birds in China. International Journal of Human and Ecological Risk Assessment, 2014, 20(6): 1629-1642.

Su H L, Wu F C, Guo J Y, et al. Distribution characteristics and risk assessments of PAHs in fish from Lake Taihu, China. Human and Ecological Risk Assessment, 2015, 21(7): 1753-1765.

Sun W C, Huo S L, Ma C Z, et al. Estimating nutrient criteria of the lakes and reservoirs by reference condition approach and stressor-response models. Desalination And Water Treatment, 2017, 79: 161-177.

Wang H H, Ho K T, Scheckel K G, et al. Toxicity, bioaccumulation, and biotransformation of silver nanoparticles in marine organisms. Environmental Science & Technology, 2014, 48(23) : 13711-13717.

Wang J Y, Huo C L, Han G C, et al. Induction of EROD activity in *Paralichthys olivaceus* by polychlorinated biphenyl CB-28. Acta Oceanologica Sinica, 2003, 22(2): 281-286.

Wang J Y, Zhang M P, Xu J G, et al. Reciprocal effect of Cu, Cd, Zn on a kind of marine alga. Water Research, 1995, 29: 209-214.

Wang L, Wang Z, Liu J N, et al. Deriving the freshwater quality criteria of BPA, BPF and BPAF for protecting aquatic life. Ecotoxicology and Environmental Safety, 2018, 164: 713-721.

Wang T Y, Zhou Y Q, Bi C C, et al. Determination of water environment standards based on water quality criteria in China: Limitations and feasibilities. Journal of Environmental Sciences (China), 2017, 57: 127-136.

Wang W B, Liang Q B, Zhao J, et al. Application of biotic ligand model in predicting copper acute toxicity to Carp (Cyprinidae). Bulletin of Environmental Contamination and Toxicology, 2017, 98(1): 22-26.

Wang X, Wu F C, Wan W X. In vivo mercury demethylation in a marine fish (*Acanthopagrus schlegeli*). Environmental Science & Technology, 2017, 51: 6441-6451.

Wang X N, Fan B, Fan M, et al. Development and use of interspecies correlation estimation models in China for potential application in water quality criteria. Chemosphere, 2020, 240:124848.

Wang X N, Li J, Chen J, et al. Water quality criteria of total ammonia nitrogen (TAN) and un-ionized ammonia (NH₃-N) and their ecological risk in the Liao River, China. Chemosphere, 2020, 243:125328.

Wang X N, Liu Z T, Yan Z G, et al. Development of aquatic life criteria for triclosan and comparison of the sensitivity between native and non-native species. Journal of Hazardous Materials, 2013, 260: 1017-1022.

Wang X N, Yan Z G, Liu Z T, et al. Comparison of species sensitivity distributions for species from China and the USA. Environmental Science and Pollution Research, 2014, 21: 168-176.

Wang X N, Yan Z G, Liu Z T, et al. Measured and predicted aquatic life criteria and risk assessment of Chromium (VI) in Liaohe River. Environmental Science, 2015, 36(7): 2414-2421.

Wang X N, Yan Z G, Yu R Z, et al. Difference of species sensitivities for aquatic life criteria in China and the USA. Environmental Science, 2016, 37(8): 3216-3223.

Wang Y, Feng C L, Liu Y D, et al. Comparative study of species sensitivity distributions based on non-parametric kernel density estimation for some transition metals. Environmental Pollution, 2017, 221: 343-350.

Wang Y, Mao Z, Zhang M X, et al. The uptake and elimination of polystyrene microplastics by the brine shrimp, *Artemia parthenogenetica*, and its impact on its feeding behavior and intestinal histology. Chemosphere, 2019, 234, 123-131.

Wang Y, Na G S, Zong H M, et al. Applying adverse outcome pathways and species sensitivity-weighted distribution to predicted no-effect concentration derivation and quantitative ecological risk assessment for bisphenol a and 4-nonylphenol in aquatic environments: A case study on Tianjin City, China. Environmental Toxicology and Chemistry, 2018, 37(2): 551-562.

Wang Y, Wang J Y, Mu J L, et al. Aquatic predicted no-effect concentration for three polycyclic aromatic hydrocarbons and probabilistic ecological risk assessment in Liaodong Bay of the Bohai Sea, China. Environmental Science and Pollution Research, 2014, 21(1): 148-158.

Wang Y, Wang J Y, Mu J L, et al. Aquatic predicted no effect concentrations of 16 PAHs and their ecological risks in surface seawater of Liaodong Bay, China. Environmental Toxicology and Chemistry, 2016, 35(6): 1587-1593.

Wang Y, Wu F C, Giesy J P, et al. Non-parametric kernel density estimation of species sensitivity distributions in developing water quality criteria of metals. Environmental Science and Pollution Research, 2015, 22(18): 13980-13989.

Wang Y, Wu F C, Liu Y D, et al. Effect doses for protection of human health predicted from physicochemical properties of metals/metalloids. Environmental Pollution, 2018, 232: 458-466.

Wang Y, Wu F C, Mu Y S, et al. Directly predicting water quality criteria from physicochemical properties of transition metals. Scientific reports, 2016, 6: 22515.

Wang Y, Xu Z H, Rume T, et al. Predicting and comparing chronic water quality criteria from physicochemical properties of transition metals. Chemosphere, 2020, 244: 125465.

Wang Y, Yang X H, Wang J Y, et al. A DFT-based toxicity QSAR study of aromatic hydrocarbons to *Vibrio fischeri*: Consideration of aqueous freely dissolved concentration. Journal of Hazardous Materials, 2016, 308: 149-156.

Wang Y, Zhang D, Zhang M X, et al. Effects of ingested polystyrene microplastics on brine shrimp, *Artemia parthenogenetica*. Environmental Pollution, 2019, 244: 715-722.

Wang Y Y, Zhang L S, Meng F S, et al. Improvement on species sensitivity distribution methods for deriving site-specific water quality criteria. Environmental Science and Pollution Research, 2015, 22(7): 5271-5282.

Wang Z, Yan C, Hyne R V. Effects of dietary cadmium exposure on reproduction of saltwater cladoceran *Moina monogolica* Daday: Implications in water quality criteria. Environmental Toxicology and Chemistry, 2010, 29: 365-372.

Wen J J, Cui X Y, Gibson M, et al. Water quality criteria derivation and ecological risk assessment for triphenyltin in China. Ecotoxicology and Environmental Safety, 2018, 161: 397-401.

Wu F C, Fang Y X, Li Y S, et al. Predicted no-effect concentration and risk assessment for 17-[Beta]-estradiol in waters of China. Reviews of Environmental Contamination and Toxicology, 2014, 228: 29-55.

Wu F C, Feng C L, Zhang R Q, et al. Derivation of water quality criteria for representative water-body pollutants in China. Science China—Earth Sciences, 2012, 55(6): 900-906.

Wu F C, Mu Y S, Chang H, et al. Predicting water quality criteria for protecting aquatic life from physicochemical properties of metals or metalloids. Environmental Science & Technology, 2013, 47(1): 446-453.

Wu J Y, Liu Z T, Yan Z G, et al. Derivation of water quality criteria of phenanthrene using interspecies correlation estimation models for aquatic life in China. Environmental Science and Pollution Research, 2015, 22(12): 9457-9463.

Wu J Y, Yan Z G, Liu Z T, et al. Development of water quality criteria for phenanthrene and comparison of the sensitivity between native and non-native species. Environmental Pollution, 2015, 196: 141-146.

Wu J Y, Yan Z G, Yi X L, et al. Comparison of species sensitivity distributions constructed with predicted acute toxicity data from interspecies correlation estimation models and measured acute data for benzo[a]pyrene. Chemosphere, 2016, 144: 2183-2188.

Xing L Q, Liu H L, Giesy J P, et al. pH-dependent aquatic criteria for 2,4-dichlorophenol, 2,4,6-trichlorophenol and pentachlorophenol. Science of the Total Environment, 2012, 441: 125-131.

Xing L Q, Liu H L, Zhang X W, et al. A comparison of statistical methods for deriving freshwater quality criteria for the protection of aquatic organisms. Environmental Science and Pollution Research, 2014, 21(1): 159-167.

Xu J Y, Zheng L, Yan Z G, et al. Effective extrapolation models for ecotoxicity of benzene, toluene, ethylbenzene, and xylene (BTEX). Chemosphere, 2020, 240: 124906.

Xu Y Q, Liu S S, Lu B Q, et al. Acute toxicity dataset for QSAR modeling and predicting missing data of six pesticides. Data in Brief, 2020, 29: 1-21.

Yan W W, Li J L, Liu M H, et al. Data-based multiple criteria decision-making model and visualized monitoring of urban drinking water quality. Soft Computing, 2017, 21(20): 6031-6041.

Yan Z G, Pan J F, Gao F, et al. Seawater quality criteria derivation and ecological risk assessment for oil pollution in China. Marine Pollution Bulletin, 2019, 142: 25-30.

Yan Z G, Wang W L, Zhou J L, et al. Screening of high phytotoxicity priority pollutants and their ecological risk assessment in China's surface waters. Chemosphere, 2015, 128: 28-35.

Yan Z G, Zhang Z S, Wang H, et al. Development of aquatic life criteria for nitrobenzene in China.

Environmental Pollution, 2012, 162(3): 86-90.

Yan Z G, Zheng X, Fan J T, et al. China national water quality criteria for the protection of freshwater life: Ammonia. Chemosphere, 2020, 251: 126379.

Yang S W, Wang S R, Sun F C, et al. Protective effects of puerarin against tetrabromobisphenol a-induced apoptosis and cardiac developmental toxicity in zebrafish embryo-larvae. Environmental Toxicology, 2015, 30(9): 1014-1023.

Yang S W, Yan Z G, Xu F F, et al. Development of freshwater aquatic life criteria for Tetrabromobisphenol A in China. Environmental Pollution, 2012, 169: 59-63.

Yin D Q, Hu S Q, Jin H J, et al. Deriving freshwater quality criteria for 2,4,6-trichlorophenol for protection of aquatic life in China. Chemosphere, 2003, 52: 67-73.

Yin D Q, Jin H J, Yu L W, et al. Deriving freshwater quality criteria for 2,4-dichlorophenol for protection of aquatic life in China. Environmental Pollution, 2003, 122: 217-222.

Yu Y J, Yu Z L, Xiang M D, et al. Screening and prioritization of chemical hazards for deriving human health ambient water quality criteria in China. Journal of Environmental Management, 2019, 245: 223-229.

Yuan H H, Tai P D, Li X J, et al. Acute toxicity experiments on local fishes in Liao River of China. Applied Mechanics and Materials, 2015, 3693: 390-393.

Zhang L B, Wu L L, Wu C G, et al. Construction of lake reference conditions for nutrient criteria based on system dynamics modelling. Ecological Modelling, 2018, 383: 69-79.

Zhang L M, Wei C D, Zhang H, et al. Criteria for assessing the ecological risk of nonylphenol for aquatic life in Chinese surface fresh water. Chemosphere, 2017, 184: 569-574.

Zhang R Q, Guo J Y, Wu F C, et al. Toxicity reference values for polybrominated diphenyl ethers: Risk assessment for predatory birds and mammals from two Chinese lakes. Reviews of Environmental Contamination and Toxicology, 2014, 229: 111-137.

Zhang R Q, Wu F C, Li H X, et al. Toxicity reference values and tissue residue criteria for protecting avian wildlife exposed to methylmercury in China. Reviews of Environmental Contamination and Toxicology, 2013, 223: 53-80.

Zhang S X, Wang L, Wang Z, et al. Derivation of freshwater water quality criteria for dibutyltin dilaurate from measured data and data predicted using interspecies correlation estimate models. Chemosphere, 2017, 171: 142-148.

Zhang Y H, Zang W C, Qin L M, et al. Water quality criteria for copper based on the BLM approach in the freshwater in China. PLoS One, 2017, 12(2). 1-13

Zhang Y L, Huo S L, Li R H, et al. Diatom taxa and assemblages for establishing nutrient criteria of lakes with anthropogenic hydrologic alteration. Ecological Indicators, 2016, 67: 166-173.

Zhang Y L, Huo S L, Ma C Z, et al. Using stressor-response models to derive numeric nutrient criteria for lakes in the Eastern Plain Eco-region, China. Clean—Soil Air Water, 2014, 42(11): 1509-1517.

Zhang Y L, Huo S L, Xi B D, et al. Establishing nutrient criteria in nine typical lakes, China: A conceptual model. Clean—Soil Air Water. 2016, 44(10): 1335-1344.

Zhao C S, Yang S T, Liu J G, et al. Linking fish tolerance to water quality criteria for the assessment of environmental flows: A practical method for streamflow regulation and pollution control. Water Research,

2018, 141: 96-108.

Zhao X L, Wang H, Tang Z, et al. Amendment of water quality standards in China: Viewpoint on strategic considerations. Environmental Science and Pollution Research, 2018, 25: 3078-3092.

Zheng L, Liu Z T, Yan Z G, et al. Deriving water quality criteria for trivalent and pentavalent arsenic. Science of the Total Environment, 2017, (587-588): 68-74.

Zheng L, Liu Z T, Yan Z G, et al. pH-dependent ecological risk assessment of pentachlorophenol in Taihu Lake and Liaohe River. Ecotoxicology and Environmental Safety, 2017, 135: 216-224.

Zheng X, Yan Z G, Liu P Y, et al. Derivation of aquatic life criteria for four phthalate esters and their ecological risk assessment in Liao River. Chemosphere, 2018, 220: 802-810.

Zheng X, Yan Z G, Liu P Y, et al. Research progress on toxic effects and water quality criteria of Triclosan. Bulletin of Environmental Contamination and Toxicology, 2019, 102(6): 731-740.

鲍丽然，龚媛媛，严明书，等．渝西经济区土壤地球化学基准值与背景值及元素分布特征．地球与环境，2015, 43(1): 31-40.

毕岑岑．我国环境基准向环境标准转化的机制探讨．北京：中国科学院研究生院，2012.

毕岑岑，王铁宇，吕永龙，等．环境基准向环境标准转化的机制探讨．环境科学，2012, 33(12): 4422-4427.

曹峰，李瑞敏，王轶，等．海河平原北部地区土壤地球化学基准值与环境背景值．地质通报，2010, 29(8): 1215-1219.

曹云者，韩梅，夏凤英，等．采用健康风险评价模型研究场地土壤有机污染物环境标准取值的区域差异及其影响因素．农业环境科学学报，2010, 29(2): 270-275.

曹云者，李发生．基于风险的石油烃污染土壤环境管理与标准值确立方法．农业环境科学学报，2010, 29(7): 1225-1231.

晁雷．污染土壤修复基准建立的方法体系、案例研究与评价．北京：中国科学院研究生院，2007.

晁雷，周启星，陈苏，等．基于小麦产品质量的土壤铅修复基准．生态科学，2006, 25(6): 554-557, 563.

陈国光，奚小环，梁晓红，等．长江三角洲地区土壤地球化学基准值及其应用探讨．现代地质，2008, 22(6): 1041-1048.

陈华，刘志全，李广贺．污染场地土壤风险基准值构建与评价方法研究．水文地质工程地质，2006, 2: 84-88.

陈梦舫，骆永明，宋静，等．污染场地土壤通用评估基准建立的理论和常用模型．环境监测管理与技术，2011, 23(3): 19-25.

陈世宝，林蕾，魏威，等．基于不同测试终点的土壤锌毒性阈值及预测模型．中国环境科学，2013, 33(5): 922-930.

陈苏，孙丽娜，晁雷，等．基于土壤酶活性变化的铅污染土壤修复基准．生态环境学报，2010, 19(7): 1659-1662.

陈兴仁，陈富荣，贾十军，等．安徽省江淮流域土壤地球化学基准值与背景值研究．中国地质，2012, 39(2): 302-310.

成杭新，李括，李敏，等．中国城市土壤化学元素的背景值与基准值．地学前缘，2014, 21(3): 265-306.

成杭新，李括，李敏，等．中国城市土壤微量金属元素的管理目标值和整治行动值．地学前缘，2015, 22(5): 215-225.

程金金，宋静，陈文超，等．镉污染对红壤和潮土微生物的生态毒理效应．生态毒理学报，2013, 8(4): 577-586.

程金金，宋静，吕明超，等．多氯联苯对土壤微生物的生态毒理效应．生态毒理学报，2014, 9(2): 273-283.

代杰瑞，庞绪贵，喻超，等．山东省东部地区土壤地球化学基准值与背景值及元素富集特征研究．地球化学, 2011, 40(6): 577-587.

邓绍坡. 典型电子产品拆解区土壤环境中 PCBs、Cd 和 Cu 风险评估与基准研究. 北京: 中国科学院研究生院, 2010.

董璐玺. 土壤四环素和金霉污染的分子毒理与环境质量基准研究. 天津: 南开大学, 2012.

董双双. 以保护地下水为目标的土壤中铅镉的质量基准研究. 北京: 北京大学, 1994.

段小丽, 聂静, 王宗爽, 等. 健康风险评价中人体暴露参数的国内外研究概况. 环境与健康杂志, 2009, 26(4): 370-373.

高怀友, 赵玉杰, 师荣光, 等. 区域土壤环境质量评价基准研究. 农业环境科学学报, 2005, 24(S1): 342-345.

高慧, 宋静, 吕明超, 等. DGT 和化学提取法评价贵州赫章土法炼锌区污染土壤中镉的植物吸收有效性. 农业环境科学学报, 2017, 36(10): 1992-1999.

高树芳, 王果, 苏苗育, 等. 土壤环境质量基准中 Cd 限量指标的推算. 福建农业大学学报, 2006, 35(6): 644-647.

高宇, 杨智敏. 银川平原土壤地球化学基准值研究. 农业科学研究, 2009, 30(1): 10-12.

葛峰, 徐坷坷, 云晶晶, 等. 我国土壤环境基准优先污染物的筛选及清单研究. 中国环境科学, 2018, 38(11): 4228-4235.

葛峰, 云晶晶, 徐坷坷, 等. 重金属铅的土壤环境基准研究进展. 生态与农村环境学报, 2019, 35(9): 1103-1110.

郭海全, 马忠社, 郝俊杰, 等. 冀东土壤地球化学基准值特征及研究意义. 岩矿测试, 2007, 26(4): 281-286.

韩通. 我国土壤污染防治的立法基准及实现对策. 法制博览, 2017(27): 171-172.

胡琪, 刘少玉, 刘鹏飞, 等. 阜阳市东南部土壤地球化学特征及土壤质量评价. 南水北调与水利科技, 2020, 18(2): 144-151.

胡树起, 马生明, 朱立新, 等. 土壤生态地球化学基准值及其确定方法. 物探与化探, 2006, 30(2): 95-99.

胡文友, 黄标, 马宏卫, 等. 南方典型设施蔬菜生产系统镉和汞累积的健康风险. 土壤学报, 2014, 51(5): 1045-1055.

黄盼盼. 石油污染场地土壤动物的生态毒理与环境基准研究. 天津: 南开大学, 2012.

黄亚捷, 李菊梅, 马义兵. 土壤重金属调查采样数目的确定方法研究进展. 农业工程学报, 2019, 35(24): 235-245.

黄云凤, 高扬, 毛亮, 等. Cd、Pb 单一及复合污染下土壤酶生态抑制效应及生态修复基准研究. 农业环境科学学报, 2011, 30(11): 2258-2264.

蒋世杰, 翟远征, 王金生, 等. 国内外基于保护地下水的土壤环境基准的推导与比较. 水文地质工程地质, 2016, 43(4): 52-59.

焦婷婷. 多环芳烃荧蒽对植物和土壤生物毒害的剂量-效应关系及其土壤环境基准初探. 南京: 南京农业大学, 2009.

金芬, 邵华, 杨锚, 等. 我国粮食产地土壤重金属健康风险基准值研究. 农业质量标准, 2008, (5): 42-45.

李波, 马义兵, 史奕. 不同土壤中镍的离子活度研究. 环境科学与技术, 2019, 42(4): 202-206.

李波，马义兵，史奕．植物毒性评价终点的生物配体模型比较研究．环境科学与技术，2016，39(10)：20-25，98．

李波，马义兵，王学东．我国土壤中重金属铜的生物配体模型的建立与应用．生态毒理学报，2014，9(4)：632-639．

李灿，曾云，刘淑运，等．基于儿童和成人血铅模型的土壤环境铅基准值研究．环境与健康杂志，2017，34(9)：789-793．

李洪奎，李逸凡．山东日照地区土壤重金属环境质量评价．地球科学与环境学报，2018，40(4)：473-486．

李静．重金属和氟的土壤环境质量评价及健康基准的研究．杭州：浙江大学，2006．

李丽辉，汤沛，杨天仪，等．云南省滇池－抚仙湖地区土壤地球化学背景及元素分布特征．云南大学学报（自然科学版），2017，39(S2)：357-370．

李野．太湖流域农田土壤－作物系统中典型重金属剂效关系模型及安全基准．天津：南开大学，2011．

李志博，骆永明，宋静，等．基于稻米摄入风险的稻田土壤镉临界值研究：个案研究．土壤学报，2008，45(1)：76-81．

李志博，骆永明，宋静，等．土壤重金属污染的生态风险评估分析：个案研究．土壤，2006，38(5)：565-570．

李志博，骆永明，宋静，等．土壤环境质量指导值与标准研究 II．污染土壤的健康风险评估．土壤学报，2006，43(1)：142-151．

廉欢，于潇，鞠振宇，等．上海某场地多环芳烃污染现状及生态风险评价．上海国土资源，2019，40(3)：67-71．

廖启林，刘聪，许艳，等．江苏省土壤元素地球化学基准值．中国地质，2011，38(5)：1363-1378．

林才浩．福建沿海土壤地球化学分类及基准值研究．第四纪研究，2005，25(3)：347-354．

林丽钦．福建竹林土壤重金属氟化物健康风险基准值估算及潜在生态风险评价．福建轻纺，2008，(2)：1-6．

刘冰．国内外土壤环境基准值的确定方法与现状研究//中国环境科学学会学术年会优秀论文集（中卷）．北京：中国环境科学学会，2008．

刘宏鸽，宋静，潘云雨，等．基于稻米食品卫生标准的天津潮土 Cd 临界值研究．生态与农村环境学报，2013，29(2)：220-224．

刘尧．土壤 BTEX 污染的分子诊断及修复基准研究．天津：南开大学，2011．

陆韬，王小庆，马义兵．农用污泥中铜的生态安全阈值研究．生态毒理学报，2014，9(4)：715-728．

庞绪贵，代杰瑞，董健，等．山东省土壤地球化学基准值．山东国土资源，2017，33(11)：43-47．

庞绪贵，代杰瑞，徐春梅，等．平阴县土壤地球化学基准值与背景值研究．山东国土资源，2008，24(1)：21-25．

庞绪贵，代杰瑞，喻超，等．山东省 17 市土壤地球化学基准值．山东国土资源，2019，35(1)：36-45．

庞绪贵，宋娟娟，代杰瑞，等．日照市土壤地球化学元素分布规律及成因探讨．山东国土资源，2018，34(4)：43-49．

秦佳祎，杨启银，宋静，等．土壤中苯并 [a] 芘对白符跳（*Folsomia candida*）的生态毒性研究．土壤学报，2013，50(5)：129-136．

秦晓鹏，上官宇先，赵龙，等．利用 CXTFIT-VZCOMML 模型推导基于保护地下水的 Sb 的土壤环境基准．环境科学研究，2016，29(3)：376-381．

盛奇，王恒旭，胡永华，等．黄河流域河南段土壤背景值与基准值研究．安徽农业科学，2009, 37(18): 8647-8650, 8668.

石俊仙，邰翻身，何江．土壤环境质量铅镉基准值的研究综述．中国土壤与肥料，2006, (3): 10-15.

石俊仙，何江，王喜宽，等．呼和浩特市淡栗褐土表层重金属的基准值研究．农业环境科学学报，2007, 26(6): 2057-2061.

石俊仙，张青．呼和浩特市表层土壤重金属镉的基准值研究．岩石矿物学杂志，2007, 26(6): 577-581.

宋静，骆永明，夏家淇．我国农用地土壤环境基准与标准制定研究．环境保护科学，2016, 42(4): 29-35.

孙聪，陈世宝，马义兵，等．基于物种敏感性分布（Burr-Ⅲ）模型预测 Cd 对水稻毒害的生态风险阈值 HC$_5$．农业环境科学学报，2013, 32(12): 2316-2322.

孙在金，赵淑婷，林祥龙，等．基于物种敏感度分布法建立中国土壤中锑的环境基准．环境科学研究，2018, 31(4): 774-781.

孙宗全，李合莲，于修乐，等．不同作物对土壤中铬的富集能力的差异．济南大学学报（自然科学版），2019, 33(3): 255-260, 265.

唐文春，金立新，周雪梅．成都市土壤中元素地球化学基准值研究及其意义．物探与化探，2005, 29(1): 71-83.

滕涌，周启星．平衡分配法在土壤环境质量基准推导中的相关问题研究．生态毒理学报，2015, 10(1): 58-65.

滕涌，周启星．土壤环境质量基准与水／大气环境质量基准的转换研究．中国科学：地球科学，2018, 48(11): 1466-1477.

田均良，李雅琦，张梅花．利用土壤背景值研究土壤铅砷环境监测基准．中国环境监测，1993, 9(3): 47-49.

汪庆华，董岩翔，郑文，等．浙江土壤地球化学基准值与环境背景值．地质通报，2007, 26(5): 590-597.

汪庆华，董岩翔，周国华，等．浙江省土壤地球化学基准值与环境背景值．生态与农村环境学报，2007, 23(2): 81-88.

王春松，盛奇，裴瑞亮．河南商丘地区土壤元素基准值与背景值研究．安徽农业科学，2019, 47(12): 1-5.

王国庆，骆永明，宋静，等．土壤环境质量指导值与标准研究Ⅰ.国际动态及中国的修订考虑．土壤学报，2005, 42(4): 666-673.

王国庆，骆永明，宋静，等．土壤环境质量指导值与标准研究Ⅳ.保护人体健康的土壤苯并 [a] 芘的临界浓度．土壤学报，2007, 44(4): 603-611.

王宏康．土壤中若干有毒元素的环境质量基准研究．农业环境科学学报，1993, 12(4): 162-165.

王梅霞，冯文兰，扎西央宗，等．光学与微波遥感协同反演藏北表层土壤水分研究．土壤，2019, 51(5): 1020-1029.

王明聪，成杰民，纪发文，等．土壤重金属环境质量评价基准体系进展与研究．资源环境与发展，2008, (1): 14-16, 13.

王明聪，成杰民，纪发文，等．土壤重金属环境质量评价基准体系探讨．内蒙古环境科学，2007, 19(4): 75-77.

王琦，李芳柏，黄小逵，等．一种基于风险管控的稻田土壤重金属污染分级方法．生态环境学报，2018, 27(12): 2321-2328.

王涛，李惠民，史晓燕．重金属污染农田土壤修复效果评价指标体系分析．土壤通报，2016, 47(3): 725-729.

王喜宽，黄增芳，苏美霞，等．河套地区土壤基准值及背景值特征．岩矿测试，2007, 26(4): 287-292.

王小庆，李菊梅，韦东普，等．土壤中铜和镍的不同毒性阈值间量化关系．生态毒理学报，2013, 8(6): 890-896.

王小庆，李菊梅，韦东普，等．土壤中铜生态阈值的影响因素及其预测模型．中国环境科学，2014, 34(2): 445-451.

王小庆，马义兵，黄占斌．痕量金属元素土壤环境质量基准研究进展．土壤通报，2013, 44(2): 505-512.

王晓南，陈丽红，王婉华，等．保定潮土铅的生态毒性及其土壤环境质量基准推导．环境化学，2016, 35(6): 1219-1227.

王晓南，刘征涛，王婉华，等．重金属铬（Ⅵ）的生态毒性及其土壤环境基准．环境科学，2014, 35(8): 3155-3161.

王莹，侯青叶，杨忠芳，等．成都平原农田区土壤重金属元素环境基准值初步研究．现代地质，2012, 26(5): 953-962.

王宗爽，段小丽，刘平，等．环境健康风险评价中我国居民暴露参数探讨．环境科学研究，2009, 22(10): 1164-1170.

王宗爽，武婷，段小丽，等．环境健康风险评价中我国居民呼吸速率暴露参数研究．环境科学研究，2009, 22(10): 1171-1175.

魏复盛，王惠琪，李顾君，等．土壤背景值测试质量保证及数据质量评价．中国环境监测，1990, (1): 3-16.

吴燕玉，周启星．制定我国土壤环境标准（汞、锡、铅和砷）的探讨．应用生态学报，1991, 2(4): 344-349.

夏家淇．土壤砷的环境基准研究．农村生态环境，1993, 4: 1-4, 62.

夏家淇，骆永明．关于耕地土壤污染调查与评价的若干问题探讨．土壤，2006, 38(5): 667-670.

夏家淇，骆永明．关于土壤污染的概念和3类评价指标的探讨．生态与农村环境学报，2006, (1): 87-90.

夏家淇，骆永明．我国土壤环境质量研究几个值得探讨的问题．生态与农村环境学报，2007, 23(1): 1-6.

肖杰．攀枝花市不同土地功能区土壤中钒的环境基准研究．北京：北京师范大学，2009.

谢正苗，李静，陈建军，等．中国蔬菜地土壤重金属健康风险基准的研究．生态毒理学报，2006, 1(2): 172-179.

邢维芹，骆永明，吴龙华，等．铅和苯并[a]芘混合污染酸性土壤上黑麦草生长及对污染物的吸取作用．土壤学报，2008, 45(3): 485-490.

熊跃辉，谷雪景．环境基准研究工作的问题与对策．环境保护，2015, 43(15): 12-15.

徐猛，颜增光，李发生，等．不同国家基于健康风险的土壤环境基准比较研究与启示．环境科学，2013, 34(5): 1667-1678.

许根焰，宋静，高慧，等．贵州白菜种植土壤镉风险管控标准研究．农业环境科学学报，2019(7): 1490-1497.

许中坚，邱喜阳，冯涛，等．酸雨地区蔬菜对重金属的吸收及重金属健康风险基准的估算．水土保持学报，2008, 22(4): 179-184.

颜增光，谷庆宝，李发生，等．构建土壤生态筛选基准的技术关键及方法学概述．生态毒理学报，2008,

3(5): 417-427.

羊安宏, 陈彪. 广西北部湾土壤地球化学基准值与背景值特征. 南方国土资源, 2014(10): 37-40.

杨帆, 徐洋, 崔勇, 等. 近30年中国农田耕层土壤有机质含量变化. 土壤学报, 2017, 54(5): 1047-1056.

杨居荣, 许嘉琳. 灰钙土重金属生态基准. 中国环境科学, 1995, 3: 177-182.

杨森. 典型石煤提钒区和蔬菜基地土壤钒污染特征及基准值研究. 长沙: 中南大学, 2012.

杨晓光, 孔灵芝, 翟凤英, 等. 中国居民营养与健康状况调查的总体方案. 中华流行病学杂志, 2005, 26(7): 489-493.

杨彦, 李晓芳, 王琼, 等. 基于人体健康模型（IEUBK、ALM）的温岭地区土壤环境铅基准值研究. 环境科学学报, 2014, 34(7): 1808-1817.

于修乐, 马义兵, 孙宗全, 等. 土壤中Cr（Ⅵ）和Cr（Ⅲ）生态毒性的差异性研究. 农业环境科学学报, 2018, 37(11): 2522-2531.

袁建新, 王云. 我国《土壤环境质量标准》现存问题与建议. 中国环境监测, 2000, 16(5): 41-43.

曾琴琴, 王永华, 刘才泽, 等. 秀山－酉阳地区土壤环境地球化学特征. 四川地质学报, 2019, 39(2): 294-298.

张红梅, 速宝玉. 土壤及地下水污染研究进展. 灌溉排水学报, 2004, 23(3): 70-74.

张红振. 土壤中重金属的自由态离子浓度测定、作物富集预测和环境基准研究. 北京: 中国科学院研究生院, 2009.

张红振, 骆永明, 夏家淇, 等. 基于风险的土壤环境质量标准国际比较与启示. 环境科学, 2011, 32(3): 795-802.

张红振, 骆永明, 章海波, 等. 基于人体血铅指标的区域土壤环境铅基准值. 环境科学, 2009, 30(10): 3026-3042.

张红振, 骆永明, 章海波, 等. 水稻、小麦籽粒砷、镉、铅富集系数分布特征及规律. 环境科学, 2010, 31(2): 488-495.

张红振, 骆永明, 章海波, 等. 土壤环境质量指导值与标准研究V. 镉在土壤－作物系统中的富集规律与农产品质量安全. 土壤学报, 2010, 47(4): 628-638.

张红振, 骆永明, 章海波, 等. 基于人体血铅指标的区域土壤环境铅基准值. 环境科学, 2009, 30(10): 3026-3042.

张红振, 骆永明, 章海波, 等. 水稻、小麦籽粒砷、镉、铅富集系数分布特征及规律. 环境科学, 2010, 31(2): 488-495.

张建新. 洞庭湖区土壤地球化学基准值与污染等级划分. 物探与化探, 2014, 38(4): 793-799.

张蕾. 我国土壤环境修复基准方法体系及在典型区域赋值研究. 北京: 中国科学院研究生院, 2012.

张松滨. 土壤环境质量评价中的基准分析法. 农业环境科学学报, 1990, 9(2): 43-45, 23.

张厦, 宋静, 高慧, 等. 贵州铅锌冶炼区农田土壤镉铅有效性评价与预测模型研究. 土壤, 2017, 49(2): 328-336.

张厦, 宋静, 高慧, 等. 回归模型法推导油菜田土壤Cd限值的不确定性. 环境科学研究, 2016, 29(8): 1170-1179.

张妍, 李玉嵩, 盛奇, 等. 河南省商丘地区土壤地球化学特征. 现代地质, 2019, 33(2): 305-314.

张耀丹, 邱琳琳, 杜文超, 等. 土壤环境基准的研究现状及展望. 南京大学学报（自然科学）, 2017, 53(2): 209-217.

章海波, 骆永明, 李志博, 等. 土壤环境质量指导值与标准研究Ⅲ 污染土壤的生态风险评估. 土壤学报, 2007, 44(2): 338-349.

郑丽萍, 龙涛, 冯艳红, 等. 基于生态风险的铅（Pb）土壤环境基准研究. 生态与农村环境学报, 2016, 32(6): 1030-1035.

钟旭, 宋宁宁, 王学东, 等. 铜和镍对大麦根伸长的联合毒性研究. 生态毒理学报, 2014, 9(4): 751-756.

周启星. 环境基准研究与环境标准制定进展及展望. 生态与农村环境学报, 2010, 26(1): 1-8.

周启星. 污染土壤修复基准与标准进展及我国农业环保问题. 农业环境科学学报, 2010, 29(1): 1-8.

周启星. 用土壤环境背景值资料订立土壤 Hg. Cd 的环境基准. 沈阳: 中国科学院沈阳应用生态研究所, 1989.

周启星, 安婧, 何康信. 我国土壤环境基准研究与展望. 农业环境科学学报, 2011, 30(1): 1-6.

周启星, 罗义, 祝凌燕, 等. 环境基准值的科学研究与我国环境标准的修订. 农业环境科学学报, 2007, 26(1): 1-5.

周启星, 滕涌. 不同土地利用类型污染土壤修复基准推导方法与标准值分析. 浙江大学学报（农业与生命科学版）, 2015, 41(1): 89-100.

周启星, 滕涌. 基于风险和特定组分的石油烃污染土壤修复基准/标准研究方法进展与展望. 中山大学学报（自然科学版）, 2014, 53(5): 98-105.

周启星, 滕涌, 林大松. 污染土壤修复基准值推导和确立的原则与方法. 农业环境科学学报, 2013, 32(2): 205-214.

周启星, 滕涌, 展思辉, 等. 土壤环境基准/标准研究需要解决的基础性问题. 农业环境科学学报, 2014, 33(1): 1-14.

周启星, 王毅. 我国农业土壤质量基准建立的方法体系研究. 应用基础与工程科学学报, 2012, 20(S1): 38-44.

朱菲菲, 侯红, 赵龙, 等. 以保护地下水为目标的 Ag 土壤环境基准推导案例. 环境科学研究, 2014, 27(12): 1556-1563.

朱立新, 马生明, 王之峰. 土壤生态地球化学基准值及其研究方法探讨. 地质与勘探, 2003, 39(6): 58-60.

朱立新, 马生明, 王之峰. 中国东部平原土壤生态地球化学基准值. 中国地质, 2006, 33(6): 1400-1405.

Cheng J J, Song J, Ding C F, et al. Ecotoxicity of benzo[a]pyrene assessed by soil microbial indicators. Environmental Toxicology and Chemistry, 2014, 33(9): 1930-1936.

Ding C, Ma Y, Li X, et al. Derivation of soil thresholds for lead applying species sensitivity distribution: A case study for root vegetables. Journal of Hazardous Materials, 2016, 303: 21-27.

Ding C, Ma Y, Li X, et al. Determination and validation of soil thresholds for cadmium based on food quality standard and health risk assessment. Science of the Total Environment, 2018, (619-620): 700-706.

Li H, Sun Z, Qiu Y, et al. Integrating bioavailability and soil aging in the derivation of DDT criteria for agricultural soils using crop species sensitivity distributions. Ecotoxicology and Environmental Safety, 2018, 15(165): 527-532.

Li Z. A health-based regulatory chain framework to evaluate international pesticide groundwater regulations integrating soil and drinking water standards. Environment International, 2018, 121: 1253-1278.

中国环境基准体系中长期路线图（第二版）

Mu T, Zhou T, Li Z, et al. Prediction models for rice cadmium accumulation in Chinese paddy fields and the implications in deducing soil thresholds based on food safety standards. Environmental Pollution, 2020, 258: 113879.

Pan L, Wang Y, Ma J, et al. A review of heavy metal pollution levels and health risk assessment of urban soils in Chinese cities. Environmental Science and Pollution Research, 2018, 25(2): 1055-1069.

Wan Y, Jiang B, Wei D, et al. Ecological criteria for zinc in Chinese soil as affected by soil properties. Ecotoxicology and Environmental Safety, 2020, 194: 110418.

Wang R, Zhang F L, Xu S S, et al. Method of dividing the value of soil heavy metal pollution risk screening: Using Cd as an example. Environmental Science, 2019, 40(11): 5082-5089.

Wang X, Wei D, Ma Y, et al. Derivation of soil ecological criteria for copper in Chinese soils. PLoS One, 2015, 10(7): 1-15.

Xu G Y, Song J, Zhang S, et al. Cadmium uptake in radish (*Raphanus sativus* L. ) and surficial contamination: Implications for food safety and local soil management. Journal of Soils and Sediments, 2019, 19: 3585-3596.

Yang G, Li J, Wang Y, et al. Quantitative ecotoxicity analysis for pesticide mixtures using benchmark dose methodology. Ecotoxicology and Environmental Safety, 2018, 159: 94-101.

Yang Q, Zhang X, Almendinger J E, et al. Climate change will pose challenges to water quality management in the st. Croix River basin. Environmental Pollution, 2019, 251: 302-311.

Zhang S, Song J, Cheng Y W, et al. Derivation of regional risk screening values and intervention values for cadmium contaminated agricultural land in the Guizhou plateau. Land Degradation & Development, 2018, 29: 2366-2377.

Zhang S, Song J, Cheng Y W, et al. Derivation of reliable empirical models describing lead transfer from metal-polluted soil to radish (*Rapaanus sativa* L. ): Determining factors and soil criteria. Science of the Total Environment, 2018, (613-614): 72-80.

Zhang S, Song J, Cheng Y W, et al. Proper management of lead-contaminated agricultural lands against the exceedance of lead in agricultural produce: Derivation of local soil criteria. Science of the Total Environment, 2018, 634: 321-330.

Zhang S, Song J, Cheng Y W, et al. Trace metal(loid)s exposure through soil-tobacco-human pathway: Availability in metal-contaminated agricultural soils, transfer models and health risk assessment. Ecotoxicology and Environmental Safety, 2018, 148: 1034-1041.

Zhang S, Song J, Gao H, et al. Improving prediction of metal uptake by Chinese cabbage (*Brassica pekinensis* L. ) based on a soil-plant stepwise analysis. Science of the Total Environment, 2016, (569-570): 1595-1605.

Zhang S, Song J, Lv M C, et al. Dietary intake risks of trace metal(loid)s from calcareous soils via maize-animal-human pathway into human and derivation of bioavailability-based soil criteria in Hezhang county, China. Journal of Soils and Sediments, 2018, 18(5): 1925-1934.

Zhang Y H, Du P, He Y, et al. Derivation of the thresholds of available concentrations of heavy metals in soil based on agricultural product safety. Environmental Science, 2019, 40(9): 4262-4269.

陈浪，赵川，关茗洋，等. 我国大气臭氧污染现状及人群健康影响. 环境与职业医学，2017, 34(11): 1025-1030.

陈仁杰，陈秉衡，阚海东. 大气细颗粒物控制对我国城市居民期望寿命的影响. 中国环境科学，2014, 34(10): 2701-2705.

陈仁杰，陈秉衡，阚海东. 我国空气质量健康指数的初步研究. 中国环境科学，2013, 33(11): 2081-2086.

陈仁杰，阚海东. 雾霾污染与人体健康. 自然杂志，2013, 35(5): 342-344.

陈瑞芝. 大气主要污染物对人群健康影响及其应对措施研究进展. 中国公共卫生管理，2020, 36(1): 51-53.

戴海夏，安静宇，李莉，等. 上海市实施清洁空气行动计划的健康收益分析. 环境科学，2019, 40(1): 24-32.

邓芙蓉. 大气 $PM_{2.5}$ 与健康：从暴露评价到人群健康的几个热点问题. 首都公共卫生，2017, 11(5): 193-194, 199.

董莹，许国章，王爱红，等. 2014—2016 年某市城区 $PM_{2.5}$ 污染对居民健康危害及经济损失评估. 中国预防医学杂志，2018, 19(8): 579-582.

樊琳，顾清，曾强. 广义相加模型在大气污染流行病学研究中的应用进展. 环境与职业医学，2019, 36(7): 676-681.

冯利红，李永刚，赵岩，等. 天津市大气细颗粒物中多环芳烃人群健康风险评估. 实用预防医学，2015, 22(11): 1322-1325.

古金霞，杜世勇，田维，等. 济南市春季大气颗粒物的谱分布特征. 南开大学学报（自然科学版），2014, 47(1): 92-98.

古金霞，侯鲁健，武鑫，等. 济南市大气细颗粒物中的碳组分特征. 南开大学学报（自然科学版），2015, 48(6): 61-67.

古金霞，吴丽萍，霍光耀，等. 天津市 PM（2.5）中水溶性无机离子污染特征及来源分析. 中国环境监测，2013, 29(3): 30-34.

古羽舟，李志浩，马文军. 珠江三角洲地区大气污染对人群健康影响的研究进展. 华南预防医学，2014, 40(4): 351-354.

郭新彪，魏红英. 大气 $PM_{2.5}$ 对健康影响的研究进展. 科学通报，2013, 58(13): 1171-1177.

韩璐瑶，金发光. 西安市大气污染物影响人群健康的现状. 中华肺部疾病杂志，2019, 12(6): 783-785.

胡宝翠，韦丽琴，戴纪强，等. 我国大气污染物一氧化碳短期暴露对人群死亡影响的 Meta 分析. 现代预防医学，2019, 46(12): 2144-2148, 2162.

黄凡，周家斌，李红，等. 武汉市夏冬季典型大气污染过程的成因与来源分析. 环境科学研究，2020, 33(2): 280-288.

黄炯丽, 陈志明, 莫招育, 等. 基于高分辨率 MARGA 分析桂林市 $PM_{2.5}$ 水溶性离子特征. 中国环境科学, 2019, 39(4): 1390-1404.

焦姣, 姬亚芹, 白志鹏, 等. 重庆市颗粒物 PM(10)/PM(2.5) 中元素污染特征和来源. 南开大学学报(自然科学版), 2013, 46(6): 8-13, 19.

焦姣, 姬亚芹, 白志鹏, 等. 重庆市颗粒物中元素分布特征及来源分析. 环境污染与防治, 2014, 36(3): 60-66.

阚海东. 用数据权衡利弊. 质量与标准化, 2017(5): 8-9.

阚海东, 陈仁杰. $PM_{2.5}$ 对人体危害有多大. 中国经济报告, 2015(4): 114-116.

阚海东, 姜宜萱, 陈仁杰. 气象因素与人群健康研究的前沿进展. 山东大学学报(医学版), 2018, 56(8): 7-13.

阚海东, 邬堂春. 我国大气污染对居民健康影响的回顾和展望. 第二军医大学学报, 2013, 34(7): 697-699.

冷朋波, 王爱红, 王群利, 等. 宁波市某城区大气 $PM_{2.5}$ 中 PAHs 源解析及健康风险评估. 环境与职业医学, 2019, 36(1): 73-78.

李顺姬, 李红, 陈妙, 等. 气象因素对西安市西南城区大气中臭氧及其前体物的影响. 气象与环境学报, 2018, 34(4): 59-67.

梁海旭, 王海滨. 我国大气污染物对人群健康效应影响及时空分布规律. 慢性病学杂志, 2019, 20(8): 1159-1163.

梁林涵, 彭晓武, 郑晶, 等. 南宁市普通人群甲基叔丁基醚暴露健康风险评价. 环境与健康杂志, 2014, 31(12): 1073-1075.

刘静怡, 孟聪申, 李亚伟, 等. AirQ+ 软件在中国大气污染急性健康风险评估中的应用. 卫生研究, 2019, 48(6): 993-997.

刘秀丽, 晓开提·依不拉音, 鲍玉星. 乌鲁木齐市区大气 $NO_2$ 对居民健康风险的定量评价. 生物技术世界, 2014(5): 4-5.

芦静, 张晓梅, 冯晓冬. 包头市大气臭氧污染对人群循环系统疾病死亡的急性效应. 环境与职业医学, 2019, 36(4): 381-387.

马驰. 大气悬浮颗粒物污染浓度对户外健身人群健康影响研究. 环境科学与管理, 2019, 44(7): 88-91.

倪洋, 曾强, 李国星. 基于疾病负担的天津市六城区大气二氧化氮对人群健康效应的研究. 环境与健康杂志, 2017, 34(5): 408-411.

欧盛菊, 吴丽萍, 王信梧, 等. 典型"组群式"城市夏季大气颗粒物中水溶性离子化学特征及来源. 环境科学研究, 2018, 31(4): 669-678.

潘小川. 关注中国大气灰霾($PM_{2.5}$)对人群健康影响的新常态. 北京大学学报(医学版), 2015, 47(3): 377-379.

秦萌, 陈英, 李敬芝, 等. 上海市奉贤区主要大气污染物对人群呼吸系统急性健康效应的影响. 东南大学学报(医学版), 2017, 36(2): 197-202.

任丽红, 周志恩, 赵雪艳, 等. 重庆主城区大气 PM(10) 及 PM(2.5) 来源解析. 环境科学研究, 2014, 27(12): 1387-1394.

施小明. 大气 $PM_{2.5}$ 及其成分对人群急性健康影响的流行病学研究进展. 山东大学学报(医学版), 2018, 56(11): 1-11.

孙维哲，王焱，唐小哲，等．雾霾对人群健康效应研究：现状与建议．中国公共卫生管理，2016，32(2)：166-169．

王飞，陈仁杰，王现，等．上海市徐汇区大气污染物与新生儿早产的关联性研究．中国儿童保健杂志，2017，25(10)：993-997．

王飞，阚海东，顾海雁，等．上海市徐汇区2006—2012年新生儿早产的危险因素分析．中国儿童保健杂志，2017，25(2)：170-173．

王飞，孙如峰，韩斌，等．儿童多环芳烃个体暴露特征及健康风险评价．南开大学学报（自然科学版），2013，46(6)：48-57．

王焕新，张续，马琳，等．北京市昌平区大气颗粒物中多环芳烃暴露及人群健康风险评价．环境与健康杂志，2016，33(11)：999-1002．

王琼，董小艳，杨璐璐，等．基于北京市大气$PM_{2.5}$中9种元素的环境健康风险评价．环境卫生学杂志，2018，8(3)：197-203．

王体健，高太长，张宏昇，等．新中国成立70年来的中国大气科学研究：大气物理与大气环境篇．中国科学：地球科学，2019，49(12)：1833-1874．

王彦文，韩逸群，朱彤，等．大气污染对糖尿病前期及健康人群的心肺及代谢系统健康效应的前瞻性定组研究．中国科学：生命科学，2017，47(10)：1079-1089．

王忠丽，聂倩，焦丽娜，等．大气颗粒物对健康人群心血管疾病风险的影响．河北医药，2019，41(2)：278-281．

吴敏敏，陈仁杰，阚海东，等．中国三城市臭氧对大气颗粒物与日死亡率关系的效应修饰作用．卫生研究，2015，44(5)：788-792,812．

吴少伟，邓芙蓉．大气$PM_{2.5}$与健康：从暴露、危害到干预的系统研究进展．中国药理学与毒理学杂志，2016，30(8)：797-801．

谢天宁，林岩，邱兴华．基于洛杉矶－北京迁徙人群的大气污染暴露相关急性健康效应标志物的代谢组学研究．北京大学学报（自然科学版），2019，55(3)：501-508．

徐晓程，陈仁杰，阚海东，等．我国大气污染相关统计生命价值的meta分析．中国卫生资源，2013，16(1)：64-67．

许嘉，倪天茹，李彭辉，等．天津某老年社区夏冬季室内与个体暴露PM（2.5）对比．环境科学研究，2014，27(12)：1403-1410．

杨柳，张军，王莹，等．2016年济南市大气$PM_{2.5}$对人群超额死亡风险评估．环境卫生学杂志，2018，8(3)：178-183．

杨宇轩，闫思琪，聂雨晨，等．某市大气中$PM_{2.5}$污染状况及其人群健康危害防护策略．中国医药指南，2013，11(19)：472-474．

于彦婷，李红，张庆竹，等．大气细粒子中阴离子表面有机活性物质分析方法的优化．环境科学研究，2014，27(6)：575-581．

郁倩，张娟，安可，等．徐州市大气细颗粒物中多环芳烃人群健康风险评估．中国校医，2019，33(12)：884-886,916．

张宝莹，刘凡，白雪涛．病原微生物气溶胶对人群健康风险评价研究进展．环境卫生学杂志，2015，5(3)：287-292．

张金艳，张海霞，张桂斌，等．大气污染与居民死亡的相关性研究．慢性病学杂志，2013，14(4)：313-

中国环境基准体系中长期路线图（第二版）

316.

张开月，金武，姚庆兵，等．扬州市大气臭氧与居民死亡关系的时间序列分析．现代医药卫生，2019，35(21): 3265-3266, 3271.

张楠，韩斌，何飞，等．天津市某小学儿童个体 PM（2.5）暴露特征及来源解析．环境科学研究，2015，28(3): 347-354.

张蕊，王祖伟，杨文，等．气溶胶中水溶性无机离子连续监测研究进展．环境科学与技术，2014，37(8): 59-64.

张学军．大气 $PM_{2.5}$ 对户外体育健身人群健康影响的研究．中国公共卫生管理，2017，33(6): 781-784.

张燕蕾．大气污染与人群健康关系研究的文献计量学分析．环境与健康杂志，2018，35(10): 904-909, 940.

赵昂，陈仁杰，阚海东．大气污染暴露评估模型及其在环境流行病学中的应用．卫生研究，2014，43(2): 348-352.

赵雪艳，任丽红，姬亚芹，等．重庆主城区春季大气 PM（10）及 PM（2.5）中多环芳烃来源解析．环境科学研究，2014，27(12): 1395-1402.

郑山，刘兴荣，程宁，等．空气污染与恶性肿瘤住院人数的关联性分析．环境与职业医学，2016，33(6): 601-605, 609.

郑云昊，李菁，陈灏轩，等．生物气溶胶的昨天、今天和明天．科学通报，2018，63(10): 878-894.

周健，金梅花，杨艺，等．银川市大气气态污染物对人群死亡影响的时间序列分析．环境与健康杂志，2018，35(1): 54-57, 2.

周俊，袁琪，张正东，等．大气 $PM_{2.5}$ 暴露对健康人群尿液中多环芳烃羟基代谢产物水平的影响．环境与健康杂志，2018，35(6): 515-518.

朱红霞，赵淑莉，阚海东．2013 年我国典型城市大气污染物浓度分布特征．环境科学与技术，2015，38(6): 227-233.

朱修军，杨文，耿春梅，等．空气颗粒物采样滤膜截留效率研究．南开大学学报（自然科学版），2018，51(1): 106-111.

Luo G, Zhang L, Hu X, et al. Quantifying public health benefits of $PM_{2.5}$ reduction and spatial distribution analysis in China. Science of the Total Environment, 2020, 719: 137445.

Wu M Y, Lo W C, Chao C T, et al. Association between air pollutants and development of chronic kidney disease: A systematic review and meta-analysis. Science of the Total Environment, 2020, 706: 135522.

Wu R S, Song X M, Bai Y C, et al. Are current Chinese national ambient air quality standards on 24-hour averages for particulate matter sufficient to protect public health?. Journal of Environmental Sciences, 2018, 71: 67-75.

Xu J, Li X R, Zhang L, et al. Concentration and ecological risk assessment of heavy metals in $PM_{2.5}$ collected in urban and suburban areas of Beijing. Environmental Science, 2019, 40(6): 2501-2509.

Zou B, Li S, Lin Y, et al. Efforts in reducing air pollution exposure risk in China: State versus individuals. Environment International, 2020, 137: 105504.

# 附录 V　词汇索引